KB249011

빛깔있는 책들 ● ● ●

257

# 거제도

글·사진 | 김철수

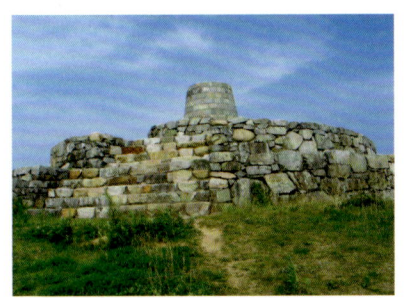

대원사

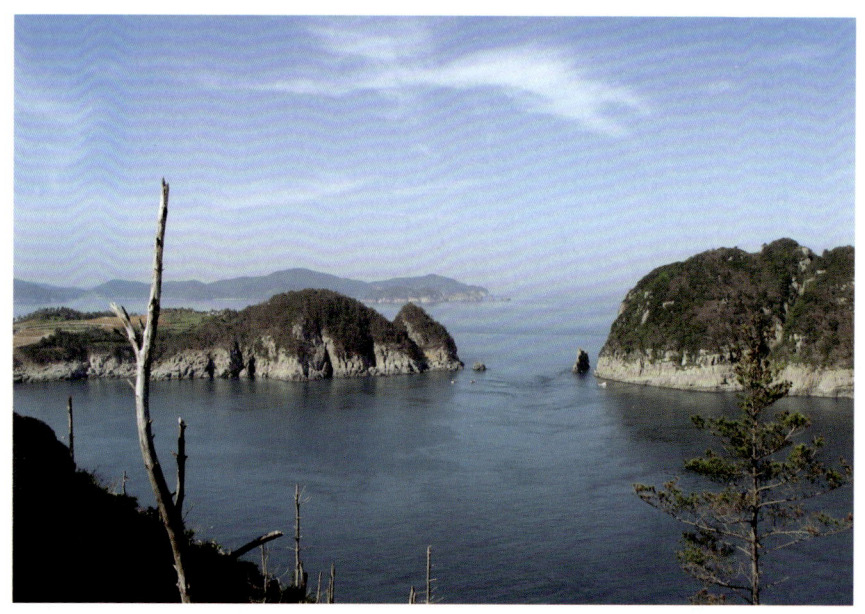

**저자 소개**

김철수

1964년 경남 산청의 지리산 자락에서 태어났다. 2000년 국립경상대학교 대학원에서 식물생태학을
전공하여 박사학위를 받았다. 늪과 갯벌의 식물생태에 관한 연구를 하면서 체험학습자료 개발에 관
심을 가지고 있다. 교육 및 식물생태학 관련 연구논문으로 40여 편이 있고, 여러 학술 및 연구 조사
활동에 참여하고 있다. 현재 거제중앙고등학교에서 생물을 가르치고 있고, 2003년 행정자치부 신지
식인에 선정되었다. 주요 논문에는 「박실늪의 퇴적과 교란에 따른 수생 및 습생관속식물의 군집동태
와 생산성」, 저서로는 『늪 푹 빠진 내 친구야』(공저, 꿈소담이, 2004)가 있다.

* 이 책에 사진을 제공해 주신 거제시청, 청춘스튜디오, 습지와 새들의 친구, 거제YMCA에 감사의 말
씀을 드립니다.

## 차 례

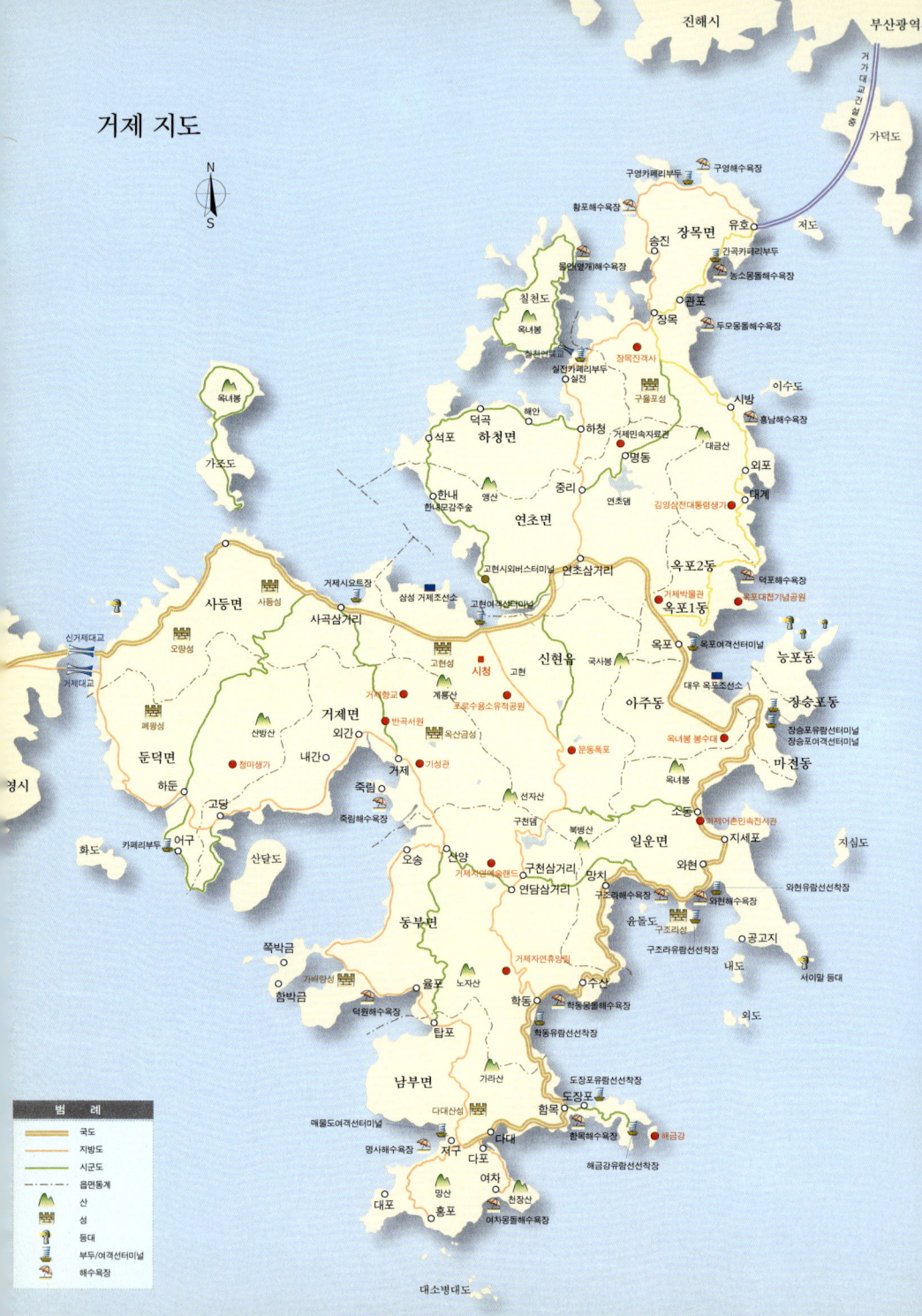

# 거제 지도

N
S

진해시      부산광역시

거가대교 구간 결정

가덕도

저도

구영키페리부두   구영해수욕장
황포해수욕장

유호   간곡카페리부두

장목면   농소몽돌해수욕장

승진   관포

율천리   칠천교   칠천연도교   물안(봉개)해수욕장   장목   두무몽돌해수욕장

칠천도   옥계봉

덕곡   해안   실전카페리부두   실전   장목진객사   이수도

옥녀봉   석포   하청면   하청   구율포성   시방   흥남해수욕장

가조도   한내   앵산   중리   거제민속자료관   대금산   외포

한내문감주술   명동   연초댐   대계

연초면   김영삼전대통령생가   옥포2동

고현시외버스터미널   연초삼거리   덕포해수욕장   옥포대첩기념공원

거제시오토장   삼성 거제조선소   고현여객선터미널   거제박물관   옥포1동

사등면   사동성   사곡삼거리   사곡삼거리   신현읍   국사봉   옥포   옥포여객선터미널   능포동

오량성   고현성   시청   고현   대우 옥포조선소   장승포동

신거제대교   계룡산   아주동   장승포유람선터미널   장승포여객선터미널

거제대교   폐왕성   산방산   거제향교   포로수용소유적공원   옥녀봉 봉수대   마전동

경시   둔덕면   거제면   반곡서원   옥산금성   옥녀봉

청마생가   외간   문동폭포

하둔   내간   기성관   거제   선자산   소동   거제어촌민속전시관

고당   죽림   구천댐   지세포   지심도

화도   카페리부두   어구   죽림해수욕장   북병산   와현   외현유람선선착장

산달도   오송   선양   구천삼거리   망치   일운면   구조라해수욕장   와현해수욕장

거제자연예술랜드   연담삼거리   구조리성   공고지

동부면   윤돌도   구조라유람선선착장   내도

쪽박금   거제자연휴양림   서이말 등대

가배량성   수산   외도

함박금   덕원해수욕장   율포   노자산   학동   학동몽돌해수욕장

탑포   학동유람선선착장   도장포유람선선착장

가라산   도장포

남부면   다대산성   함목   함목해수욕장   해금강

매물도여객선터미널   다대   해금강유람선선착장

명사해수욕장   저구   다포

망치   여차   천장산

대포   홍포   여차몽돌해수욕장

대소병대도

빛깔있는 책들 301-43

# 거제도

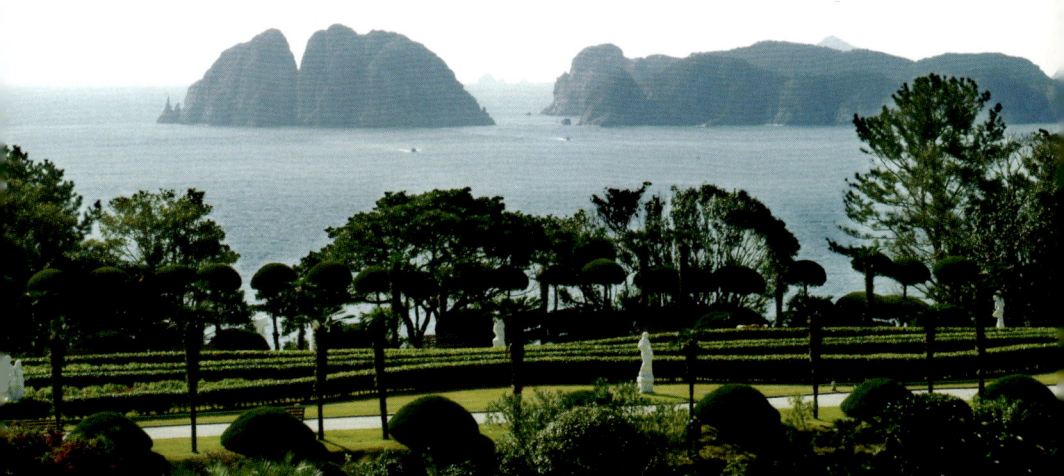

# 섬은 섬을 돌아 연이은 칠백리, 거제도

　우리나라 최동남단에 위치하고 있는 섬, 거제도는 예전부터 나라의 변방에 해당되었다. 사람들의 관심사는 왕 주변에서 일어나는 일과 왕성(王城)에 있었고, 가끔씩 왜적의 침입이 있을 때라야 변방에 관심을 가졌다. 세월이 흐르면서 사람들은 사람이 많이 모여 사는 곳에 싫증을 내고 조용한 장소를 찾기 시작했다. 이것은 해마다 거제도를 찾는 사람들이 늘어나고 있는 이유이기도 하다. 해금강, 바다 위에 떠 있는 이국적인 환상의 섬 외도, 거제도포로수용소, 학동해수욕장을 비롯한 여러 해수욕장, 거제도해수온천, 아기자기한 여러 명산 등이 관광객이 주로 찾는 곳이다. 대부분의 관광객들은 눈으로 보고 가슴에 담아 가는 여행을 한다. 이 책에서는 가슴 깊이 담아 갈 수 있는 곳, 거제도의 참 볼 거리와 진솔한 이야깃거리를 담담히 엮어 내고자 한다.

　거제도(巨濟島)는 클 거(巨), 구제할 제(濟)로서 '크게 사람을 구하는 섬'을 뜻한다. 또, 바다 건너 많은 섬이 있음을 뜻하기도 하는데, 1900년 이전에는 한산도를 포함한 통영 앞바다의 크고 작은 섬들이 거제도에 소속되어 있어 이런 이름을 얻었다고 한다. 거제도는 전체 길이가 동서로 22킬로미터, 남북으로 39킬로미터로 면적이 399.89제곱킬로미터나 되어 제주도(1,820제곱킬로미터) 다음으로 큰 섬이지만, 해안선의 길이는 전국의 섬 중에서 가장 긴 700리(386.6킬로미터)이다. 동쪽의 끝은 능포동 향일암(向日岩, 지도 지명에는 양지암陽地岩), 서쪽의 끝은 둔덕면 화도(花島), 남쪽의 끝은 남부면 대소병대도(大小竝台島), 북쪽의 끝은 장목면 구영(舊永)이다. 본 섬과 69개

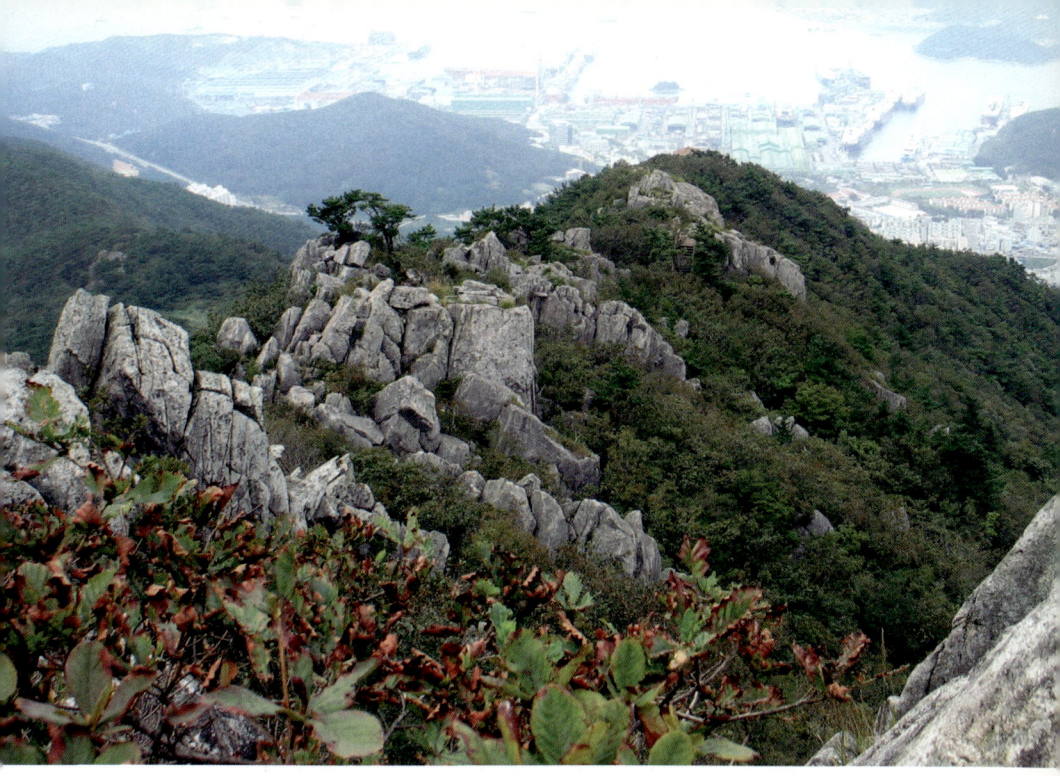

**계룡산에서 내려다본 고현만** 거제도는 천혜의 자연경관이 해안선을 따라 펼쳐져 있지만 거대한 조선소들이 설립되면서 조금은 삭막한 도심의 풍경을 닮아 가고 있다.

의 유무인 부속 도서를 가지고 있고, 일본의 대마도와는 32해리(60킬로미터) 거리에 있다.

　육지에서 멀리 떨어지고 나라의 변방에 해당하여 왜구의 약탈을 많이 받은 거제도는 사람이 거의 살지 않고 인심이 후한 곳으로 알려져 있었지만, 한국전쟁 중 포로수용소 설치, 산업화의 영향으로 1973년에 대우조선소가, 이듬해에 삼성조선소가 설립되고 여기에 종사하는 사람들이 이주해 오면서 조금은 삭막한 도심의 풍경을 닮아 가고 있다.

　거제노래비에는 거제도 발전과 후세 교육에 한평생을 바친 무원(無圓) 김기호(金琪鎬)의 「거제의 노래」가 새겨져 있는데, 거기에는 거제도의 자연, 역사, 전통, 평화로운 삶에 관한 내용이 다음과 같이 담겨 있다.

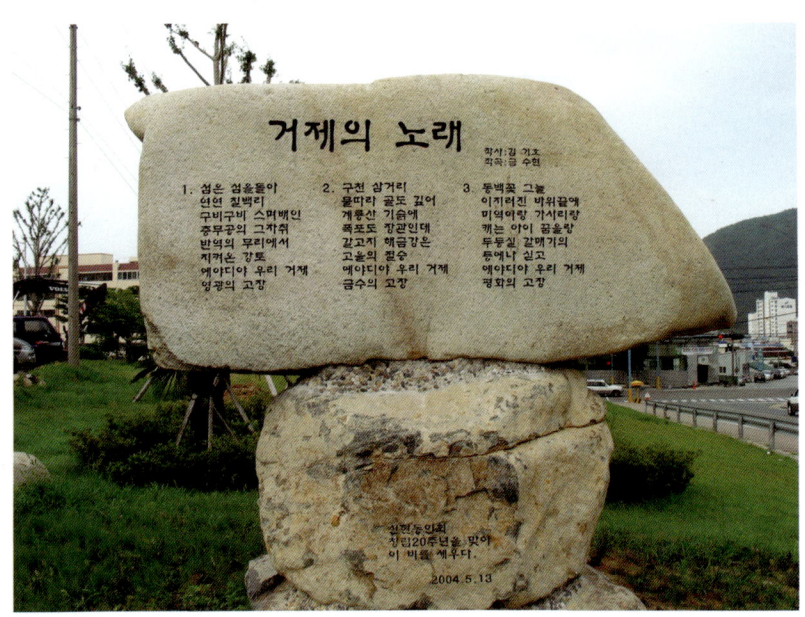

**거제노래비** 거제 공설운동장 앞에 세워진 거제노래비에는 거제도의 자연, 역사, 전통 등을 담은 「거제의 노래」가 새겨져 있다.

섬은 섬을 돌아 연연 칠백리

구비구비 스며배인 충무공의 그 자취

반역의 무리에서 지켜온 강토

에야디야 우리 거제 영광의 고장


구천 삼거리 물따라 골도 깊어

계룡산 기슭에 폭포도 장관인데

갈고지 해금강은 고을의 절승

에야디야 우리 거제 금수의 고장


동백꽃 그늘 이지러진 바위끝에

미역이랑 가시리랑 캐는 아이 꿈을랑

두둥실 갈매기의 등에나 싣고
에야디야 우리 거제 평화의 고장

　노랫말처럼 천혜의 자연경관이 해안선을 따라 펼쳐진 거제도는 기후가 온화하고 깨끗한 곳이라 관광도시로 가꾸어지고 있다. 일상에서 벗어나 푸른 바다가 춤을 추고 파도가 하얗게 부서지는 거제도의 바닷가에서 막힌 숨통을 트고 원시림으로 우거진 거제도의 산에서 까맣게 묻어 있는 우리의 피로를 털어 내는 시간을 가져 보자.

# 거제도의 역사

　거제도에는 언제부터 사람이 살기 시작했으며 어떤 역사를 거쳐 왔을까? 거제도의 역사를 한눈에 보고 싶다면 옥포2동에 있는 거제박물관에 들러보기를 권한다. 거제박물관에는 선사시대부터 근대까지의 다양한 유물이 전시되어 있는데, 특히 일본과 거제 지역의 다양한 교류를 보여 주는 중요한 자료들도 있다. 전체 소장품은 1,000여 점이고, 약 700여 점이 전시되고 있다.

　거제도에 풍부하게 남아 있는 유적과 유물을 통해 보면, 내도 패총(貝塚)에서는 민무늬토기〔無文土器〕와 삿무늬토기〔繩蓆文土器〕가, 아주동 고분군에서는 민무늬토기와 간석기〔磨製石器〕가, 산달도 패총에서는 신석기 유물인 붉은간토기〔丹塗磨研土器〕, 뗀석기〔打製石器〕 등 200여 점의 유물이 출토되어 구석기·신석기시대에 이미 이곳에 사람이 살았음을 추측할 수 있다. 이수도 패총과 거제면의 남산 패총에서도 구석기와 신석기시대의 유물이 많이 출토되었다.

　청동기시대의 대표적인 유적인 고인돌〔支石墓〕도 다량 나타나고 있어 이 시기에는 이미 거제도 전 지역에 사람이 살고 있었음을 알 수 있다. 고인돌 유적은 둔덕면의 학산리와 술역리, 사등면의 덕호리와 청곡리, 연초면의 다공리, 하청리, 송정리, 중리, 실전리, 일운면의 지세포리, 덕포동 등에 남아 있는데, 이들은 대개 지하에 묘실을 만들어 그 위에 커다란 상석을 놓고 작은 돌을 괴는 남방식 고인돌의 형태를 띠고 있다.

　『삼국지(三國志)』「위지(魏志)」'동이전(東夷傳)'에서는 우리나라의 남

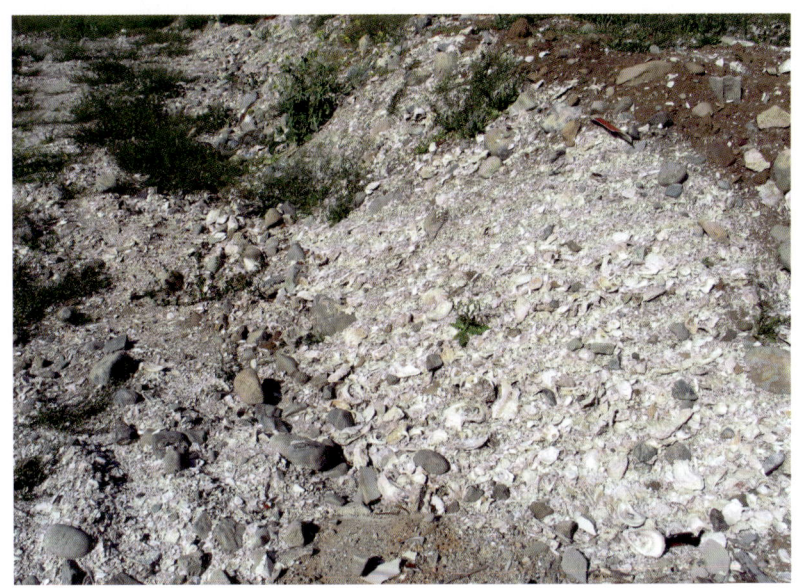

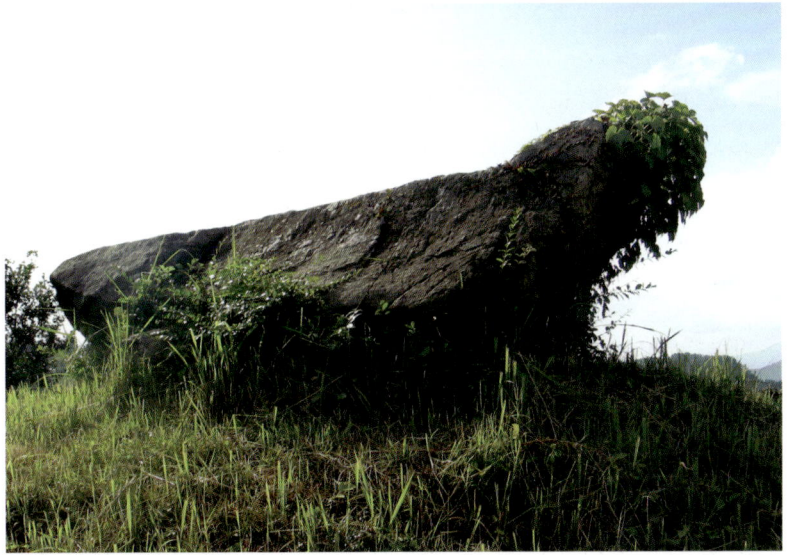

**내도 패총** 내도 패총에서는 선사시대 토기와 석기 조각뿐만 아니라 청동기시대 민무늬토기와 샛무늬 토기가 출토되었다.(위)

**사등면 고인돌** 거제도에서 발견되는 고인돌은 대개 지하에 묘실을 만들어 그 위에 커다란 상석을 놓 고 작은 돌을 괴는 남방식 고인돌의 형태를 띠고 있다.(아래)

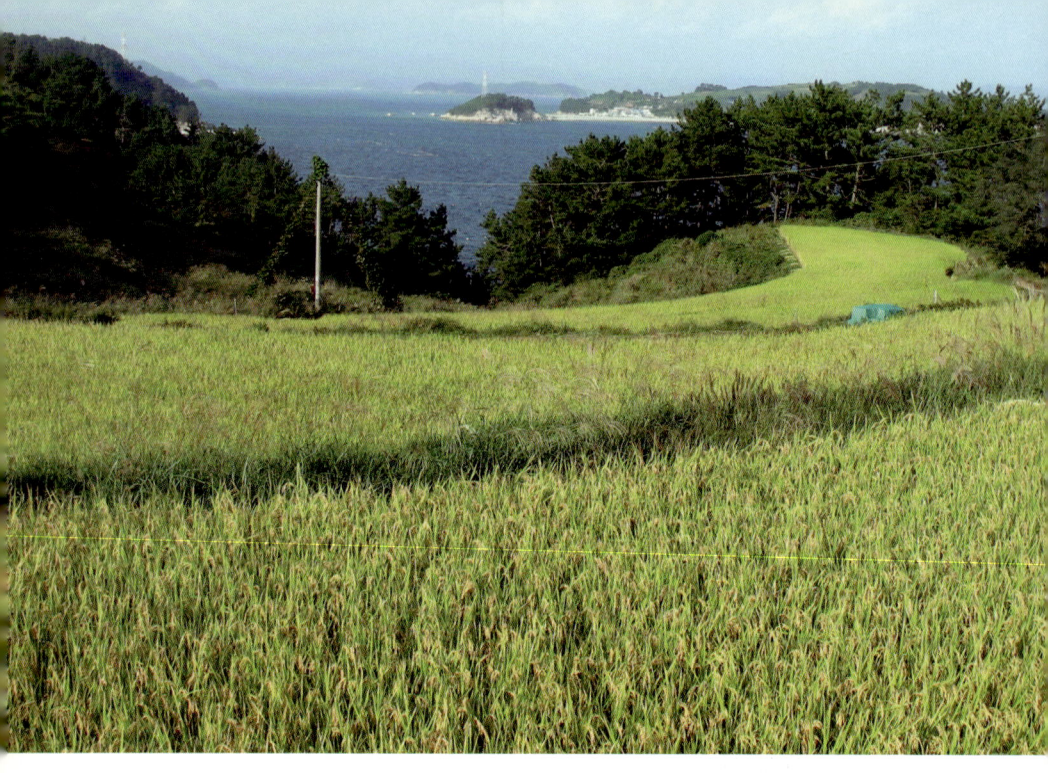

**장목면 시방리 다락논** 거제도는 예부터 계곡이 깊어 물이 풍부하고 넓은 농토가 있어 농경사회를 이루고 있었던 것으로 추측된다.

부 지방을 삼한(三韓)이라고 하였는데, 거제도는 이 가운데 경남 지방을 아우르는 변한(훗날의 가야)의 12국 가운데 남해안 일대에 영향을 미친 포상팔국(浦上八國), 그 중에서도 독로국(瀆盧國)의 일부로 추정되고 있다. 이렇게 거제도에 변한(弁韓)의 소국이 있었다고 보는 이유는 육지와 가까운 곳에 위치하여 육지의 영향을 쉽게 받을 수 있고, 기후가 온화하고 사면이 바다로 둘러싸여 해산물을 구하기 쉬우며, 계곡이 깊어 물이 풍부하고 넓은 농토가 있어 농경사회를 이룰 수 있었기 때문으로 추측하고 있다.

　앞의 책에 따르면 독로국은 왜(倭)와 경계를 접하고 있다 하였고, 이는 바다를 사이에 두고 있었음을 의미한다. 이 책의 '왜인전(倭人傳)'에 왜국의 첫 번째 나라로 대마국(對馬國), 오늘날의 쓰시마섬을 일컫고 있으므로 반대편에 위치한 거제도가 독로국이라는 주장이다. 조선 후기의 정약용 또한 거제시 사등면 사등리 일대의 옛 지명인 상군(裳郡)의 상(裳)이 두루마기로 읽히고 독로와 음이 비슷하므로 독로국의 옛 터가 거제도라고 하였다.

최근 『미완의 문명 7백년 가야사』에서 김태식 교수는 부산시 동래구, 금정구 일대에 거칠산국(居漆山國)이 있었는데, 이의 다른 이름이 독로국이라고 보고 있다. 왜냐하면 삼한과 가야의 왕국이 있었던 곳에는 모두 큰 무덤으로 이루어진 고분군이 나타나는데, 거제도에는 그런 고분군이 나타나고 있지 않기 때문이라고 하였다. 그러나 거제 기성관(岐城館)의 상량문(上梁文)에서 '상고지두로건국 기송무징(上古之豆盧建國 杞宋無徵)'이라는 문구가 발견되었고, 세종 5년(1423)의 『고현축성기(古縣築城記)』에도 "……본 해중도 천작일구 고칭두로국(本 海中島 天作一區 古稱豆盧國)"이라고 기록되어 있어 거제도가 독로국임을 알 수 있다. 또 1892년 기성관의 객사 상량문에 '瀆盧故都'라는 말이 있어 '瀆'이 '두'로 읽혔음을 알 수 있다.

이후 삼국시대에 이르러서는 532년 가야가 신라에 병합되면서 거제도는 신라의 영토가 되었다. 677년(문무왕 17)에 거제도에 상군(裳郡)을 설치하고 송변현, 거로현, 매진리현 등의 3속현을 두었는데, 상군은 거제도의 지형이 두루마기(치마폭)처럼 생겨서 붙여진 이름이다. 685년에 상주군으로 이름을 바꾸었다가, 757년(경덕왕 16)에 비로소 현재의 섬 이름인 거제군이 되었다.


## 잦은 왜구의 침입과 여러 성곽

거제도는 왜와 가까운 곳에 위치하여 왜구의 침입이 잦았다. 게다가 지역이 넓고 산세가 험하여 사람들이 한곳에 모여 살지 못하였기 때문에, 각 마을 단위로 왜구에 대항하여 작은 규모의 성(城)들을 많이 만들었다.

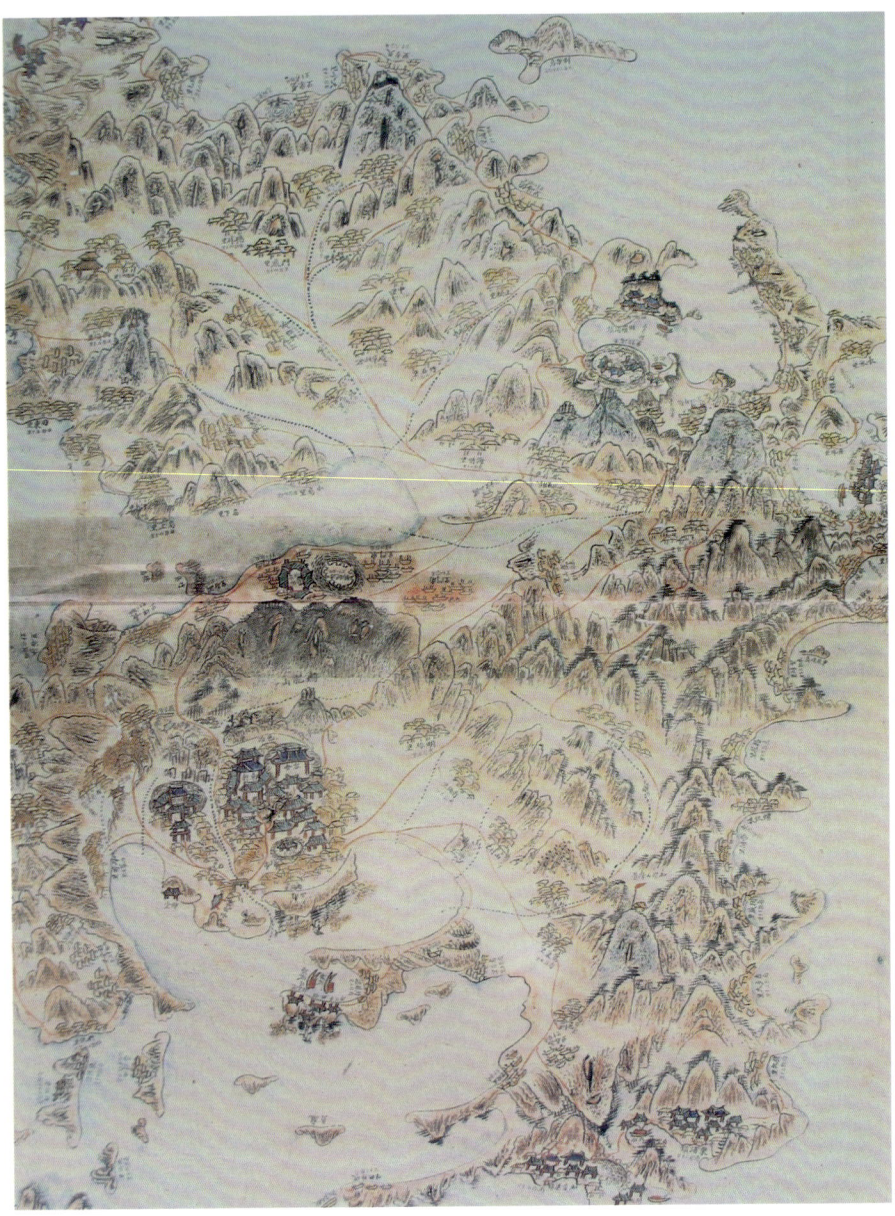

**거제 옛 지도 부분** 거제도에는 각 마을 단위로 왜구에 대항하기 위한 작은 규모의 성들이 많이 만들어져 있다. 사진 왼쪽 아래 부분에는 현재의 거제면에 위치했던 거제부가 보인다. 자료 출처 : 『거제시지』(거제시청, 2002)

그래서 거제도에는 장승포동의 당산성, 옥포동의 옥포성, 일운면의 지세포성과 구조라성, 동부면의 가배량성, 율포성, 자산성, 탑포산성, 다대포성, 거제면의 수정봉성(옥산금성이라고도 함), 둔덕면의 폐왕성과 오량성, 사등면의 사등성, 장목면의 구영등성, 구율포성, 대금산성, 신현읍의 고현성과 수월산성 등 많은 평지성과 산성이 있다. 이 중에서 평지성에 해당하는 것은 오량성, 사등성, 고현성 등이다. 또 왜군이 만든 성도 있는데, 장목면에 있는 장문포왜성과 송진포왜성 및 영등포왜성, 사등면의 광리왜성이 이에 해당된다.

거제도 지역에 침입한 왜구의 기록은 삼국시대부터 시작되어 조선시대의 임진왜란에 즈음하여 절정을 이룬다. 『삼국사기(三國史記)』 '신라본기(新羅本紀)'에 기록된 왜구의 침입은 기원전 50년 박혁거세 8년을 시작으로 550년 동안 33회로 나타나는데, 이때의 왜구는 왜 본토에서 침략해 온 무리를 말한다.

고려시대에 왜구가 우리 연안을 침입한 것은 고종(高宗) 10년인 1223년으로 지금의 김해인 금주가 피해를 입었다. 본격적으로 침입한 것은 충정왕(忠定王) 2년(1350)이었는데, 이때 왜구가 고성, 죽림, 거제, 합포를 노략질하니 적을 격파하고 적의 머리 300수를 베었다고 한다. 고려 말의 우왕(禑王) 때에는 가장 많은 378번, 공민왕(恭愍王) 때에는 74회의 침입이 있어, 전체 침입한 484회 중 90퍼센트가 우왕과 공민왕 때 있었다. 이 시기에 너무나 많은 왜구의 침입으로 거제 사람들은 원종(元宗) 12년(1271)에 진주목 영선현과 거창의 가조현으로 피난 가서 살기도 하였다.

조선이 건국되고 태조(太祖)가 말하기를 나라의 걱정거리로서 왜구보다 더한 것이 없다고 하였다. 조선 초기에는 왜구에 대하여 유화책을 폈으나 시간이 지날수록 왜구의 침입이 많아졌다. 그래서 왜구의 본거지인 대마도 정벌을 단행하였는데, 이 일로 왜선 60여 척이 투항하였고 이후 왜구들의 잇따른 투항으로 당분간 왜구의 침략이 크게 없었다.

그러나 세종(世宗) 1년(1419) 5월 13일, 황해도 연평곳에 또다시 왜선 38척이 나타나게 된다. 태종(太宗)과 세종은 바로 다음 날 대마도 정벌 계획을 세운다. 대마도 정벌을 위한 군선은 통영시 견내량에 6월 8일까지 집결하였고, 거제도 주원방포(현재 통영시 추봉도로 추정, 추봉도의 옛 이름이 주원도로 거제도의 가배량진 앞에 위치하며 그 당시에는 거제부의 소속임)에 정벌 선단이 대기하였다.

태종의 강력한 후원과 지시로 대마도 정벌은 1419년 6월 17일 정식으로 실행되었다. 당시 삼군도제찰사 이종무(李從茂)는 정벌군을 이끌고 거제도를 출발하여 대마도 원정길에 올랐다. 이때 그는 227척의 전함과 2만에 달하는 군사를 이끌었다. 거세게 부는 역풍 때문에 이틀을 지체하다 6월 20일에 대마도 해상에 도달한다. 그리고 왜선 129척과 가옥 2,000여 채를 불태우고 왜구를 참살하자, 왜구는 항복하였다. 그래서 7월 3일을 기하여 작전을 종료했고, 바로 그 날로 거제도로 되돌아왔다.

대마도 정벌 이후, 거제도는 나라의 중요한 지역으로 인식되게 되어, 거제 칠진(七鎭)을 두고 여러 성들을 보수하거나 쌓게 된다. 거제 칠진은 옥포진, 조라진(지금의 구조라, 임진왜란 후에 진을 옥포동으로 옮김), 가배량진, 장목진, 지세포진, 율포진(지금의 장목면 율천, 진을 옮기고 난 이후에는 동부면 율포), 영등진(지금의 구영, 진을 옮기고 난 이후에는 둔덕면 덕호리의 견내량) 등이다. 그로부터 약 200년 후에 왜는 임진왜란을 일으키게 되는데, 이때 거제도의 여러 성들은 우리 수군에게 큰 도움을 주게 된다.

이 같은 역사의 흔적을 간직하고 있는 거제도 성들의 특징은 다음과 같다. 옥포성(玉浦城)은 대우조선해양이 있는 옥포만에 있는데, 둘레 325미터, 높이 3.9미터의 평지성이다. 조선 성종(成宗) 21년(1490)에 옥포진의 수군진성(水軍鎭城)으로 축조되었다. 현재 옥포동의 중심에 성의 일부가 있으나 대

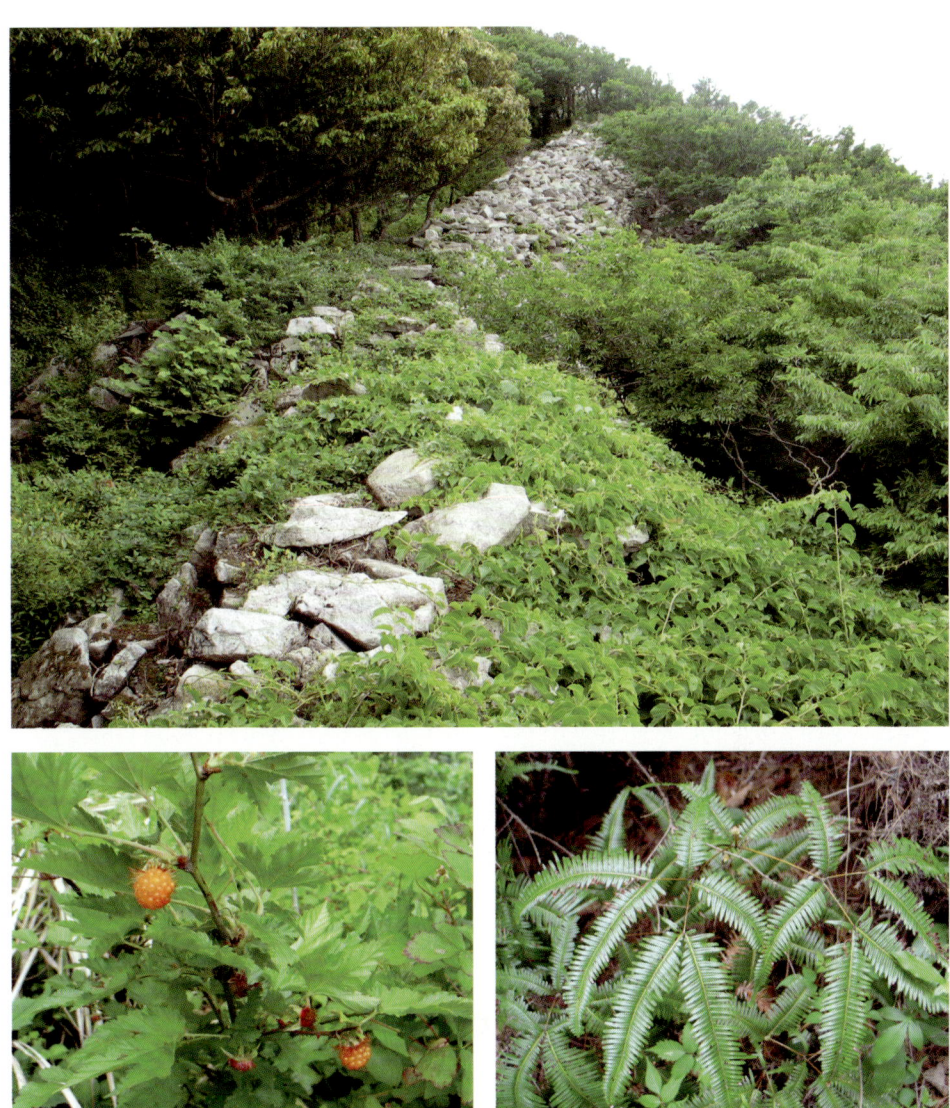

**다대산성** 둘레 395미터, 높이 5미터, 폭이 4미터로 비교적 보존이 잘 되어 있다. 고려시대에 축조되었으며 다대에서 20분 정도 가라산을 오르면 만날 수 있다.(위)

**다대산성에서 볼 수 있는 거제딸기(아래 왼쪽)와 발풀고사리(아래 오른쪽)**

부분은 없어지고 도로의 이름에 그 흔적이 남아 있다. 옥포성은 1592년 5월 7일에 옥포만에 정박 중이던 왜선 30여 척 중 26척을 격파시킨 곳으로 임진 왜란 중 최초의 승리를 거둔 해전이 있었던 곳이다.

다대산성(多大山城)은 다대와 다포 사이의 동뫼산 정상에 있는데, 둘레 는 395미터이고 높이 5미터, 폭이 4미터로 보존이 잘 되어 있다. 고려시대에 왜구의 침입을 막기 위해 만들어졌는데, 산성 안에는 아름드리나무들이 자 라고 있고, 성의 흔적들이 뚜렷하게 남아 있다. 이곳에 올라서면 경상우수영 이 있었던 가배량 지역이 훤히 보이고, 대마도가 멀리 보인다. 다대에서 20 분 정도 가라산을 오르면 이 성을 만날 수 있다.

사등성(沙等城)은 사등면에 있는데, 조선 세종 시절에 거창 가조현에서 주민들을 옮겨 오면서 만든 읍성이다. 고려시대에는 거제시의 이름이 기성 현이었는데, 고려 말 왜구의 침입으로 거창과 진주로 주민들을 옮기게 된다. 당시 기성현(岐城縣)은 폐왕성 아래에 위치하고 있었다. 사등성은 거북 모양 의 평지성으로 둘레 986미터, 높이는 3미터이고, 동서남북에 네 개의 성문과 성곽이 남아 있고, 특히 서쪽의 경우 성문 터와 해자(垓子)가 뚜렷하게 남아 있다. 조선시대의 기록에 의하면 이곳에는 예전부터 거제도에서 가장 오래 된 고성이 있어 세종 초기까지 거제진성으로 내려왔다고 한다. 그래서 이곳 을 변한시대 독로국의 왕도로 추정하고 있다. 이 성은 큰 도로변에 위치하므 로 평지성을 둘러보기에 알맞은 곳이다. 특히 서쪽과 북쪽은 완벽하게 남아 있어 성밟기를 할 수 있다.

고현성(古縣城, 옛 이름은 고정읍성古丁邑城)은 거제시청을 감싸고 있는 데, 둘레 740미터, 높이 2미터로 평지에 만들어졌다. 거창과 진주에서 주민 들을 옮겨 오면서 거제현의 치소를 사등성에 삼았는데, 면적이 좁아 다른 지 역으로 옮길 것을 생각하게 된다. 그래서 세종 5년(1423)에 경상도민 2만 명 을 동원하여 고현성을 만들게 된다. 고현성은 한때 거제현의 치소로 사용되

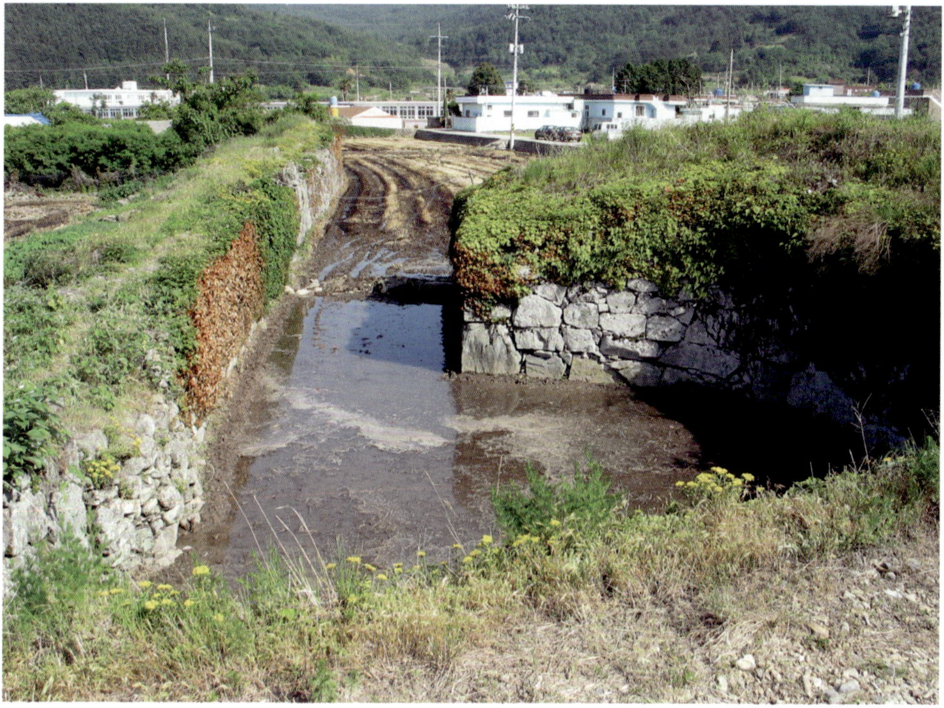

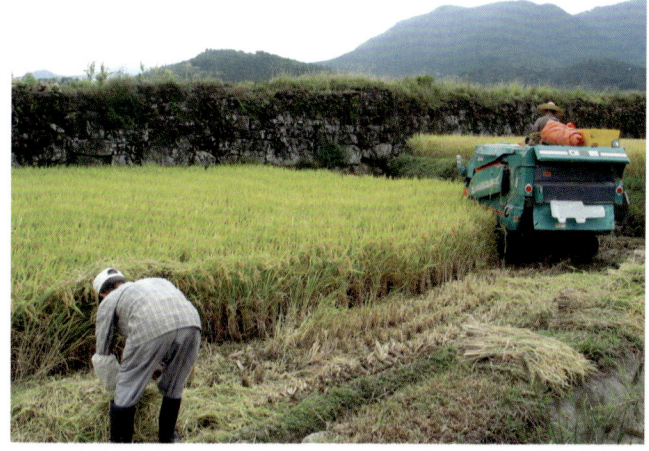

**사등성** 거북 모양의 평지성으로 동서남북에 네 개의 성문과 성곽이 있고, 특히 서쪽의 경우 성문 터와 해자(위)가 뚜렷하게 남아 있다. 주변으로는 농경지가 펼쳐져 있고, 서쪽과 북쪽으로는 성이 완벽하게 남아 있어 성밟기를 할 수 있다.

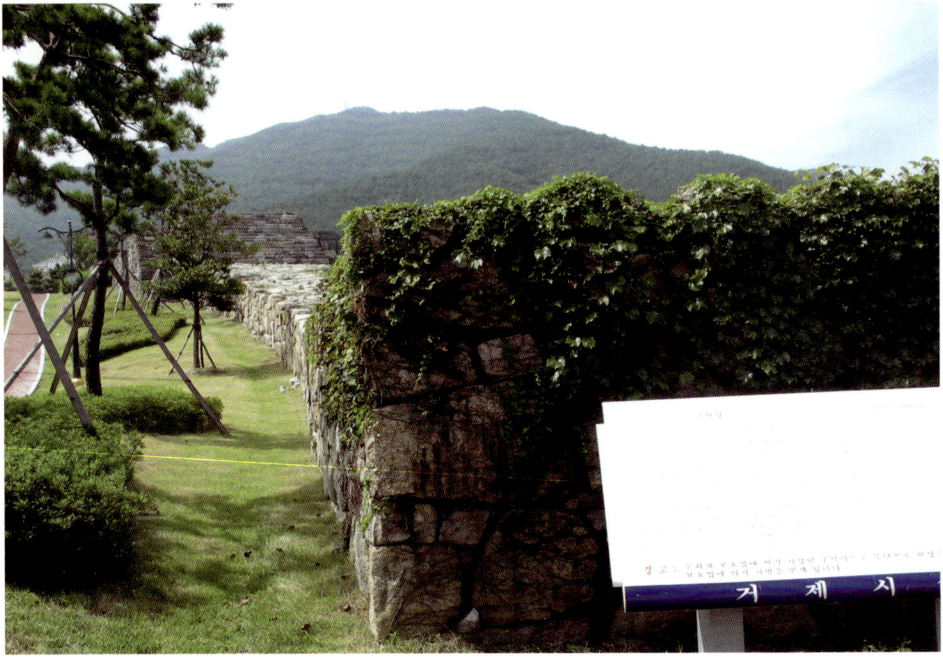

**고현성** 평지에 만들어진 석축성으로 전형적인 조선 전기 읍성의 형태를 갖추었다.

**옥산금성** 계룡산 밑 작은 산정인 수정봉에 위치한 산성이다. 조선 고종 때 부사 송희승이 세웠으며 성 중앙에 정자가 만들어져 있다.

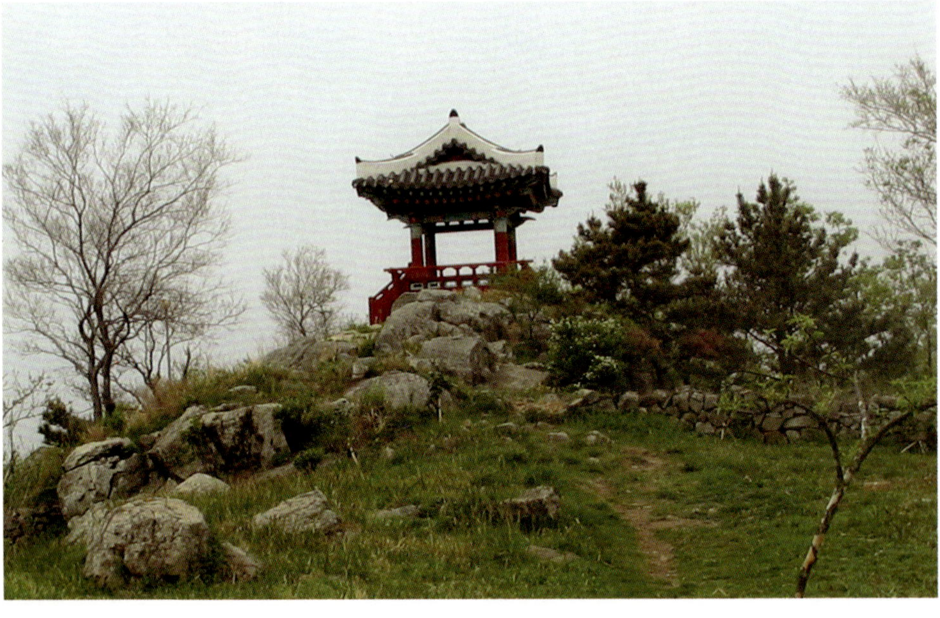

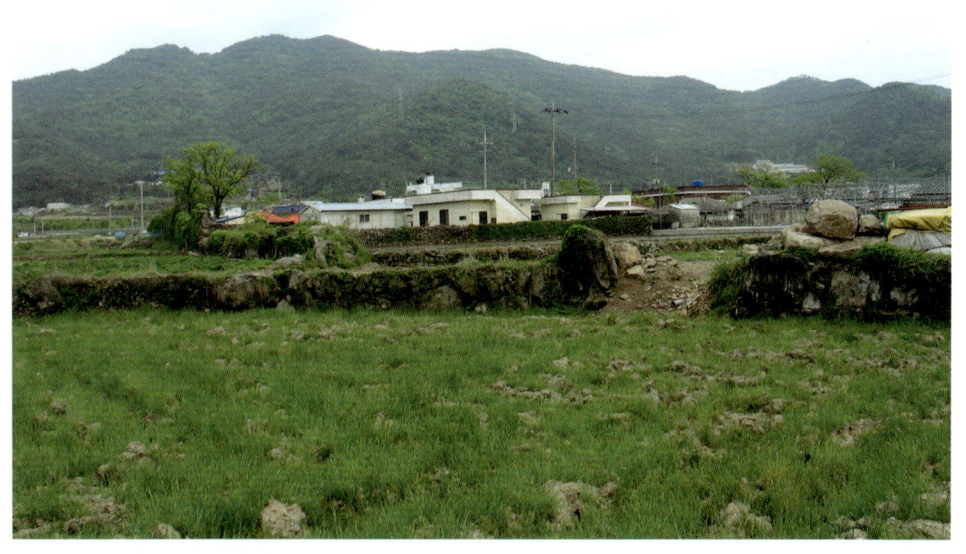

**오량성** 형식과 축성 방법은 사등성, 고현성과 같은 평지성이다. 원형이 잘 유지되어 있으며 지금도 동문과 북문은 마을 입구로 이용되고 있다.

다가 임진왜란 때 왜군에 의해 함락 당하게 된다. 고현성은 둘레가 2킬로미터였는데, 포로수용소를 만들 때 헐렸다고 한다. 지금도 신현읍의 지명에 동문, 서문, 남문 등의 이름으로 흔적이 남아 있다.

옥산금성(玉山金城)은 길이 500미터, 높이 10미터로 거제면 뒤편의 수정봉에 위치한다. 성안에 맑은 샘물이 솟아난다고 하여 수정봉성이라고도 한다. 조선 고종(高宗) 10년에 부사 송희승(宋熙昇)이 거제군민을 동원하여 쌓은 성으로 성의 중앙에 정자가 만들어져 있다. 이 정자에 올라서면 거제만의 전경이 한눈에 들어오고 차가 성의 입구까지 가므로 산성을 둘러보기에 알맞은 곳이다.

거제대교 옆에 위치한 오량성(烏良城)은 길이 1.1킬로미터, 높이 4미터의 평지성으로 조선 중기에 만들어졌다. 성의 모양은 원형(原形)이 잘 유지되어

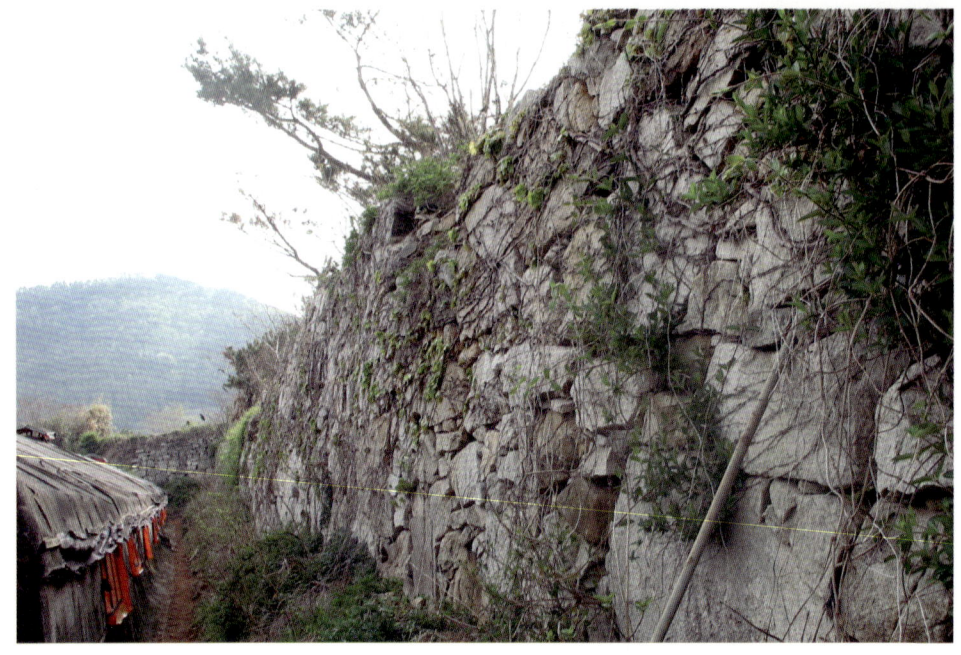

**가배량성** 길이 350미터, 높이 4미터의 산성으로, 임진왜란 중에는 경상우수영이 위치할 만큼 중요한 곳이었다.

있어 지금도 동문과 북문은 마을의 입구로 이용되고 있다. 형식과 축성 방법은 사등성, 고현성과 같고, 고려와 조선시대에는 이곳에 역을 설치하였다. 고려 말에 의종(毅宗)이 이곳에 머물다가 위급할 때에는 뒷산의 폐왕성으로 올라갔다는 이야기가 전해 오고 있다. 성 한편에 숲이 조성되어 시원함을 더해 주고 있다.

가배량성(加背梁城)은 길이 350미터, 높이 4미터의 산성이다. 임진왜란 전 오아포(가배량)에는 경상우수영이 위치하고 있었는데, 임진왜란 중에 이순신 장군에 의해 삼도수군통제영이 설치되기도 하였다. 선조(宣祖) 34년에 제찰사 이덕형이 통제영을 시찰하면서 오아포가 적당하지 못하다고 판단하여 고성군 춘원포로 옮겼다가 통영으로 옮겨지긴 했으나 한때 가배량은 경상도 지역을 방어한 수군기지가 있었던 중요한 곳이다.

**구조라성** 조선시대에 왜적의 침입을 막기 위한 전방의 보루로 축조한 성으로 지세포성의 전초기지 역할을 하였다. 구조라를 굽어보는 산등성에 조성되어 있다.

구조라성(舊助羅城)은 길이 860미터, 높이 4미터로 조선시대에 만들어졌다. 구조라를 굽어보는 산등성에 조성되어 있는데, 성곽의 모습이 그대로 남아 있다.

지세포성(知世浦城)은 길이 1,096미터, 높이 3미터, 폭 4.5미터로 조선시대에 만들어졌다. 지세포마을 앞산에 형성되어 있는데, 성에 올라서면 지심도가 코앞에 다가온다.

구영등성(舊永登城)은 장목면 구영리에 있는데, 길이 550미터, 높이 3미터, 폭 4미터로 조선 성종 21년(1490)에 왜구의 침입을 막기 위해 만들어진 평지 석축성이다. 한때는 영등진의 본부로 이용되었지만 지금은 대부분이 파괴되어 없어졌고, 일부가 경작지의 축대로 이용되고 있다. 이곳에 올라서면 멀리 진해만이 바라다보인다.

탑포산성(塔浦山城)은 동부면 탑포마을의 동쪽 뒷산으로 대부분이 무너져 일부 석축만이 남아 있다. 성의 둘레는 186미터, 높이 1미터, 폭이 3미터 정도이다. 그리고 가까이에 위치하는 율포성(栗浦城)은 가배량진의 관망소로 추정되며 둘레 278미터, 높이 3미터, 폭이 2.4미터 정도이다.

구율포성(舊栗浦城)은 장목면 율천리에 있는데, 이 성에서는 부산의 가덕도가 훤히 내려다보이고 임진왜란 당시 우리 수군이 전략적으로 중요하게 사용한 성이라고 한다.

이상으로 거제도에 분포하는 여러 성들의 특징을 살펴보았다. 여러 성들 중에서 비교적 양호하게 보존되어 있는 것은 둔덕면의 폐왕성, 남부면의 다대산성, 일운면의 구조라성, 거제면의 옥산금성 등의 산성들과 사등면의 오량성과 사등성, 신현읍의 고현성 등의 평지성이다.

**옥녀봉 봉수대** 조선 전기에 왜적의 침입을 알릴 목적으로 세운 봉수대 가운데 하나로, 옥녀봉 해발 226미터 고지에 3단 석축 형태로 세워졌으며 1995년 복원한 것이다.

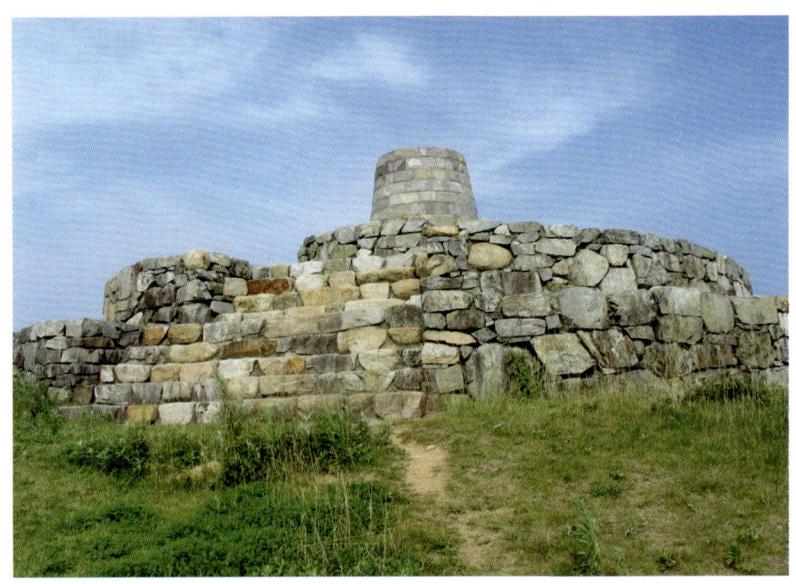

또 거제도에는 성곽 이외에도 왜적의 침입을 알리는 봉수대(烽燧臺)가 다수 남아 있다. 거제도의 봉수대는 주로 동남부 해안에 분포하는데, 저구마을의 등산망 봉수대, 홍포의 남망 봉수대, 가라산 봉수대, 구조라의 가을곶 봉수대, 지세포의 눌일곶 봉수대, 옥포의 옥녀봉(조선시대의 지명은 옥림玉林)과 강망산 봉수대 등이다. 보통 대마도에서 왜적이 거제도 해안으로 나타나면 가라산 봉수대에서 봉화를 올리고, 이를 계룡산 봉수대가 받아 한산도의 한배곶 봉수대로 연락하였다고 한다. 가라산 봉수대는 가라산 정상에 위치하는데, 헬기장을 건설하면서 대부분이 파괴되고 석축의 흔적만이 양호한 상태로 남아 있다.

이처럼 여러 성과 봉수대에서 알 수 있듯이 거제도는 왜구 정벌을 위한 전초기지의 역할을 한 곳으로 예나 지금이나 우리나라의 중요한 지역임을 알 수 있다. 거제도의 성은 대체로 규모가 작고, 나라의 변방이다 보니 사람의 출입이 적어 비교적 보존이 잘 되었다. 그러나 계속적인 개발과 환경에 대한 무관심으로 점차 훼손되고 있는 실정이다.

## 치욕의 한일합방과 거제도에 남은 일본인의 흔적

우리나라 반만년 역사 중 다른 나라에 완전하게 주권을 빼앗긴 때는 일제 36년뿐이다. 이때 일본군은 거제도를 우리나라 침략의 근거지로 이용했다. 영구 지배를 목적으로 지도를 만들기 위해 국토 측량을 실시하였고, 1915년 6월 1일에는 대마도를 기점으로 32해리인 거제도에 측량을 위한 제1호 삼각점 도근(圖根) 표석을 잡게 된다. 그곳이 바로 여차몽돌해변의 동쪽에 솟은 천장산(天長山)의 정상이다.

그들에게 거제도는 침략의 근거지임과 동시에 대한해협을 지나가는 외

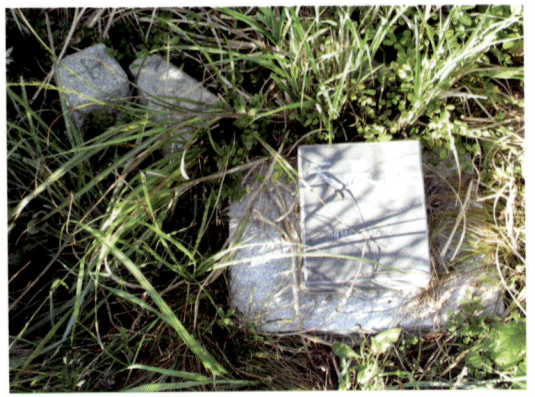

**천장산 도근 표석** 일제 강점기에 일본군은 영구 지배를 목적으로 지도를 만들기 위해 국토 측량을 실시하였는데, 이곳 천장산에 처음 기준점을 잡고 표석을 설치하였다. 이 표석은 근래에 다시 설치한 것이다.

국의 군함들을 감시하거나 공격할 수 있는 최적의 장소였다. 특히 제국주의 일본이 내건 소위 '대동아공영'의 시발점이 된 러시아와의 해전은 거제도와 깊은 관련이 있었다.

러시아는 랴오둥반도(遼東半島)를 점령한 뒤, 우리나라 남해안의 거제도와 마산 항을 장악하여 일본을 위협하려고 하였다. 그러나 일본은 이미 1903년 거제도와 진해 및 마산항을 먼저 장악하여 러시아와의 싸움을 대비하고 있었다. 1903년에는 거제도 송진포(松眞浦)에 송진포방비대를, 1904년에는 진해만에 해군기지를, 1905년에는 부산의 가덕도와 거제도의 저도(猪島)에 포대 진지를 만든 것이다. 이처럼 러시아의 남하 정책과 일본의 대륙침공 야욕이 부딪히면서 1904년 2월에 러일전쟁(露日戰爭)이 일어나게 되었다.

전쟁 결과 일본 연합함대는 대승리를 거두었는데, 이로 인해 일본은 러시아에 대해 조선에 대한 우세를 보이게 되었고, 일본 함대는 대한해협에 대한 해안선을 완전 장악하였다. 1935년 일본인들은 그들의 쓰시마해전 대승리를 기념하기 위해 송진포에 송진포기념비와 가조도의 부속 섬 취도에 취도기념탑을 세우고 많은 사람들이 참배하도록 하였다. 송진포기념비는 광복후 폭파시켜 한때 장목면 파출소의 계단석으로 이용되다가 지금은 거제시청 창고에 보관되어 있다. 그리고 송진포기념비의 좌대는 아직도 구송진포 초등학교 뒤편 야산에 남아 있고, 연병장으로 사용하던 밭에는 게양대의 흔적이 남아 있다.

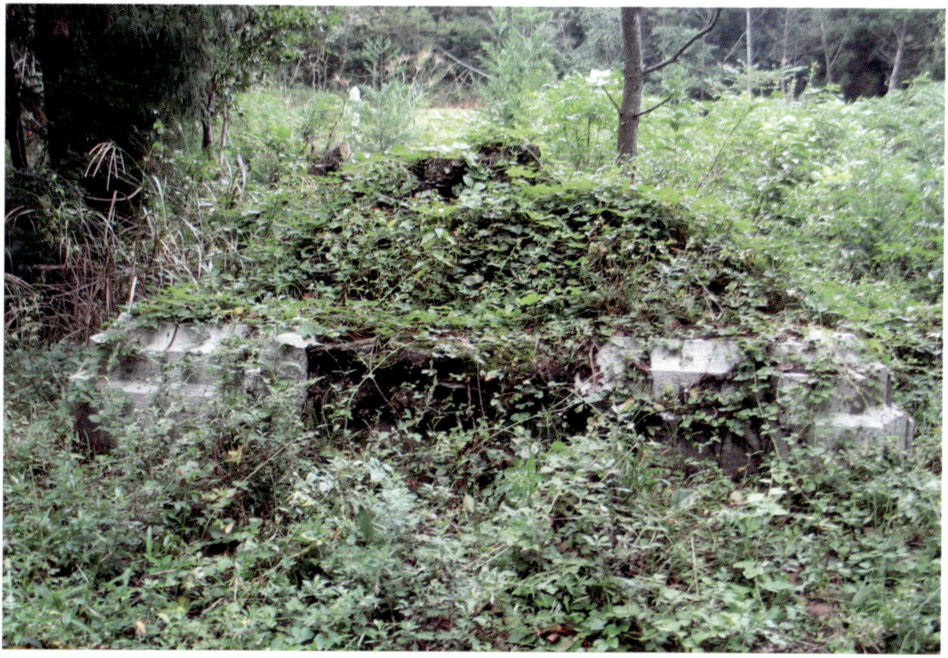

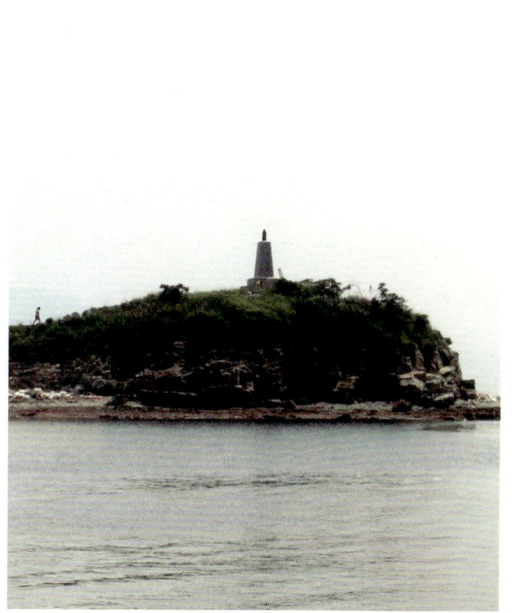

**송진포기념비 좌대(위)와 취도기념탑(아래)** 일본인들은 쓰시마해전 대승리를 기념하기 위해 1935년 송진포와 취도에 각각 기념비와 기념탑을 세우고 많은 사람들이 참배하도록 하였다. 사진 제공: 거제 YMCA(아래 왼쪽), 거제시청(아래 오른쪽)

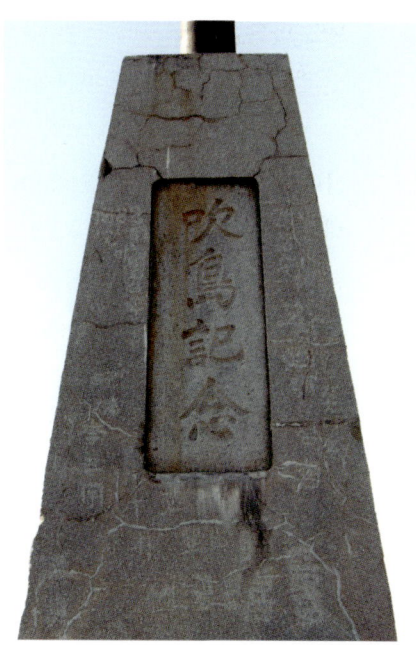

취도는 송진포와 진해만에 주둔한 일본군들이 함포 사격을 한 곳으로 처음에는 3,000평이 넘는 큰 섬이었으나 지금은 탑이 위치하는 50평만이 남아 있다. 취도기념탑은 그대로 보존되어 있으나 언젠가는 없어져야 할 일제 강점기의 잔유물인데, 존폐의 논란이 많고 지금은 탑 주위에 돌멩이를 쌓아 둔 상태이다.

군사 시설 외에, 한일합방 전인 1876년에는 장승포에 일본인 어업 이주촌이 만들어졌다. 이주촌은 규모가 커져 1921년에는 138가구 700여 명의 일본인이 거주하게 되었다. 그들이 마을을 이루어 살면서 신사(神社)와 생활에 필요한 여러 시설들을 만들었는데, 지금도 장승포1구인 신부마을에는 일본인들이 지은 많은 주택이, 포구에는 방파제가, 마을 옆의 야산에는 신사 터가, 중앙동 뒷산에는 일본인 납골당과 납골단지가 다수 남아 있다.


## 한국전쟁과 거제포로수용소

우리나라가 남북으로 분단된 지도 50여 년이 지났다. 지금 우리 민족의 가장 큰 소원은 남북통일이다. 일운면 와현 고갯길에 통일기원비(統一祈願碑)가 서 있는데, 이 비는 서경보 스님이 휴전선에서 제주도까지 여러 지역에 세운 통일기원 시비(詩碑)의 하나이다.

한국전쟁 중 거제도에서는 남북한 군인들의 직접적인 싸움은 없었지만, 전쟁과 관련된 아주 중요한 유적이 남아 있다. 바로 거제포로수용소인데, 이 곳은 청소년들의 교육장으로 통일을 기원하는 많은 사람들이 아이들의 손을 잡고 찾는 곳이다.

한국전쟁에서 포로는 단순한 전쟁포로 이상의 의미를 가졌다. 포로를 어떤 조건에서, 어떤 방법으로 교환하느냐 하는 문제가 서로간의 감정과 이념

대립으로 발전하면서 휴전회담의 최대 쟁점이 되었다. 즉 전쟁포로 문제가 정치와 국가의 권위 및 공산주의와 자본주의의 이념 투쟁의 수단으로 여겨지게 되었다.

전쟁 기간 중에 획득되는 포로를 모아서 관리하는 곳으로 포로수집소와 포로수용소가 있었다. 전선에는 포로수집가, 후방에는 포로수용소가 설치 운영되었다. 전쟁 기간 중 수원, 공주, 조치원, 영동, 춘천, 제천, 하양, 원주, 충주, 대전, 대구, 영천, 인천, 마포, 평양, 함흥 등지에 포로수집소 또는 임시포로수용소를 설치 운영하였다.

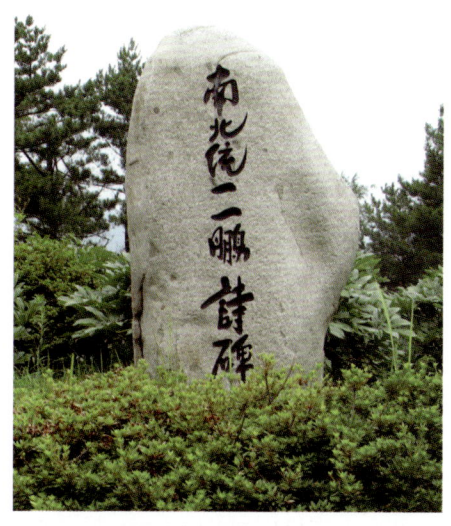

**남북통일일봉시비** 일봉 서경보 스님이 휴전선에서 제주도에 이르는 여러 지역에 세운 통일기원 시비의 하나로, 일운면 와현 고갯길에 세워져 있다.

한국전쟁에 따른 포로수용소는 7월 7일 대전형무소 내에 처음 설치되었다가, 7월 14일 대구로 이동하여 효성초등학교에 제100포로수용소라는 명칭으로 이전 설치된다. 그러다가 포로수용소를 계속 이동시키는 것이 불합리하다는 판단 아래 8월 1일에 부산 영도와 거제리에 포로수용소를 설치하였다. 1950년 12월 부산에 북한군 13만 7,175명, 중공군 616명 등 13만 7,791명의 포로가 머물게 된다. 전선의 불안으로 인하여 보다 안전한 장소로 포로수용소를 옮길 필요성이 절실해지자 새로운 장소를 물색하게 되는데, 이때 제주도와 거제도가 거론되었다.

그러나 제주도는 피난민이 많고, 식수가 부족하고, 임시정부가 옮겨 갈 가능성이 있으며 무엇보다 '공산주의자' 가 많아 옮기기에 적당하지 못했으므로 차선책으로 섬이라는 조건과 육지에서 가깝다는 조건을 갖춘 거제도

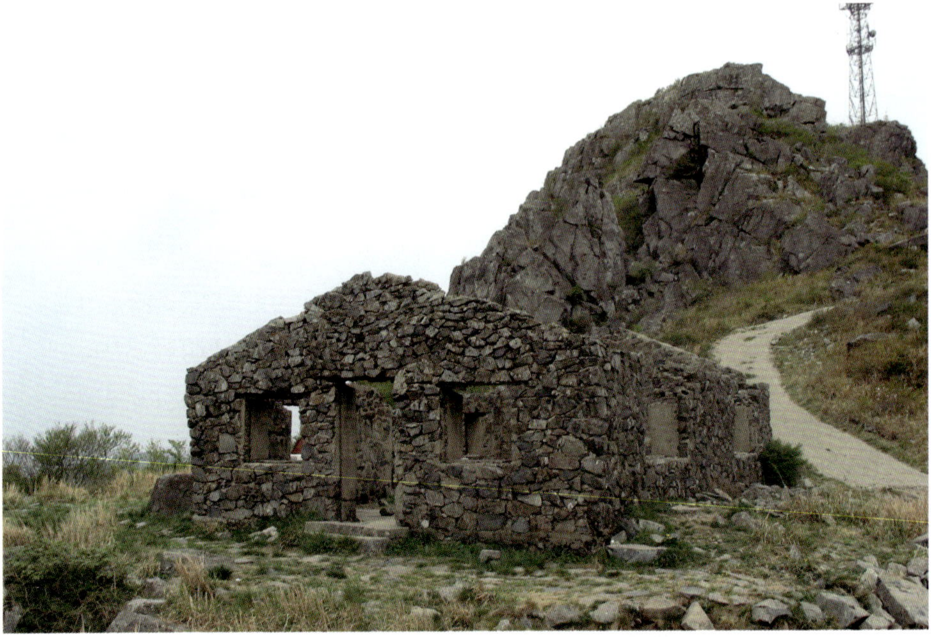

**거제포로수용소 유적공원** 한국전쟁 중에 거제도에는 360만 평에 이르는 면적에 포로수용소가 설치
되었는데, 지금은 그곳에 유적공원이 조성되어 있다. 위 사진은 계룡산 아래 설치된 통신소 건물 흔적
이고, 아래 사진은 당시 모습을 재현한 그림으로 거제포로수용소 유적공원에서 볼 수 있다.

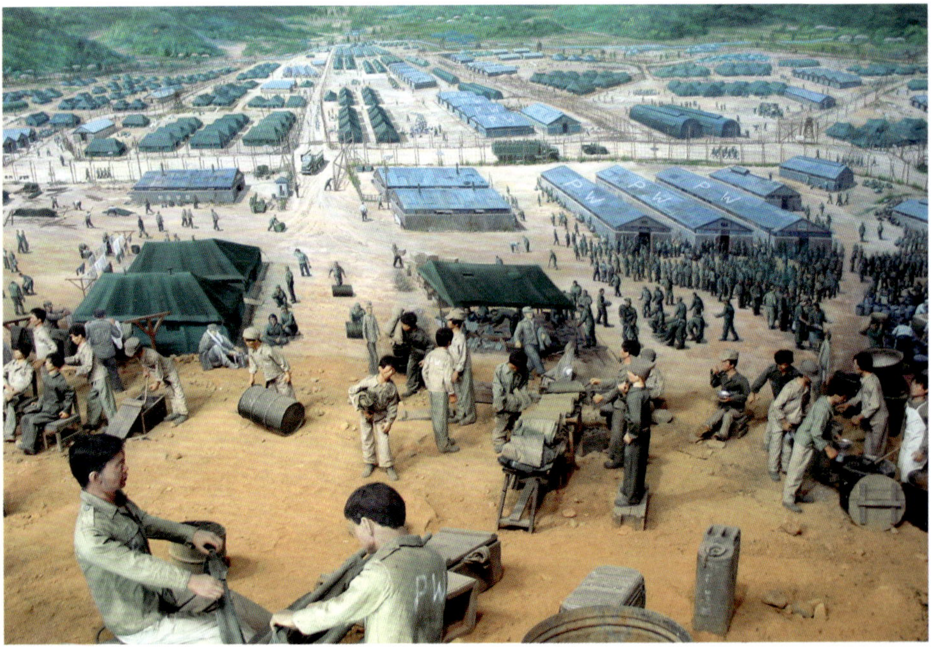

가 선정된다. 그 당시 극동연합군 최고사령관이었던 리지웨이(M. Ridgway) 장군은 거제도에 포로수용소를 정한 것을 두고 "상식으로는 생각할 수 없는 일로서, 좋지 않은 조건 중에서의 선택일 뿐"이라고 말했다.

거제도의 중앙에 해당하는 신현읍 고현리, 용산, 장평, 문동, 양정, 수월, 제산리와 연초면 임전, 송정리, 그리고 동부면 저구리 일대에 수용소가 설치되었다. 수용소가 차지한 전체 면적은 360만 평에 이르렀다. 1951년 초부터 시작된 포로 이송 작업은 부산의 거제리 병원수용소만 남긴 채 나머지 모든 포로는 거제도로 이송되었다. 결국 1951년 6월에는 17만 명 이상의 포로들이 거제도로 수용되게 된다. 한국전쟁 중에 거제도에 지역 주민 10만 명, 피난민이 약 15만 명이 살고 있었던 것을 감안하면 전쟁포로들의 숫자는 어마어마한 것이었다.

그 해 4월부터 공산포로들은 수용소 내에 해방동맹이라는 비밀 조직체를 만들고 각 수용소 단위로 지부를 두었다. 7월 휴전회담이 열리자 수용소 내의 분위기가 이상하게 끓어오르기 시작했다. 그리고 북한의 특별부대 요원들인 공산측 조직원들이 포로수용소에 들어와 조직을 만들어 혼란을 만들기 시작했다. 수용소 외부에도 남녀 공작대원들이 피난민으로 위장하고, 간호원으로 취직하거나 부근에서 장사를 하면서 수용소 내외의 연락을 유지하였다. 그러다 11월에 북조선노동당 부위원장인 박상현이 무명 전사로 위장하여 거제도 포로수용소에 들어오게 된다. 그는 해방동맹을 인수하고 수용소의 세포 조직을 재점검, 정비 확대하고 일사불란한 지휘계통을 확립하였다.

1952년에 들어서서 공산포로들에 의한 수용소 내부 조직의 발전과 함께 소요와 폭동이 기승을 부려 2월부터 4월까지 70건의 사건이 발생한다. 그래서 수용소 재조직을 위해 4월 8일부터 4월 30일까지 포로 전체를 공산포로와 반공포로로 분리하였고, 4월 19일부터 5월 1일까지는 양분된 그들을 서로 다른 수용소에 별도로 분산 수용하였다. 이 작전에 의해 송환 거부 포로 및 민간인 억류자 8만 2,000명은 육지의 부산, 광주, 논산, 마산, 영천과 제주도에 세워진 새 수용소로 옮겨졌다.

이 와중에도 박상현은 5월 7일, 수용소장인 도드(F. T. Dodd) 준장 납치사건 등을 비롯한 온갖 폭동 사건을 현장에서 조정하였다. 그러나 공산포로의 아성이며 그들의 총수인 박상현이 도사리고 있던 제76구역이 무너지자 다른 친공(親共) 수용소의 포로들은 전의를 상실하게 된다.

마지막으로 관리하기 쉽도록 수용소의 크기를 세분화하여 5월부터 7월까지 7만 명의 공산포로를 거제도, 제주도 및 육지에 분산 수용하였다. 이때 거제도 지역에서 만들어진 소규모 수용소에는 남부면의 저구리, 통영시 한산면의 용초도 및 봉암도 등이 있다. 이 작전으로 1만 1,973명의 북한 송환 희망 포로들은 저구리로, 8,084명의 북한 송환 희망 포로들은 용초도로, 9,151명의 북한 송환 희망 민간인들은 봉암도로 이송되었다. 이로써 기존의 거제도 포로수용소에는 공산포로 4만 8,000명만이 남게 된다.

휴전협정이 체결된 다음 날인 1953년 7월 28일 판문점에서 최초의 군사정전위원회가 열린다. 그리고 8월 5일 전 세계가 지켜보는 가운데 판문점에서 오전 9시부터 포로 교환의 막이 올라 9월 6일까지 33일간 전체 8만 8,596명이 교환되었다. 이 중 유엔군이 공산군 측에 인도한 포로가 북한군 7만 183명과 중공군 5,640명 등 7만 5,823명, 공산군 측이 유엔군에 인도한 포로가 한국인 7,826명과 유엔군 4,911명 등 1만 2,773명이었다. 이 중에서 북한, 중공, 남한이 아닌 중립국으로 가기를 원하는 중공군 12명, 한국군 74명, 공산군에 잡혀 포로가 된 남한인 2명 등 88명은 1954년 2월 9일 인도 군인을 따라 인도로 가는 배를 탔다.

거제도에 설치된 포로수용소는 1953년 7월 27일 휴전협정으로 없어지게 된다. 그러나 포로수용소의 흔적들은 1983년에 도지정 문화재자료 제99호로 지정 보호되어 오다가 2001년에 이곳에서 배창호 감독의 영화 「흑수선」
을 촬영하면서 현장 실물 수용소가 예전의 모습으로 재현되었다. 2003년에
유적지 정비를 통해 더 알차고 의미 있는 유적공원을 조성하여 최근에는 많
은 사람들이 이곳을 찾고 있다.

## 조선소 설립과 오늘의 거제도

　지금 세계는 우루과이라운드(UR) 체제의 출범으로 국경 없는 자유무역이
빠르게 진행되고 있다. 이런 이유로 세계 교역량이 증가되어 조선산업의 역
할이 날로 중시되고 있다. 다행히도 우리나라에서는 30년 전부터 조선에 막
대한 투자를 하여 왔고, 거제도에는 규모가 큰 조선회사들이 위치하고 있다.
　1973년부터 시작된 제3차 5개년 경제개발에서는 중화학공업의 육성을
위해 기계, 자동차, 조선 부문을 중점적으로 키우기로 하였다. 그에 따라
1973년 거제도 옥포만에 옥포조선소를 기공하였다. 오일 쇼크와 사업 변경
등으로 공사가 지지부진하다가 1978년 대우가 새로운 사업 주체로 나서게
된다. 그동안 버려져 있던 옥포조선소 건설 현장은 다시 활기를 띠면서 지금
의 대우조선해양 옥포조선소가 만들어졌다. 옥포조선소는 단위 조선소로는
세계 정상급으로 꼽힌다. 여기에는 백만 톤짜리 배 한 채를 만들 수 있는 드
라이 도크 외에 35만 톤짜리 배 한 채를 만들 수 있는 제2도크와 해상 도크가
갖추어져 있으며, 조선에 필요한 갖가지 부속 공장들까지 자리 잡고 있다.
　또, 1974년 고려조선이 시작한 장평리 지구 조선소 설립은 1977년 삼성조
선(현재는 삼성중공업 거제조선소)으로 이름이 바뀌고, 1979년부터 배를 만
들기 시작하였다. 삼성중공업 거제조선소는 6, 7만 톤짜리 선박을 건조하는
곳으로 출발하여 현재는 백만 톤 규모의 선박을 수주할 수 있는 제3도크를

비롯한 네 개의 도크를 갖추고 있다.

　이 두 조선소에서는 현재 철강 교량, 건물 철골, 해양석유가스 생산설비, 크레인, 카페리선, LNG선, LPG선, 컨테이너선, 유조선, 잠수함 등을 생산하고 있다.

　우리나라 산업 발전의 밑바탕에 대우와 삼성의 역할은 매우 컸다. 특히 대우의 성공 신화는 국내외에 크게 알려져 있는데, 거제도에도 큰 영향을 주었다. 옥포에 대우조선이 건설되면서 인구의 유입이 증가되어 옥포와 장승포를 묶어서 1989년에 장승포시로 승격되었고(1995년에 다시 거제군 등과 통합하여 거제시로 개편), 특히 교육에 많은 투자를 하여 옥포국제학교, 거제초·중·고등학교, 거제대학 건립을 통하여 지역 인재의 발굴에 큰 역할을 하고 있다. 삼성조선도 장학사업을 꾸준히 하여 지역 인재의 발굴에 노력을

**대우조선해양 옥포조선소** 옥포만에 자리 잡은 대우 옥포조선소는 단위 조선소로는 세계 정상급으로 꼽힌다.

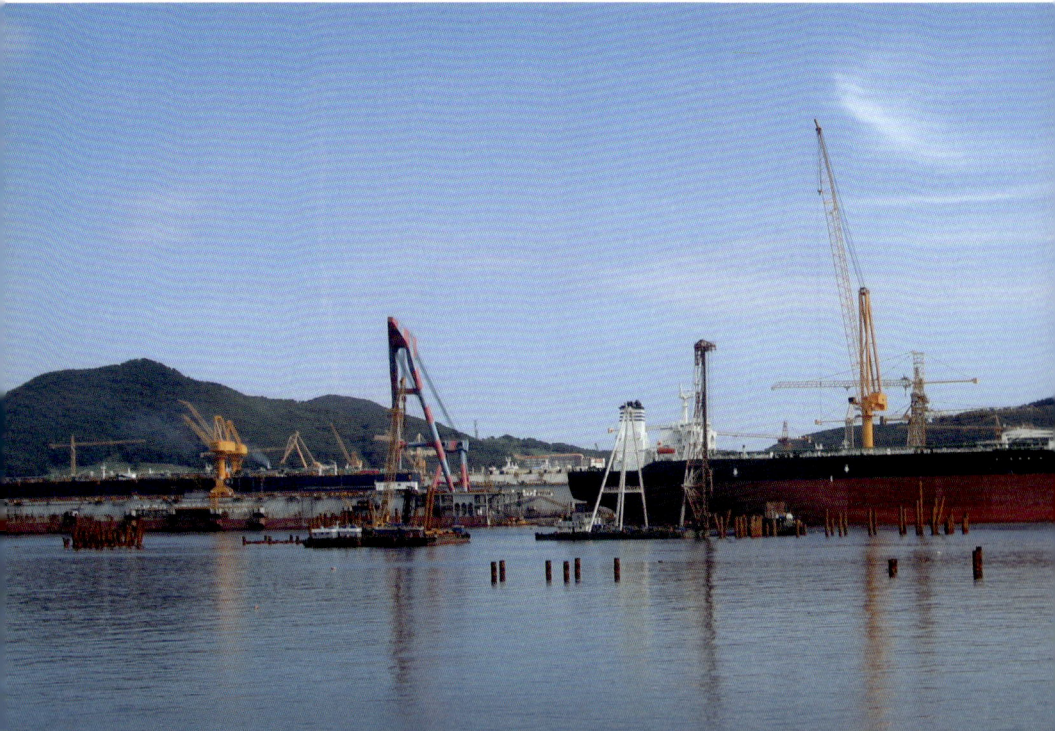

기울일 뿐만 아니라 지역과 하나 되는 기업을 만들기 위해 사회봉사문화를 가꾸고 있다. 특히 사내에 74개의 봉사단체가 구성되어 있으며 전체 임직원의 92퍼센트가 봉사단체에 가입, 누적 5만여 시간을 지역봉사에 할애하고 있다.

그러나 조선소 발전의 이면에는 천혜의 자연환경이 파괴되어 없어져 버린 부분도 있다. 대우조선이 들어선 아양골은 신라시대부터 있었던 마을로 거제도에서 가장 아름다운 몽돌 해변이 있었다. 또 장승포에 들어온 일본인들이 아양골에서도 토지와 어장을 빼앗는 일이 생기면서 그 억눌린 아픔을 1919년 4월 3일 분출한 곳도 아양장터였다. 그러나 조선소를 세우면서 거제 민족해방운동의 발원지인 이곳에 살던 사람들은 외지로 뿔뿔이 흩어져 실향민이 되어 버렸다. 그리고 삼성조선소가 위치한 장평에는 와치(臥峙)와 혈

**계룡산 자락에서 내려다본 삼성중공업 거제조선소** 장평리에 위치한 삼성 거제조선소는 백만 톤 규모의 선박을 수주할 수 있는 제3도크를 비롯한 네 개의 도크를 갖추고 있다.

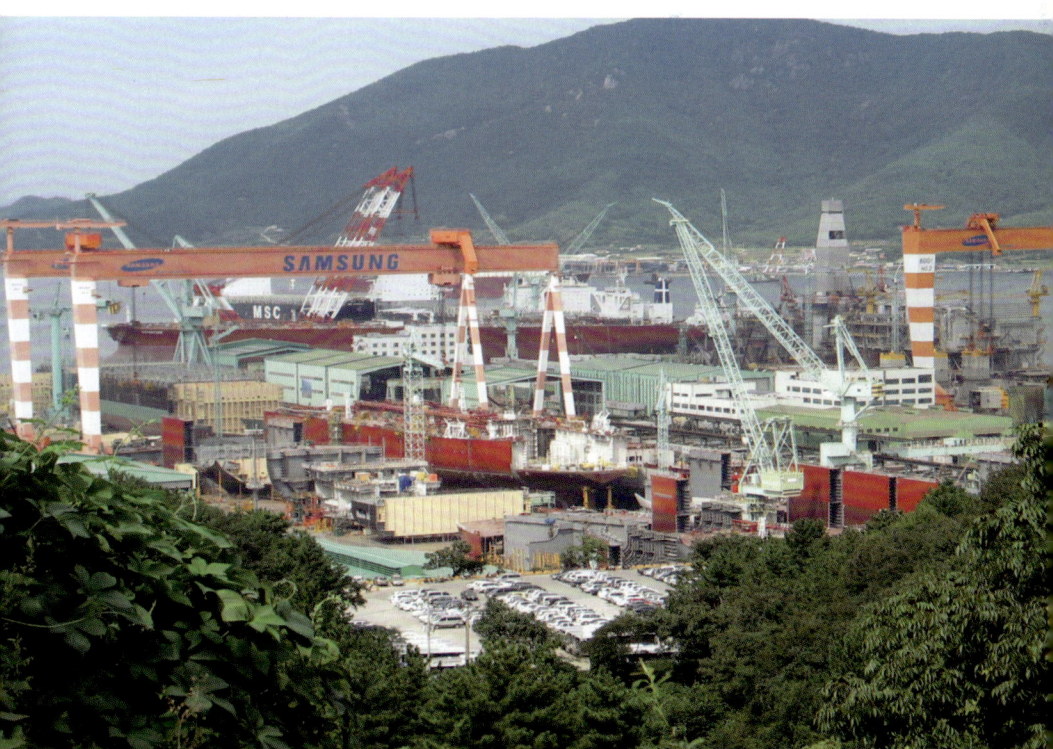

송(血率, 피솔)이라는 아름다운 마을이 있었다. 와치는 마을 뒷산이 신선이 누워 있는 것 같아서 붙은 이름이고, 혈송은 임진왜란 때 가족을 솔거(率去)하여 피신했던 외진 마을이라는 의미를 가지고 있다. 또 대나무와 동백나무로 이루어진 죽도라는 섬이 위치하고 있었지만 지금은 모두 이름만 남아 있는 상태이다.

또한 조선소의 건설로 늘어나는 사람들을 수용하기 위해 경작지와 야산을 개발하여 주택을 만들고, 조선소의 하청업체를 만들기 위해 작은 갯벌들을 매립하기 시작했다. 특히 식수 문제를 해결하기 위해 연초면의 배나무실 마을을 없애고 이목(梨木)댐을, 동부면의 구천계곡에 절골마을을 없애고 구

**조선소 사람들** 거제도에 조선소가 설립된 뒤 많은 인구가 유입되어 조선소 주변은 늘 활기를 띠고 있지만, 그에 따른 환경파괴도 적지 않다.

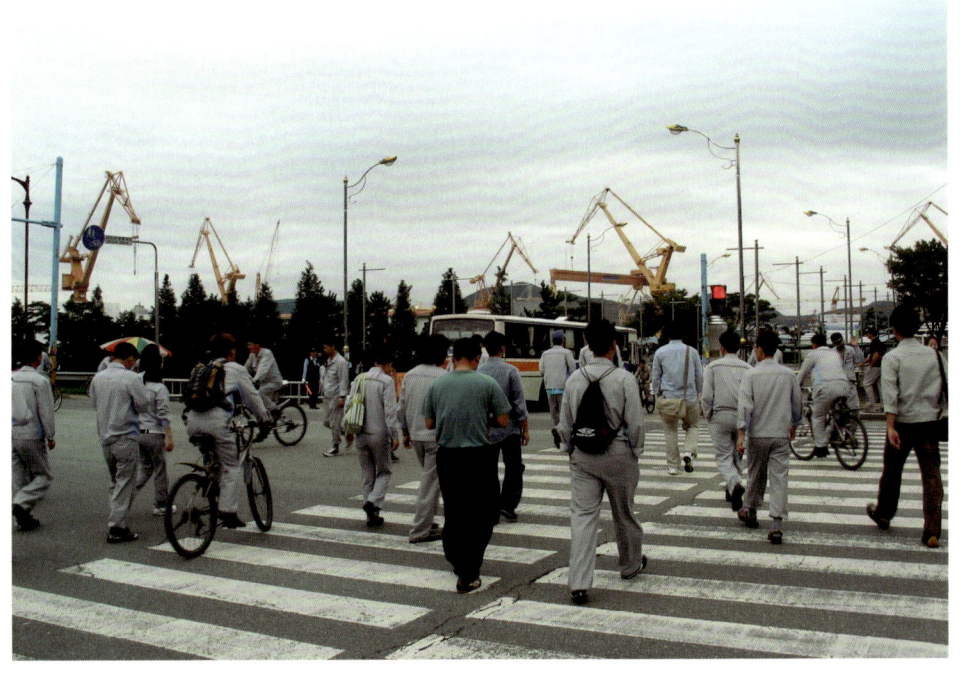

천(九川)댐을 만들었다. 갑자기 고향을 잃어버린 사람들은 모두 실향민이 되어 해마다 댐을 찾아 망향제를 올리고 있다.

지금도 지속적으로 인구가 증가하여 통합시인 거제시의 시가지가 커지고 생활에 필요한 여러 근린 시설들이 늘어나고 있다. 최근에 와서 보존을 통한 발전에 관심이 높아지고 있어 오염과 파괴의 영향이 더 이상 증가되지는 않으리라 생각하지만, 도로와 관광지 및 주택 건설이 계속 진행되고 있는 실정이다.

# 거제도의 문화와 사람

거제도에 문화가 들어오는 경로는 섬의 중앙에 솟은 계룡산을 기점으로 크게 세 지역으로 나누고 있다. 계룡산 서남쪽인 둔덕, 거제, 사등, 동부, 남부면 지역은 진주, 사천, 고성 지역의 문화를 주로 받았고, 계룡산 북쪽인 고현, 사등, 연초, 하청면 지역은 함안, 마산, 진해 지역의 문화를 주로 받았으며, 계룡산 동북부 지역인 장목, 장승포, 일운, 남부면은 김해와 부산 지역의 문화를 주로 받았다. 이런 이유 때문에 마을마다 문화가 조금씩 달라 예전부터 지역적 갈등을 보이고 있었지만, 지금은 교통과 통신의 발달로 인하여 서로가 고립된 문화가 아닌 융화되고 통합된 문화를 가지고 있다.

거제의 문화를 발로 찾아 알 수 있는 곳으로는 거제박물관과 거제어촌민속전시관 및 거제민속자료관이 있다.

거제박물관은 앞서 소개한 것처럼 옥포2동에 있으며 1층은 기획전시실 공간으로 지역 내의 문화 행사를 여는 공간으로 이용되고, 2층은 민속실로 반농반어의 환경 조건을 나타내는 농경과 수산에 관련된 민속품이 전시되어 있고, 3층은 선사시대부터 근대까지의 다양한 유물이 전시되어 있다.

거제어촌민속전시관은 일운면 지세포리에 있는데, 바다 생활과 관련된 전통문화 및 어업 변천사를 보전·전시하여 청소년 교육의 장과 도시민의 휴식 공간 및 관광자원으로 활용하고 있다. 특히 전시 코너를 체험의 바다, 부흥의 바다, 생활의 바다, 전통의 바다로 나누어 설명하고 있다.

거제민속자료관은 대금산 아래 연초면 명동마을에 있는데, 과거에 사용

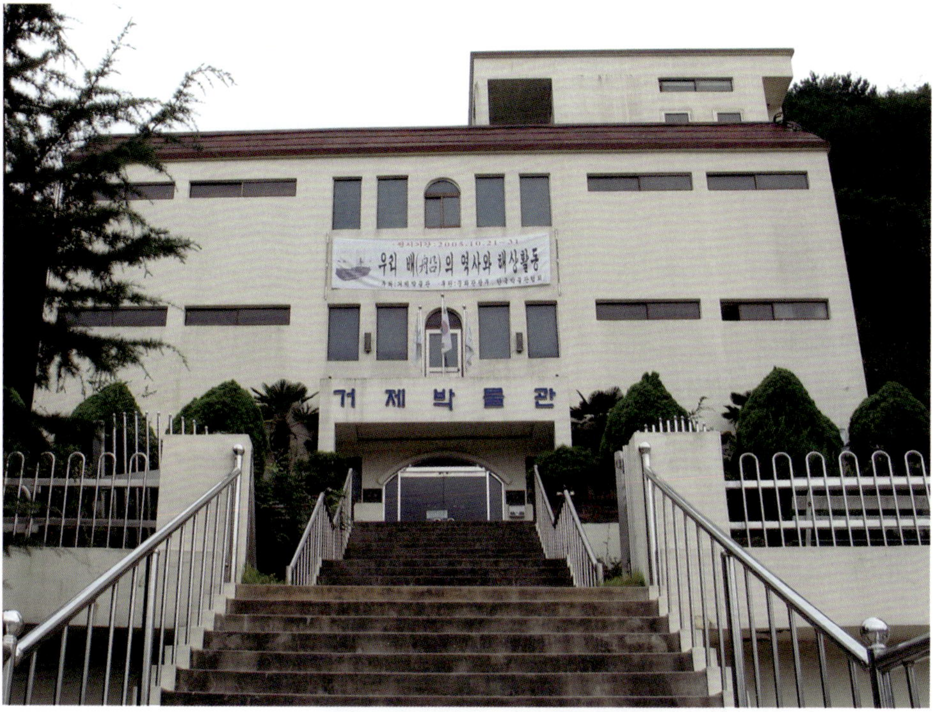

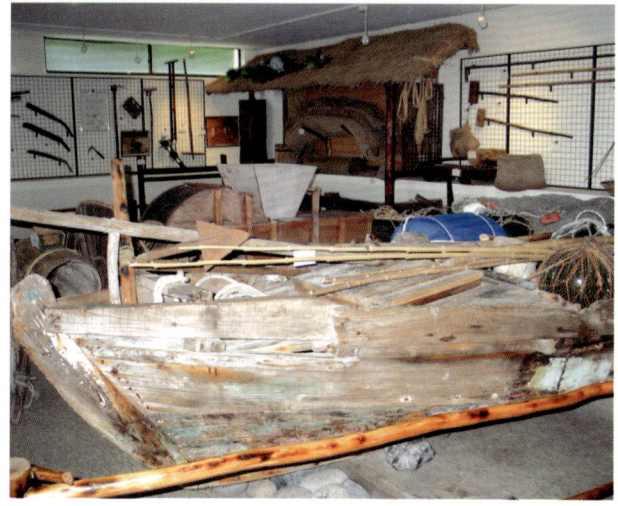

**거제박물관과 내부** 거제도의 옛 문화를 잘 볼 수 있는 곳으로 옥포2동에 위치한다. 1층은 기획전시실로 이용되며, 2층에는 농경·수산과 관련된 민속품이, 3층에는 선사시대부터 근대까지의 역사 유물이 다양하게 전시되어 있다.

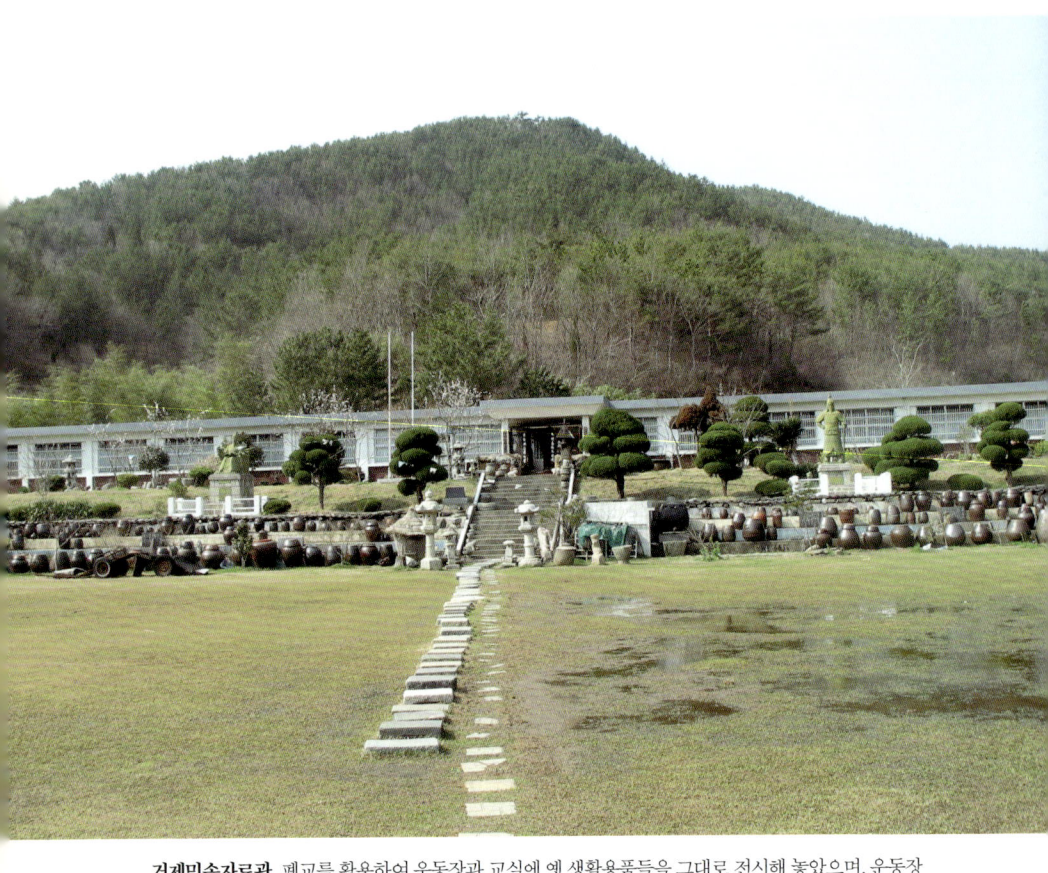

**거제민속자료관** 폐교를 활용하여 운동장과 교실에 옛 생활용품들을 그대로 전시해 놓았으며, 운동장 옆으로는 곤충체험실이 마련되어 있다.

하던 많은 종류의 생활용품들이 전시되어 있다. 폐교를 그대로 활용하여 운동장과 교실에 많은 전시물을 두어 편안한 마음으로 관람할 수 있도록 전시공간을 마련하였고, 운동장 옆에는 어린이들을 위한 곤충체험실이 있어 거제도에 사는 많은 종류의 곤충을 만날 수 있다.

## 조선시대 건축물들

거제도의 문화 유적은 왜구의 침입으로 대부분 소실되었으나 그런대로 보존이 잘 된 것에는 기성관, 거제질청, 장목진객사, 거제향교, 반곡서원 등이 있다.

거제면 동상리에 위치한 기성관(岐城館)은 조선 성종 원년인 1470년, 거제현이 거제부로 승격되면서 고현성에 거제 칠진의 통제영으로 세운 건물이다. 거제부의 부속 건물 객사로 사용하였으며 영남 4대 누각(진주 촉석루, 통영 세병관, 밀양 영남루, 거제 기성관) 중 하나이다. 임진왜란 중에 고현성이 함락되자 거제 현아(縣衙)와 기성관은 현재의 자리인 거제면으로 옮겨졌다. 한때는 객사인 영빈관으로 이용되었고, 일제 강점기에는 거제보통학교로 사용되기도 하였다.

건물의 특징은 조선시대의 자연적 배합법을 중시하여 우아한 고전미를 간직한 층단식이며 이중 팔작지붕으로 되어 있다. 아름드리 원목을 써서 무게를 더하였으며 선의 개방과 남아식(南亞式) 불화단청(佛畵丹靑)은 국내에서 보기 드문 수법으로 그 예술성이 높이 평가되고 있다. 1973년 폭우로 동쪽 지붕이 붕괴된 것을 1974년에 복원하였으며, 경내에는 큰 키의 곰솔, 팽나무, 주엽나무가 서 있어 건물의 웅장함에 무게를 더하고 있다. 이곳 경내에는 이곳저곳에 흩어져 있던 1663년 이래의 송덕행적비(頌德行蹟碑) 14기가 모아져 있다.

송덕비는 이곳을 거쳐 간 관리들의 선정과 업적을 기린 비석이다. 비석은 우리나라 사람들이 즐겨 세우는 유물인데, 비석의 비두(碑頭)는 하늘을 상징하고, 비신(碑身)은 인간 세상을, 비대(碑臺)는 땅을 나타내어 천지인을 의미한다. 송덕비에도 계급이 있어 누가 세우느냐에 따라 등급을 나누는데, 나라에서 세우면 가장 높게 평가하였고, 그 다음으로 향교나 유림이 세운 비석이

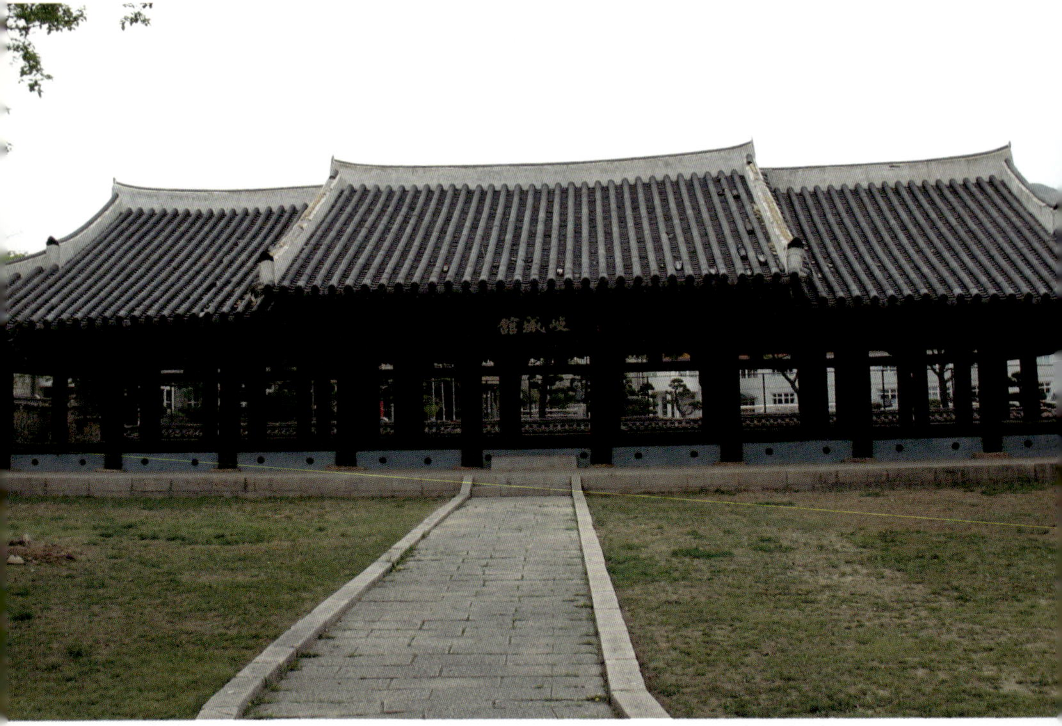

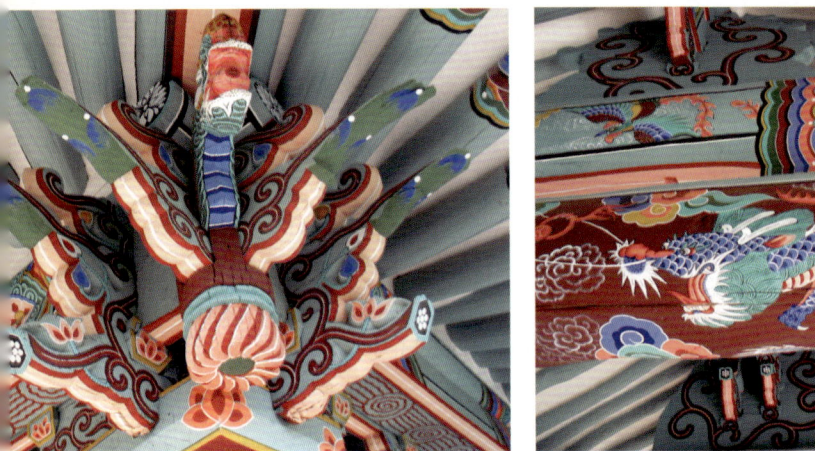

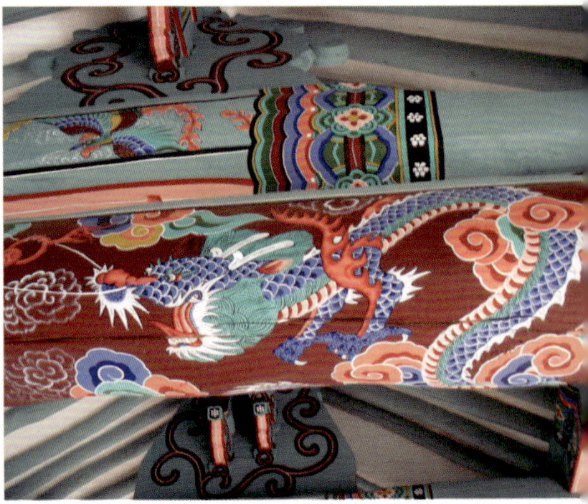

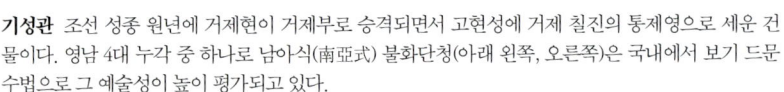

**기성관** 조선 성종 원년에 거제현이 거제부로 승격되면서 고현성에 거제 칠진의 통제영으로 세운 건물이다. 영남 4대 누각 중 하나로 남아식(南亞式) 불화단청(아래 왼쪽, 오른쪽)은 국내에서 보기 드문 수법으로 그 예술성이 높이 평가되고 있다.

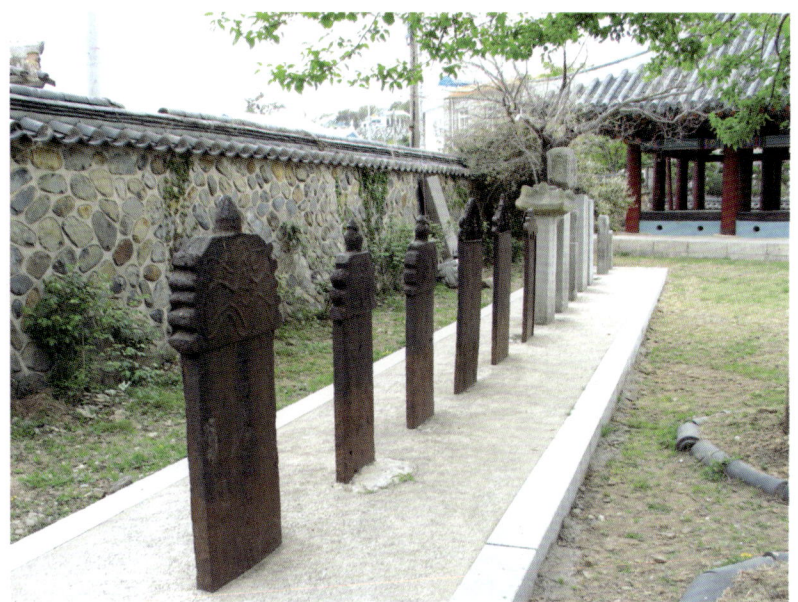

**송덕행적비** 거제도를 거쳐 간 관리들의 선정과 업적을 기린 비석들로, 기성관 경내에 14기가 모아져 있다.

고, 일반 백성들이 세운 비석은 양반으로서 체신이 없고 부끄럽게 생각하여 받지 않는 것보다 못하다고 여겼다.

　송덕비 중에서 색다르게 발견된 비석이 있는데, 제107대 수군통제사 조경(趙儆)을 기리는 비석으로 거제대교 옆 오량마을에 있다. 1976년 경지정리 중에 발견된 이 비석은 조경의 아들이 제143대 통제사로 부임해 와서 오량역 앞에 있는 아버지의 비석을 보고 부끄러움을 느껴 땅에 묻은 것이었다. 조경은 제승당을 중수하는 등의 많은 업적을 남겼고, 백성들을 진심으로 사랑하였기에 백성들이 존경하여 송덕비를 세웠으나 그 당시에는 일반 백성들이 세운 송덕비를 받는 것을 양반으로서 부끄럽다고 생각하였기에 조경의 아들은 그 비석을 땅에 파묻어 버린 것이다.

　거제질청(巨濟秩廳)은 기성관 앞에 위치하고 있으며, 거제 동헌의 부속 건물로 이용되었다. 나무로 지어진 기와집으로 기성관이 이전될 때 같이 옮

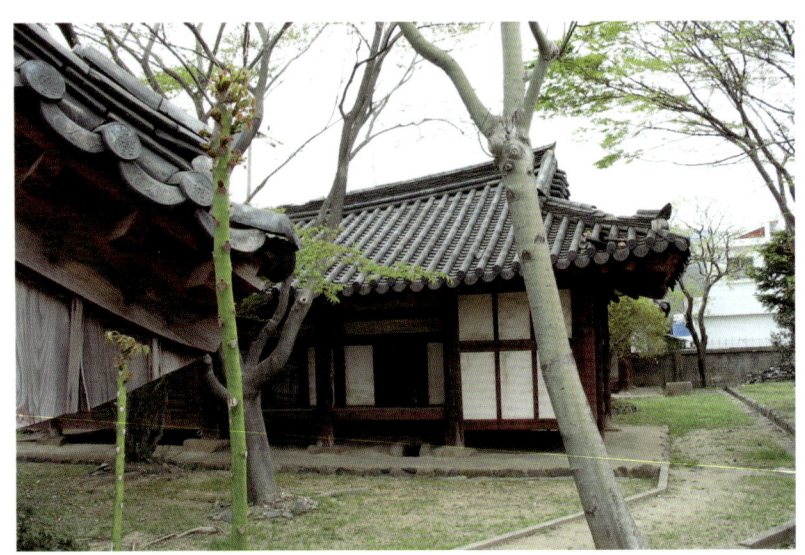

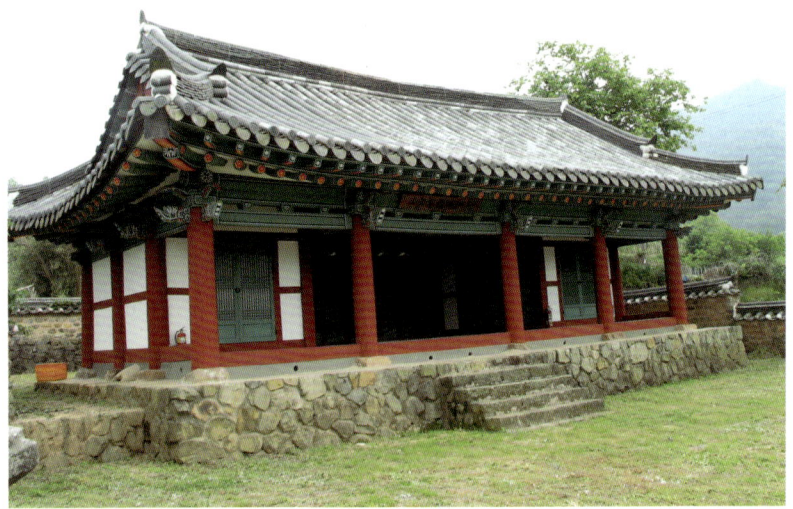

**거제질청** 조선시대 거제 동헌의 부속 건물로 이용되었다. 행정 사무실과 고을 관리의 자제들이 공부를 하던 도서실의 기능을 한 곳으로, 1982년에 해체 복원하였다. (위)

**장목진객사** 거제 칠진 중 하나인 장목진 진영의 부속 건물로, 임진왜란 당시 이순신 장군과 이영남 장군이 전략을 수립하였다고 전해진다. (아래)

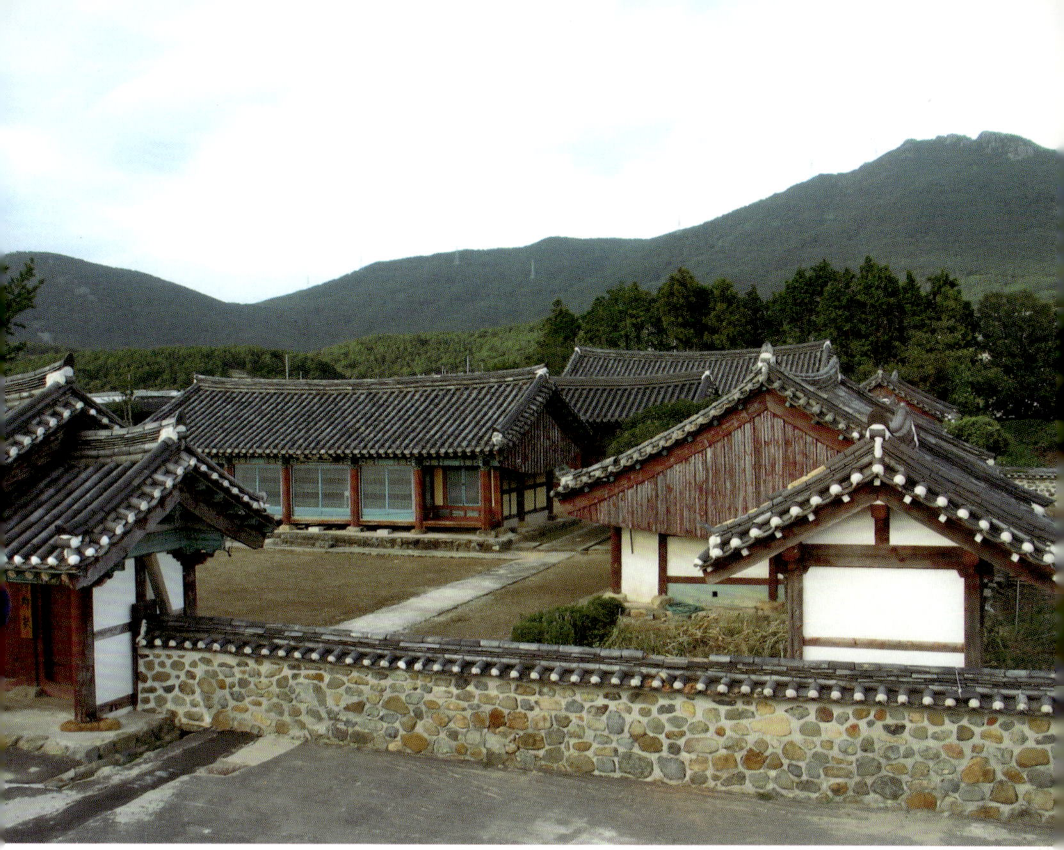

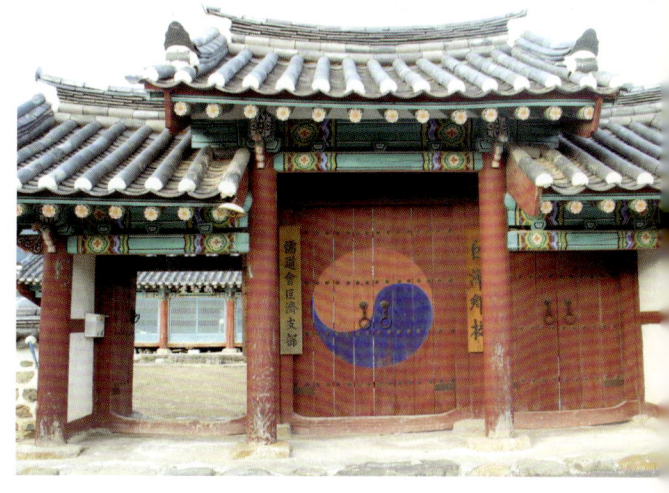

**거제향교** 조선시대 거제도의 공립교육기관인 거제향교(위)는 대성전을 중심으로 동·서무, 일주문, 명륜당, 고자실, 동·서재, 풍화루(오른쪽) 등이 있다.

거제도의 문화와 사람 **45**

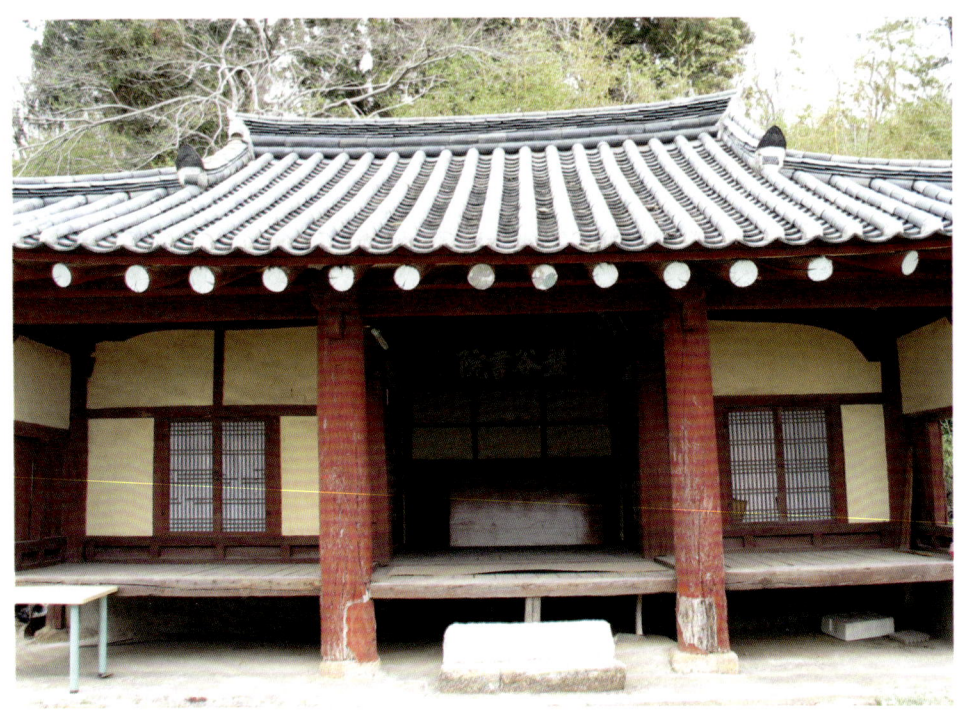

**반곡서원** 숙종 5년에 송시열 선생이 유배 와서 유생들에게 학문을 전수한 곳으로, 후에 거제 유림들이 이곳에 서원을 창건하였다.

거 왔다. 행정 사무실과 고을 관리의 자제들이 공부를 하던 도서실의 기능을 한 곳으로, 1982년에 해체 복원하였다.

장목진객사(長木鎭客舍)는 거제 칠진 중 하나인 장목진 진영의 부속건물이었다고 하는데 정확한 건립연대는 알려지지 않았다. 목조 기와 건물로, 상량문의 기록에 따르면 임진년(1592)에 동구(장동마을)에 있었던 것을 서구(장서마을)로 옮겨 건립하였음을 알 수 있다. 임진왜란 당시에 이순신 장군과 이영남(李英男) 장군이 전략을 수립하였던 역사적으로 의미 있는 장소이기도 하다. 건물 양식은 조선 후기로 보이며, 일제 강점기에는 장목면사무소로 사용되었다가 1981~1982년에 해체 복원하였다.

거제향교(巨濟鄉校)는 세종 4년(1432) 고현의 서문골에 창건되었다가 임진왜란으로 소실되었으나, 현종 5년(1664)에 창건한 다음 몇 번 옮기다가 현재의 위치에 있게 되었다. 공립교육기관으로 도지정 유형문화재 제206호로 지정되어 있다. 거제향교는 대성전을 중심으로 동·서무, 일주문, 명륜당, 고자실, 동·서재, 풍화루 등이 있다. 대성전(大成殿)은 공자를 비롯하여 중국 성현 4인, 신라와 고려 성현 4인을 모시고 매년 향제를 올리는 곳이다. 동무(東廡)와 서무(西廡)는 조선시대 성현 16인을 모신 곳으로 같은 날 제사를 모신다. 명륜당(明倫堂)은 유학 공부를 하고 인륜을 밝히는 전당이고, 동·서재는 학생들이 공부하던 곳이다. 풍화루(風化樓)는 백성들을 풍습에 맞추어 교육하는 곳을 상징하는 향교의 정문이다.

반곡서원(盤谷書院)은 거제여자상업고등학교 뒤편에 있으며, 숙종 5년(1679) 송시열(宋時烈) 선생이 인선대비의 별세 때 제복(除服) 문제로 유배와서 유생들에게 학문을 전수한 곳이다. 이에 대한 고마움으로 숙종 30년(1704) 거제 유림들이 서원을 창건하였다. 흥선대원군의 서원 폐지령에 의해 철폐되었다가 1975년 거제 유림들에 의해 다시 중건되었다. 이곳에서는 송시열, 김진규(金鎭圭), 김창집(金昌集), 이중협(李重協), 민진원(閔鎭遠), 김수근(金洙根) 선생을 배향하고 있다.


## 민요와 민간신앙을 통해 본 거제 사람

바다에 의존하여 살아가는 삶은 고단하다. 풍랑에 흔들리는 배에 의존하는 남자들은 목숨에 대한 부담감이 크고, 갯벌에서 조개 캐서 살아가는 아낙네의 손마디는 절로 저려 온다. 이런 육체적인 아픔과 어려움을 잊기 위해 거제도 사람들은 노래를 불렀다. 이 노래가 바로 민요이다.

거제도 지역의 민요는 어업과 관련된 것이 많은데, 대표적인 것으로 팔랑

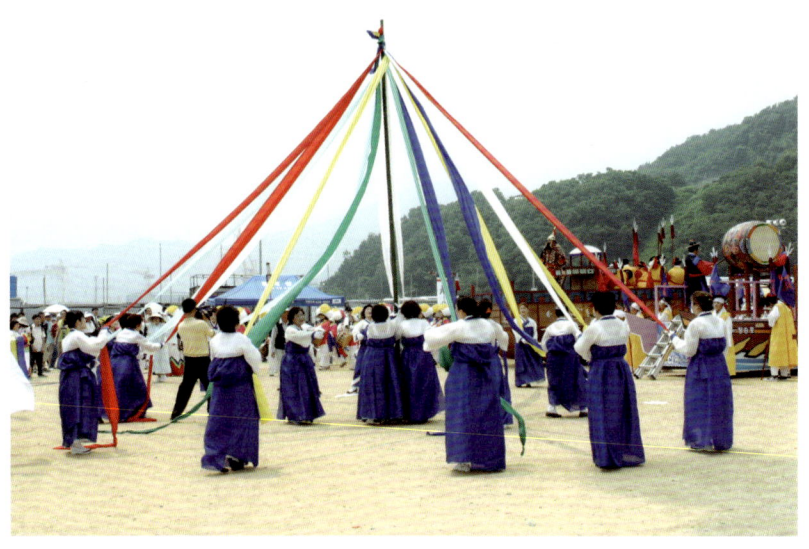

**거제 칠진농악** 군령을 뜻하는 영(令)을 새긴 깃발 여러 개와 꽹과리, 징, 장구, 북이 있고, 포졸과 주민들로 구성되며 약 30분이 소요된다. 사진 제공: 청춘스튜디오(이하 '청춘') 유정남

개놀이와 굴까로 가세, 거제 뱃노래가 있다. 그 외에도 관에서 주도한 거제 칠진농악이 있다.

거제 칠진농악은 임진왜란 당시에 왜군에게 아군이 많음을 보이기 위한 시위 전술을 행한 데서 유래한 진풀이 농악이다. 우리는 임진왜란 하면 이순신 장군의 강강수월래를 떠올리지만 거제도에서는 칠진농악이 더 유명하다. 농악대의 구성은 군령을 뜻하는 영(令)을 새긴 깃발 여러 개와 꽹과리, 징, 장구, 북이 있고, 포졸과 주민들로 구성된다. 크게 다섯 가지 내용으로 이루어져 있는데, 입장과 원 돌기, 덕석 몰기와 풀기, 양편 가르기, 마무리하는 의식, 악기끼리 놀기와 퇴장 등 약 30분이 소요된다.

그런가 하면 거제도에는 마을과 지역을 묶어 주는 것으로 하늘에 제사하는 산신제, 기우제, 당제, 서낭제, 성황제 그리고 어촌에서는 풍어제, 용왕제 등이 있었다. 또 민간신앙의 한 형태로서 장승(벅수), 솟대, 선돌, 산신당, 서낭당, 신목 등을 마을마다 가지고 있었다. 이는 마을 공동 신앙을 구성하는 신앙 상징물로서 마을의 역사와 생활상을 반영하는 중요한 민속자료들이다. 지금도 연초면 오비마을에서는 마을의 안녕, 무사, 다복, 풍요를 기원하는 당산제를 해마다 정월에 올린다고 한다.

### 팔랑개놀이

파랑포는 거제시 옥포동에 속한 어촌 마을로서 임진왜란 때 이순신 장군이 첫 승을 거둔 옥포만의 입구에 위치하고 있다. 마을 이름 파랑포는 바닷물이 갯바위에 부딪쳐 거품이 일면서 살랑거리는 모습을 보고 팔랑팔랑거린다는 의미를 붙여 지은 이름이다. 팔랑개는 바로 파랑포의 갯벌을 의미한다. 팔랑개 어장놀이는 마을에서 풍어를 빌면서 마을 공동으로 고기잡이 하는 세시풍속 놀이로, 예부터 이 지방에서 내려오는 별신굿과 풍어제를 변형한 독특한 민속놀이 마당이다.

조선시대에 거제도의 능포와 옥포는 나라에 진상을 올리는 궁조어장이었다. 이때 어장에서 일하는 사람들의 능률을 올리기 위해 이 노래를 만들어 불렀다고 한다. 이 어장놀이는 어느 특정한 날을 정해서 하는 놀이가 아닌 일상적인 어로 작업에서 파생된 놀이이다. 이 놀이는 조그마한 어촌 마을에서 많은 남자들이 바다로 고기잡이를 나가 풍랑으로 돌아오지 않자, 그 일을 대신하는 여자들이 많이 등장하는 것이 특징이다. 고기잡이는 고기 잡는 것보다 잔손질과 철 따라 바뀌는 어구를 손질하는 것이 더 힘들기 때문에, 마을 공동으로 어구를 손질하면서 일의 능률을 올리기 위하여 흥겨운 가락으로 사람을 불러 모았다. 어구의 손질이 끝나면 배의 주인은 음식과 술을 준비하여 풍어와 마을의 평안을 비는 풍어제를 지낸 후 어부들과 주민들이 즐겁게 한마당을 벌이며 고기잡이로 들어간다. 그리고 고기잡이를 나간 배가 만선기를 꽂고 돌아오는 날 어부들을 반기며 춤을 추고 만선의 기쁨을 노래

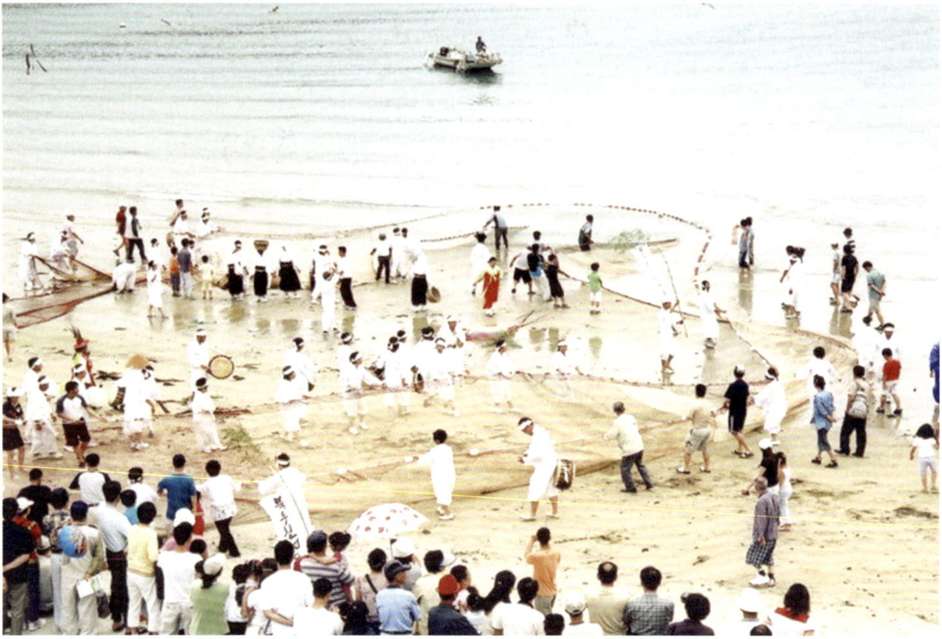

**팔랑개놀이** 마을의 풍어를 기원하는 세시풍속 놀이로 예부터 이 지방에서 내려오는 별신굿과 풍어제를 변형한 독특한 민속놀이 마당이다. 사진 제공: 거제시청(위), 청춘(아래)

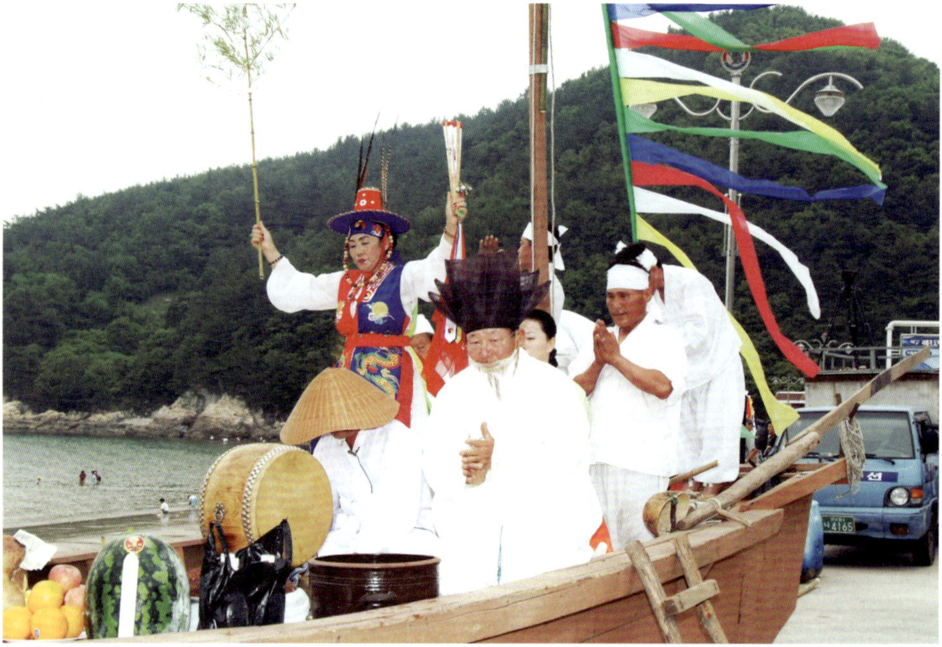

하면서 이 놀이가 끝난다.

이 놀이에 사용되는 놀이기구에는 통구멍이배(통나무배), 그물, 도리깨, 가래, 그 외의 어구들이 필요한데, 전체 내용은 다섯 개의 마당으로 구성되어 있다. 첫째 마당은 사람을 모으는 질굿마당, 두 번째 마당은 도리깨 마당으로 도리깨를 이용하여 그물에 낀 이물질을 털어 내고 바늘로 찢어진 부분을 수리한다. 세 번째 마당은 용왕제로서 어구를 배에 실은 후 어부들은 배를 바라보며 용왕님께 빌게 되고, 배는 드디어 출어를 한다. 네 번째 마당은 그물소리로 어부들이 배를 젓고 그물을 펼쳐 고기를 잡는다. 다섯 번째 마당은 가래마당 또는 만선마당인데, 배 가득 고기를 잡은 배는 만선기를 꽂고 부두로 돌아오고 이때 배를 본 사람이 만선이요 하면 고기를 퍼 나를 준비를 한다. 배는 부둣가에 대고 가래를 이용하여 고기를 퍼 올린다.

### 굴까로 가세

거제도에는 선사 이전부터 사람들이 살기 시작했는데, 이들이 주로 식용으로 이용한 것은 바위 표면에 붙어 자라는 굴이었다. 지금까지 발견된 패총(조개더미)에서 주로 나타나는 조개 종류 역시 굴이다. 바닷사람에게 물고기와 굴은 아주 중요한 식량이었다.

굴까로 가세라는 민요는 봄철에 허기진 배를 채우기 위해 아낙네들이 바닷가에 나가 굴을 까면서 불렀던 노래이다. 만들어진 시기는 정확히 알 수 없으나 오래 전부터 갯마을 부녀자들의 입으로 구전되어 온 것으로 보이며 섬사람들의 애환이 어린 가사를 담고 있다. 가사의 일부분을 소개하면 다음과 같다.

굴까로 가세 굴까로 가세 연두 새섬에 굴까로 가세
굴도 까고 님도 보고 겸사 수시로 굴까로 가세

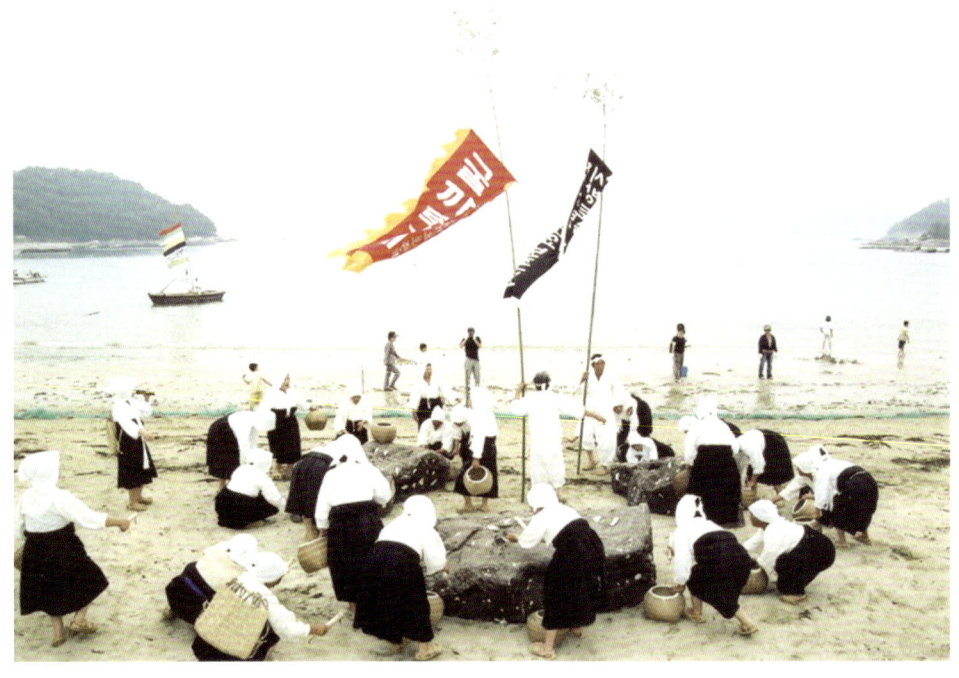

**굴까로 가세 재현** 민요 굴까로 가세는 봄철에 허기진 배를 채우기 위해 아낙네들이 바닷가에 나가 굴을 까면서 불렀던 노래로 섬사람들의 애환이 어린 가사를 담고 있다. 사진 제공: 거제시청

굴까로 가세 굴까로 가세 시내 강변에 굴까로 가세

굴까로 가세 굴까로 가세 앞뒷집 큰아가 굴까로 가세

가세 가세 굴까로 가세 연두 새섬에 굴까로 가세

굴까로 가세 굴까로 가세 우리 일행들 굴까로 가세

못살겠네 못살겠네 연두 새섬에 못살겠네

밤에는 님 그립고 낮에는 물기럽아 연두야 새섬에 못살겠네

가세 가세 굴까로 가세 배를 타고 놀러 가세

거제 뱃노래

어부들에게 고기 잡는 일은 생계를 유지하기 위한 힘든 노동이었다. 뱃노래는 고기를 잡아 생활하는 어민들이 일의 능률을 올리기 위해 불렀던 노래다. 다음은 거제도에 전승되는 거제 뱃노래의 일부를 소개한 것이다. 고기를 잡기 전에 아래에 나오는 구절을 선창하면 다른 사람들이 후창을 하는데, 일반적으로 후창은 '오 호호 호호야 에에야 디이야' 이다.

서해수라 맑은 물아
황화수를 불러오자 은하수를 불러오자
연해욕지 반바당에 쪽대선이 떠나간다
앞에 배는 임이 타고 뒤에 배는 내가 타고
화류춘풍 뱃노래 가자

고기를 잡을 때에는 다음과 같은 노래를 불렀다.

해가 떴네 해가 떴네 임의 창에 해가 떴네
잠든 님아 일어나소 우리 문전 사랑 앞에
임 노는 것 보기 좋네

하늘에다 꽃을 심어 은하수에 물을 주고
일월명화 저 꽃 보소 붕얼붕얼 피었구나
꽃아꽃아 고운 꽃아 높은 산중 피지 마라

다음은 고기가 가득 그물에 잡혔을 때, 그물을 끌어당기면서 부르는 노래이다.

어이카 어이카 어기도 산이야

에해야 사리야 에해야 사리야

사리는 사리대로 마리는 마리대로


어랑 서어랑 가래야 어어랑 서어랑 가래야

여기도 산이야 우리 마을 경사 났네

어어랑 서어랑 가래야


## 남해안 별신굿과 서낭당

거제도와 통영을 중심으로 행해지는 별신굿은 각 마을마다 일정한 주기를 정해 놓고 거행하는 마을 굿으로 14거리로 구성되어 있다. 큰굿에는 여러 가지 장단과 음악, 춤사위가 모두 들어 있고, 굿판에 참여하는 사람들의 호응 역시 컸다. 남해안 지역에서 별신굿의 의미는 개를 먹이는 굿이라는 의미가 있는데, 여기에서 개는 께, 바다를 의미하므로 바다를 위한 굿이라는 뜻이 된다.

거제도는 남해안에서 별신굿이 가장 성행했던 곳이다. 거제면 오수리의 죽림포, 일운면 구조라리 구조라마을과 망치리 양화마을, 동부면 학동리 수산마을 등이 별신굿을 크게 한 지역이지만, 근래에는 큰무당과 악사가 사라져 몇 년에 한 번 굿을 하는데 이것도 힘들어졌다고 한다. 그러나 그 흔적으로 수산마을에는 옛길의 고갯마루에 당숲이 있고, 양화마을에는 마을 앞에 목신당과 돌벅수(몽돌벅수) 2기가 남아 있다. 2004년에 수산마을에서는 남해안 별신굿을 며칠 동안 시연하기도 하였다.

거제면의 죽림마을은 대나무 중 오죽(烏竹)이 많이 자라고 있어 다숲께라고도 불리는, 반달 모양으로 오목하게 들어간 해안을 끼고 형성된 전형적인 어촌 마을이다. 이 마을 앞에는 당산할머니가 계신 당집이 있고, 마을 뒷산

**수산마을 별신굿** 거제도는 남해안에서 별신굿이 가장 성행했던 곳으로, 큰굿에는 여러 가지 장단과 음악, 춤사위가 모두 들어 있고 굿판에 참여하는 사람들의 호응도 컸다. 사진 제공: 거제시청(오른쪽)

**죽림 할매집** 거제면 죽림마을은 반달 모양으로 오목하게 들어간 해안을 끼고 형성된 전형적인 어촌 마을인데, 여기에 당산할머니가 계신 당집이 자리 잡고 있다.(아래)

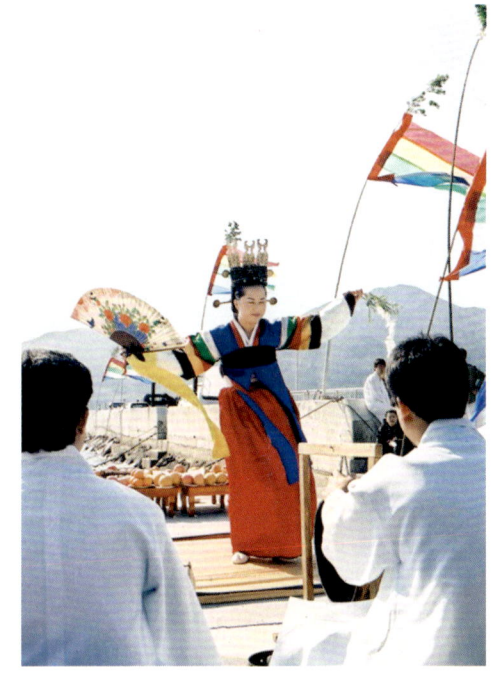

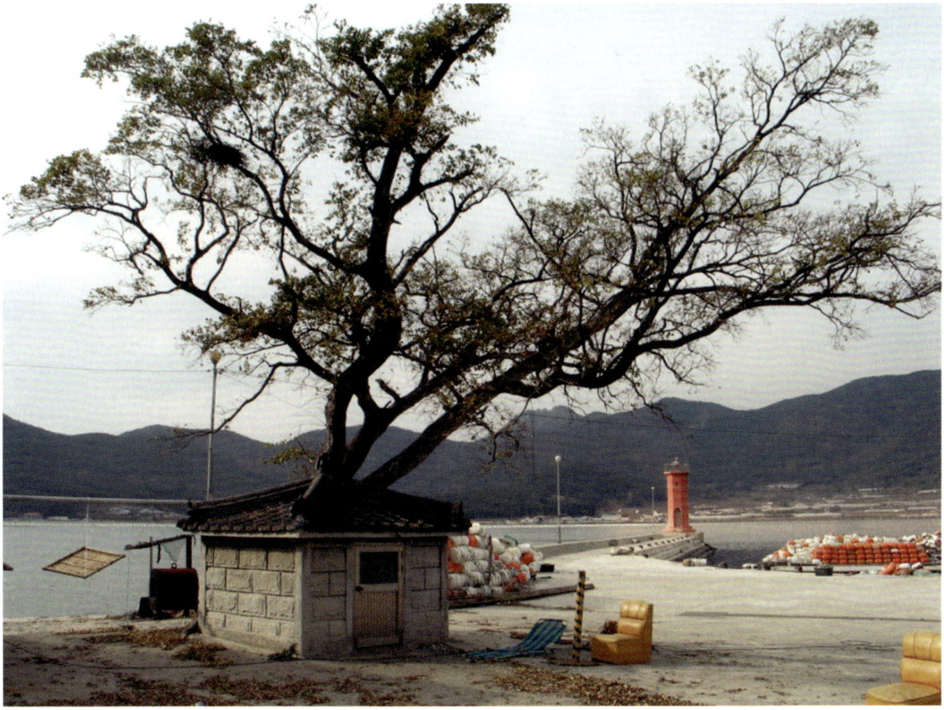

에는 당산할아버지가 계시고, 마을 입구를 비롯한 여러 군데에 장승들이 있어서 마을을 지켜 주고 있다. 그리고 장목면 관포마을의 당집 역시 마을 뒤편의 양지바른 언덕에 자리 잡고 있는데, 아름드리 소나무들이 당숲을 이루고 있다.

서낭당은 산이나 바위 및 나무 등의 자연숭배에서 유래된 것으로 우리 민족의 생활 속에 깊이 자리 잡은 원시신앙이다. 누구든지 왼새끼를 감아 둔 서낭당을 지나면서 간절한 마음으로 돌을 던지거나 솔가지를 꺾어 얹고, 신대를 세우거나 가진 물건을 하나라도 성의껏 바치고 갔다. 이때 먼 길을 무사히 갔다 오도록, 재수가 있도록 공을 드리거나, 하루의 운수를 점치기 위해, 돌팔매 싸움용으로, 경계 표시로서 돌을 던지기도 했다. 특히 통영, 고성, 거제 등 바닷가 고갯길에 나타난 돌무더기들은 왜적과 대치 국면에서 병기용으로 사용하기 위해 모은 것들도 많다.

당숲에는 신목과 막돌탑이 있는데, 막돌탑은 강변이나 산야에 널려 있는 아무렇게나 생긴 돌 즉 막돌을 이용하여 쌓은 탑이다. 거제 지역의 돌탑은 사등면 벽담사 앞, 학동마을에서 수산마을로 넘어오는 고갯길, 하청면 유계리에서 앵산으로 올라가는 등산로, 지세포에서 옥녀봉으로 오르는 등산로, 연초면에서 하청면으로 가는 도로 옆 등에 있다. 장목면 황포마을에도 길 옆에 큰 막돌탑이 2기 있었으나 4차선 도로를 내면서 사라져 버렸다.

그런가 하면 거제면 외간마을의 당숲과 막돌탑은 특이하다. 마을 뒷산 계곡 옆에 마련한 당숲에는 아름드리 소나무가 자라고, 이곳에는 막돌탑을 여럿 쌓아 성채 모양으로 만들고 그 주변에는 여러 개의 막돌탑을 조성하여 두었다. 지금은 당숲 앞에 운동 시설을 갖춘 작은 운동장을 만들고, 마을 주민들이 이용하는 공원으로 조성하여 전통과 현재가 공존하는 공간으로 만들어 두었다.

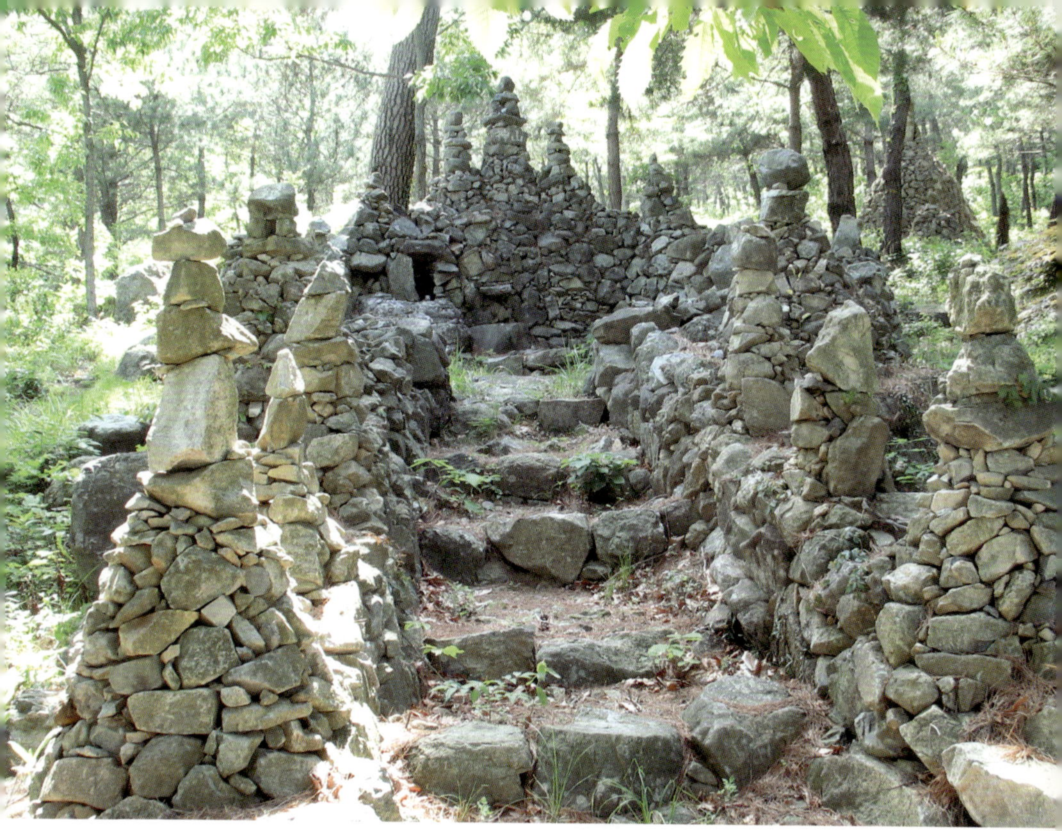

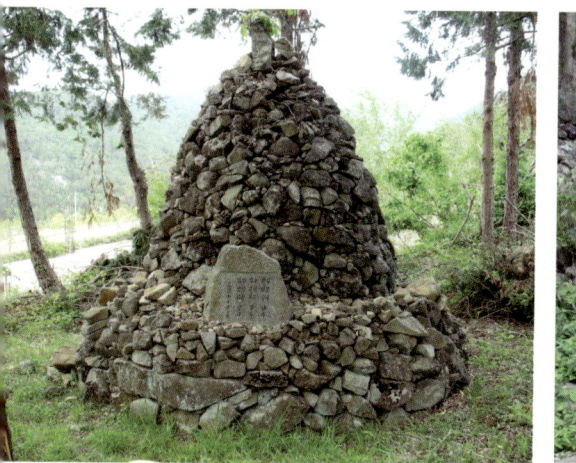
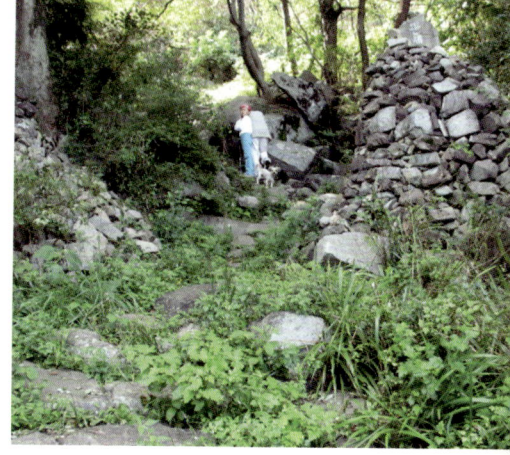

**당숲과 막돌탑** 강변이나 산야에 널린 아무렇게나 생긴 돌 즉 막돌을 이용하여 쌓은 탑으로 여러 가지
기원을 담아 만들어졌다. 위는 외간 당숲, 아래 왼쪽은 벽담사 돌탑, 오른쪽은 옥녀봉 돌탑.

# 청마 유치환 생가와 거제 팔경

거제도는 산세가 아름답고 자연이 주는 혜택이 많아 그 아름다움을 노래
한 문학가들이 많이 태어났다. 대표적인 인물로는 생명파 시인인 청마(青馬)
유치환(柳致環, 1908~1967년)이 있다. 유치환은 한약방을 하는 유준수의
둘째아들로 태어났는데, 그의 형은 극작가 유치진(柳致眞, 1905~1974년)
이다.

유치환은 주로 자연을 찾아 시를 썼는데, 1931년 「정적(靜寂)」을 발표하
면서 등단하였다. 1937년에 통영협성상업학교의 교사에 임용되어 시 쓰기
에 몰두하게 된다. 시집 『청마시초(青馬詩抄)』, 『생명의 서(書)』, 『울릉도』,
『청령일기(蜻蛉日記)』, 『파도야 어쩌란 말이냐』 등을 펴냈고, 1946년 한국청
년문학가협회의 회장에 선출됨으로써 그의 활동 영역은 전국으로 넓어졌다.
한국전쟁 중에는 문총구국대를 조직하여 종군하였고, 휴전 후 함양군의 안
의중학교 교장으로 임용되었다. 그 뒤에도 여러 학교의 교장을 역임하여 후
진 교육과 시인의 길로 바쁘게 살았다. 1967년 교통사고로 고인이 되었고,
1997년에는 그의 무덤을 거제시 둔덕골 어머니의 산소 옆에 이장하였다.

유치환의 출생지(거제시 둔덕골)를 두고 통영시와 거제시는 서로 연고권
이 있다고 논쟁을 하고 있다. 지방자치제를 시행하는 지금의 제도에서 이런
연고권 싸움은 우리나라 곳곳에서 일어나고 있다. 여러 자료에 따르면 청마
의 고향은 거제인지 통영인지 정확하게 알 수가 없다. 통영의 입장에 따르면
고향이란 태어나고 자란 곳을 이야기하는데, 청마 가족의 본적이 통영시 태
평동 500번지로 되어 있고, 청마가 밝힌 출생기에도 통영이라고 밝히고 있
다. 청마의 자작시 「구름을 그린다」에서 스스로 통영이 고향이라고 밝혔고,
또 「출생기」에서 부친이 의원이던 시절에 자신이 출생했다고 되어 있다. 그
러나 거제시 둔덕면 방하마을 사람들은 청마가 세 살 때, 어머니 등에 업혀

통영으로 이사를 갔고, 일제 강점기에 거제가 통영에 속해 있었기 때문에 둔덕 사람들도 고향을 통영이라고 하였다. 또 "거제도 둔덕골은 8대로 내려 나의 조부의 살으신 곳"으로 시작되는 「거제도 둔덕골」이라는 시는 청마가 조상 때부터 살아온 고향을 노래한 것이다.

통영 사람들은 둔덕은 청마 선대의 고향이고, 통영은 태어나고 자란 고향이기 때문에 둔덕이 고향이란 말이 잘못된 것은 아니라고 한다. 그렇지만 청마의 출생지는 통영이라 주장하고 거제 사람들은 둔덕이라고 하니, 청마의 출생지에 관한 논란은 계속될 수밖에 없다.

고향이 어디이든 유치환의 고향에 대한 그리움을 기리기 위해, 1989년 거

**청마 생가** 생명파 시인인 청마 유치환의 생가는 통영과 거제 두 곳에 세워져 있다. 거제도 둔덕골 사람들은 청마가 이곳에서 태어나 세 살 때 어머니 등에 업혀 통영으로 이사를 갔다고 주장한다.

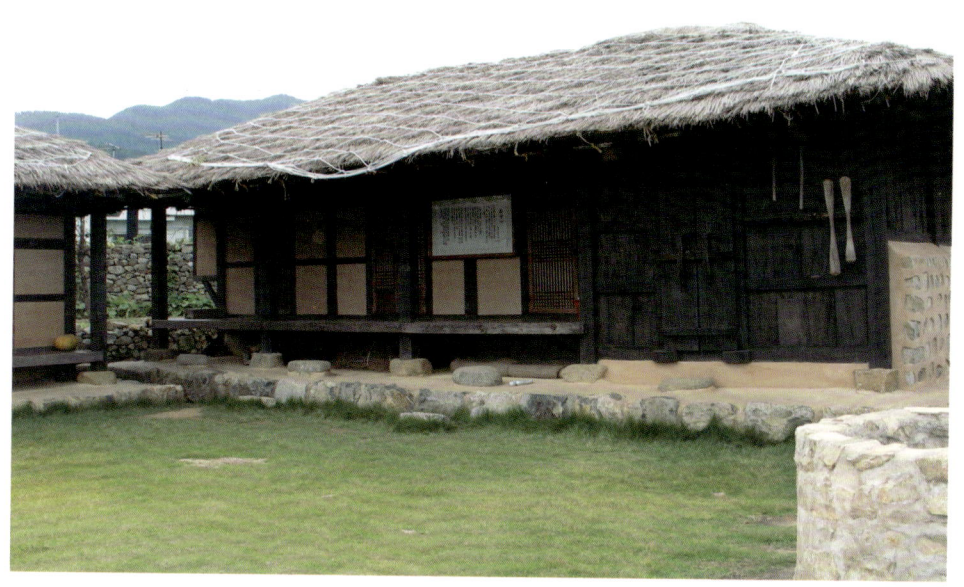

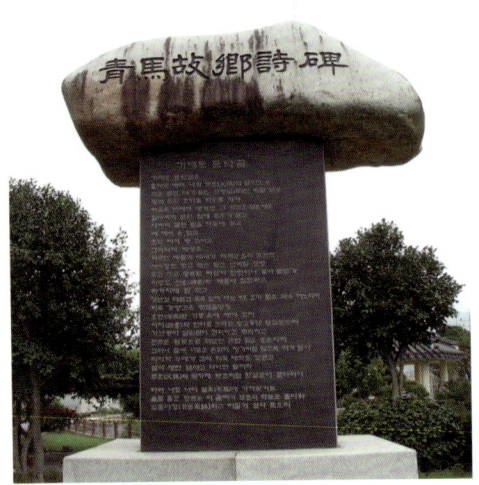

**청마고향시비** 거제 둔덕면사무소 옆 청마공원에 세워진 시비로, 청마 유치환의 출생과 성장, 학력, 교육활동, 시인으로서의 활동 등 청마에 대한 모든 것을 적고 있다.

제시는 거제시 둔덕면사무소 옆의 청마공원에 청마고향시비(靑馬故鄕詩碑)를 세웠다. 그 시비에는 청마 조상들의 삶, 출생과 성장, 학력, 교육활동, 시인으로서의 활동 등 청마에 대한 모든 것을 적고 있다. "1939년 시집 『청마시초』를 펴낸 이후 13권의 시집과 3권의 수필집을 남기기까지 나무, 바위, 산, 새, 기, 하늘, 땅, 바람 등의 온갖 사물을 노래하면서 생명의 순수와 존엄성을 강조했고, 울분과 질타, 분노와 비꼼, 젊음의 고뇌, 허무와 죽음, 강렬한 그리움과 원초적인 사랑의 진실을 독백하면서 절대 고독의 경지에서 수직적 초월성으로 지사적, 예언자적 품격을 보여 주었다"고 적고 있다.

그의 형 유치진은 극작가와 연출가 및 연극평론가인데, 주요 작품에는 「버드나무 선 동리의 풍경」, 「소」, 「마의태자」, 「원술랑」, 「한강은 흐른다」 등이 있고, 저서로 『유치진 희곡전집』과 『동랑 자서전』 등이 있다.

조선시대에 거제도의 아름다움을 나타낸 것으로는 거제 팔경을 노래한 4언구의 시가 있다. 이 시에 나타난 거제 팔경은 거제면의 거제만 모래밭에 날아 앉은 기러기나 갈매기의 아름다움을 나타내는 황사낙안(黃沙落雁), 옥산금성에서 불어오는 맑은 바람 소리를 나타내는 산성청풍(山城晴風), 죽림 쪽에 있는 오수마을의 새바위 위로 넘어가는 저녁노을을 나타내는 오암낙조(烏岩落照), 계룡산 너머에 솟은 달빛의 아름다움을 나타내는 동산명월(東山明月), 죽림의 대밭을 울리며 내리는 비를 나타내는 죽림야우(竹林夜

雨), 옥산금성 앞의 세진암에서 들려오는 저녁 범종 소리를 나타내는 세진모종(洗塵暮鍾), 거제면의 내간 앞바다에 떠 있는 돛단배의 한가로운 모습을 나타내는 연진귀범(燕津歸帆), 계룡산 거북바위에 하얗게 쌓인 눈을 나타내는 귀암모설(龜岩暮雪) 등이다.

지금의 거제 팔경으로는 해금강과 사자바위로 솟아오르는 일출, 망산과 천장산에서 보이는 다도해(多島海), 홍포에서 보이는 바다 속으로 떨어지는 해, 상록수림과 바닷가 아름다운 외도, 거제도에 주로 나타나는 해수욕장인 몽돌밭, 명사해수욕장 주변의 소나무숲, 우리나라에서 가장 긴 해안선을 가진 일주도로, 거제도의 극상림에서 흘러내린 물이 모여 이룬 구천댐 등이다.

근래에는 거제문화예술회관을 개관하여 다양한 문화행사를 열고 있고, 특히 6월에 개최되는 옥포대첩기념제전과 7월에 개최되는 '바다로 세계로' 행사에는 각계각층의 많은 사람들이 참여하여 자연과 어우러진 문화예술혼을 싹틔우며 성숙시키고 있다.

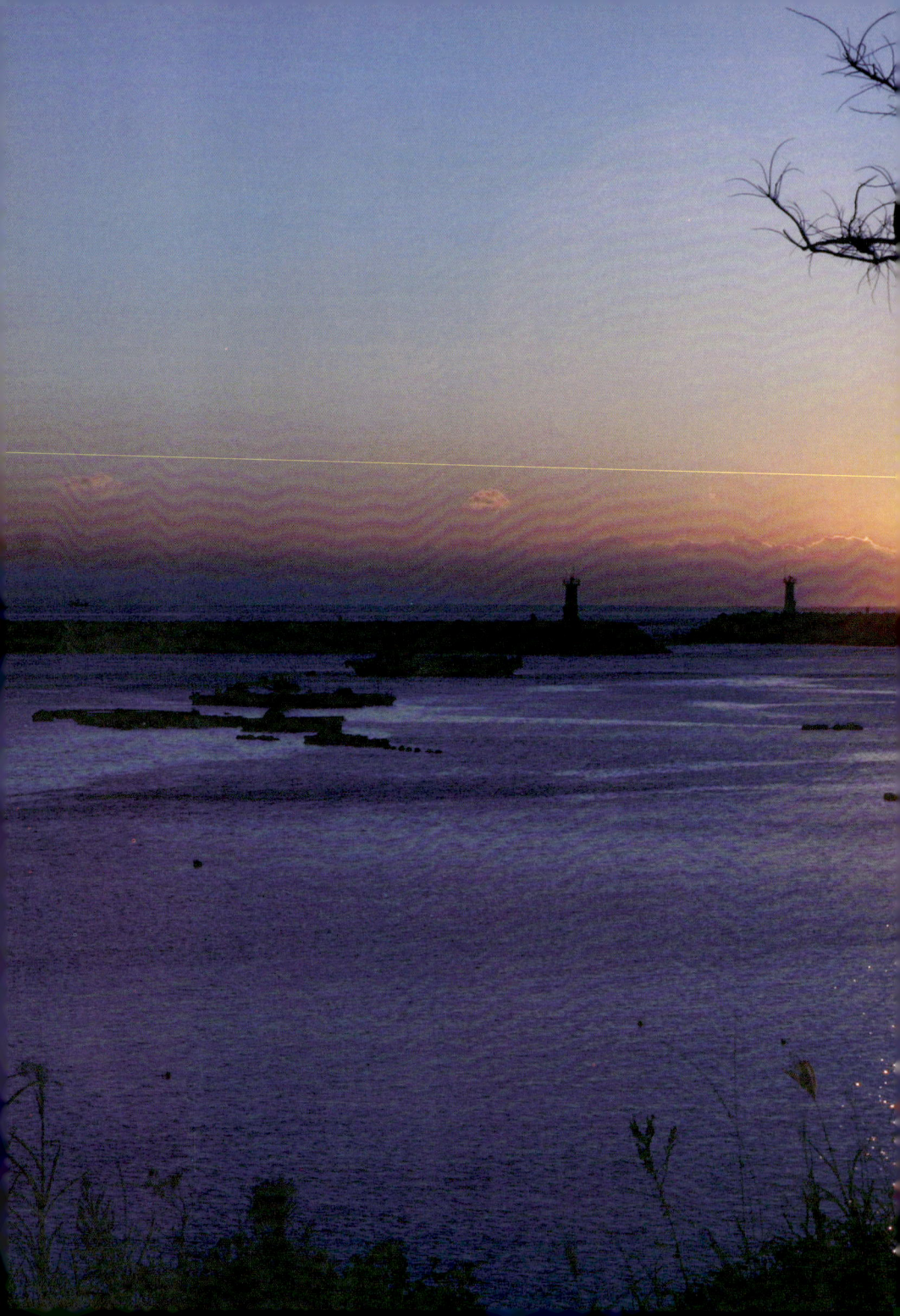

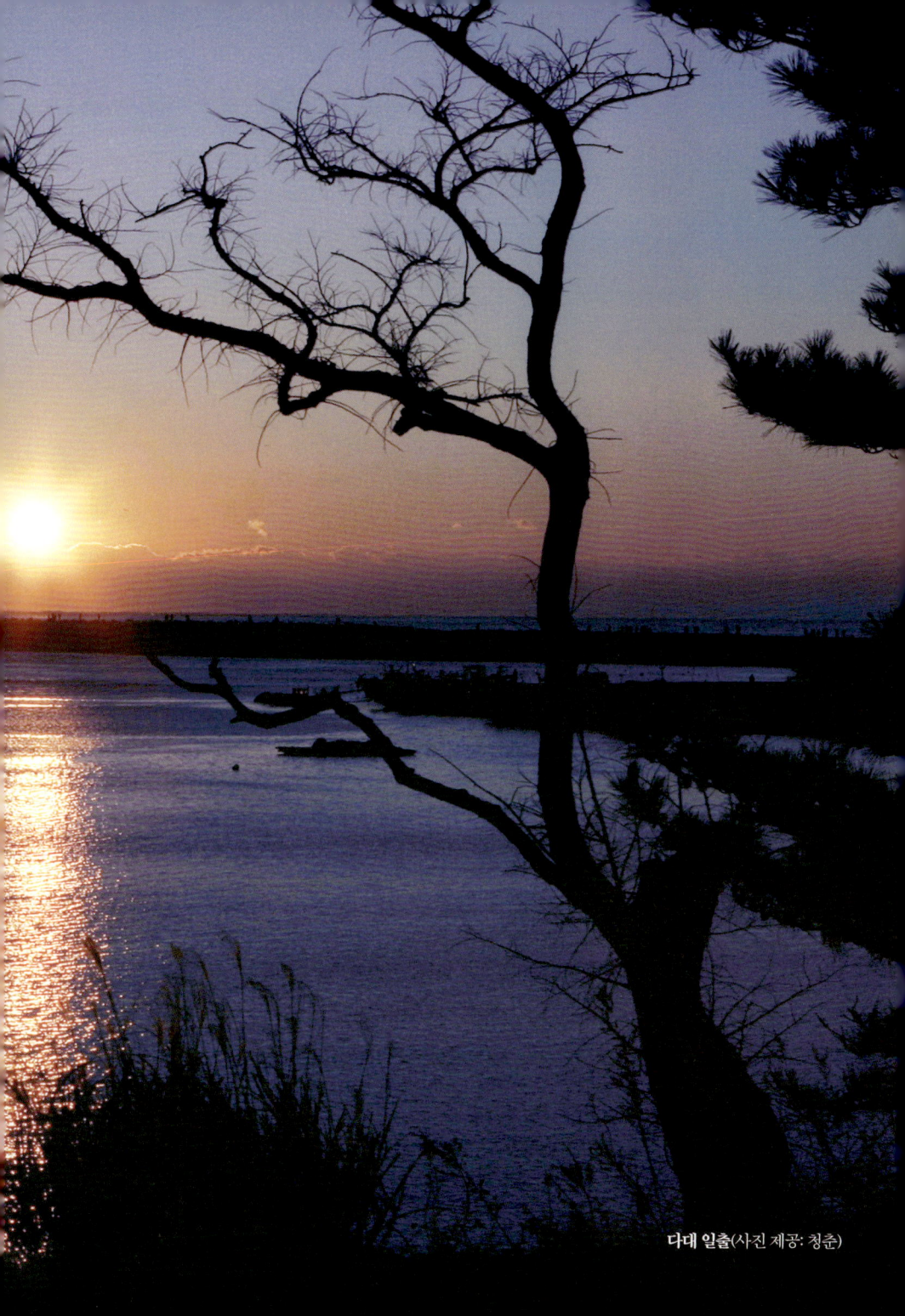

다대 일출(사진 제공: 청춘)

# 맑고 깨끗한 섬, 그리고 바다

거제도가 속해 있는 남해 바다는 맑고 깨끗한 청정해역(淸淨海域)으로 다양한 바다 생물들이 살고 있어 한려해상국립공원(閑麗海上國立公園)으로 지정 보호되고 있다. 한려해상국립공원의 영역은 거제시 일운면 와현에서 통영시 한산도까지, 삼천포시의 상족암 일원, 남해도에서 여수시 오동도까지이다. '한려'라는 이름은 한산도의 '한'자와 여수의 '여'자를 따서 붙인 것으로 관리사무소는 남해군 상주에 있다. 그리고 청정해역이란 깨끗한 바다라는 의미로 고성군 차량만에서 통영시 사량만까지를 말한다. 거제만 지역은 1974년 한미패류위생협정을 체결하면서 청정해역으로 고시됨으로써 굴, 멍게 양식장으로 이용될 수 있는 깨끗하고 수온이 적당한 지역임을 확인하였다. 한려해상국립공원은 풍부한 바다자원 외에 빼어난 풍광으로도 이름나 있다.

거제도는 크고 작은 곶〔串〕과 섬 등으로 이루어져 꼬불꼬불한 리아스식 해안을 보이며 내륙에는 높은 산지가 발달하여 경작지가 적은 편이다. 그로 인해 산림이 잘 조성되어 있으며 상록수림, 동백림, 낙엽수림 등 많은 볼 거리를 제공한다. 다양한 종류의 상록수들이 자라는 산림에는 희귀 조류인 팔색조와 아비가 서식하고, 잘 보존된 거제 10대 명산에는 많은 동식물이 살고 있다. 우리나라에서 가장 긴 거제도 해안에는 많은 바다 생물들이 자라는데, 특히 대구와 멸치의 어장으로 유명하다. 부속 섬인 칠천도, 가조도, 이수도, 지심도, 내도와 외도, 산달도에도 자연을 이용하여 살아가는 많은 사람들이 있다.

# 해금강과 동백림, 팔색조 도래지

　금강산은 우리 자연의 아름다움을 대표하는 곳이다. 그래서 아름다운 우리 강산을 금수강산이라고 한다. 거제도에도 아름다운 경치를 가진 해금강, 소금강, 외금강, 내금강이 있다. 소금강은 외도에 속한 동쪽 섬 부근을 말하고, 외금강은 한때 거제도에 소속되었다가 지금은 통영시에 속한 매물도(每勿島)를 말한다. 내금강은 구천댐 아래의 구천계곡에 있는데, 서당골 관광농원에서 연담(동부저수지)삼거리까지를 말한다.

　해금강(海金剛)은 남부면 갈곶도와 그 주변의 여러 절경을 말한다. 이곳은 국가지정문화재 중 명승지(名勝地) 제2호로 1971년 3월 23일 갈곶도가 포함된 갈곶리 산1, 산14-31번지 199만 550제곱미터에 지정하였다. 이곳에는 여러 모양의 바위가 있는데, 그 중 일출이 아름답게 보이는 사자바위와 천년송이 가장 절경이다. 파도에 휩쓸리면서도 천년을 살아온 소나무를 천년송이라 부르는데, 이를 험한 바다와 더불어 살아온 거제시민의 기상으로 여긴다.

**사자바위와 천년송** 일출이 아름다운 사자바위 위에는 거제시민의 기상 천년송이 산다.

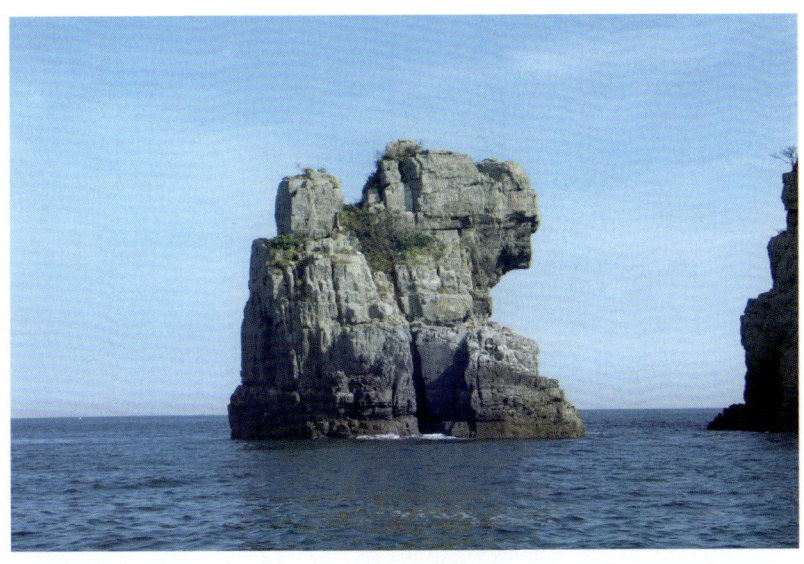

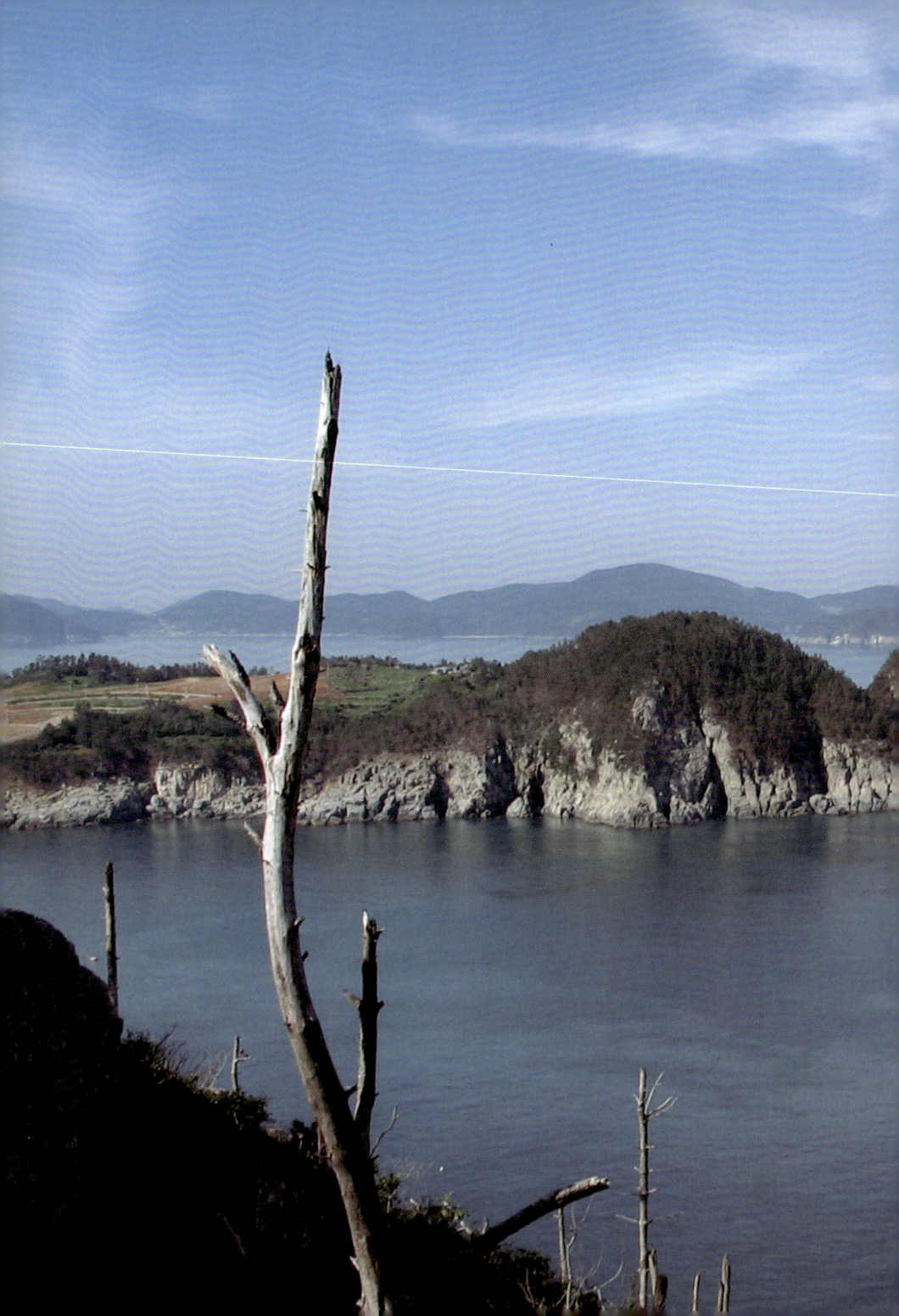

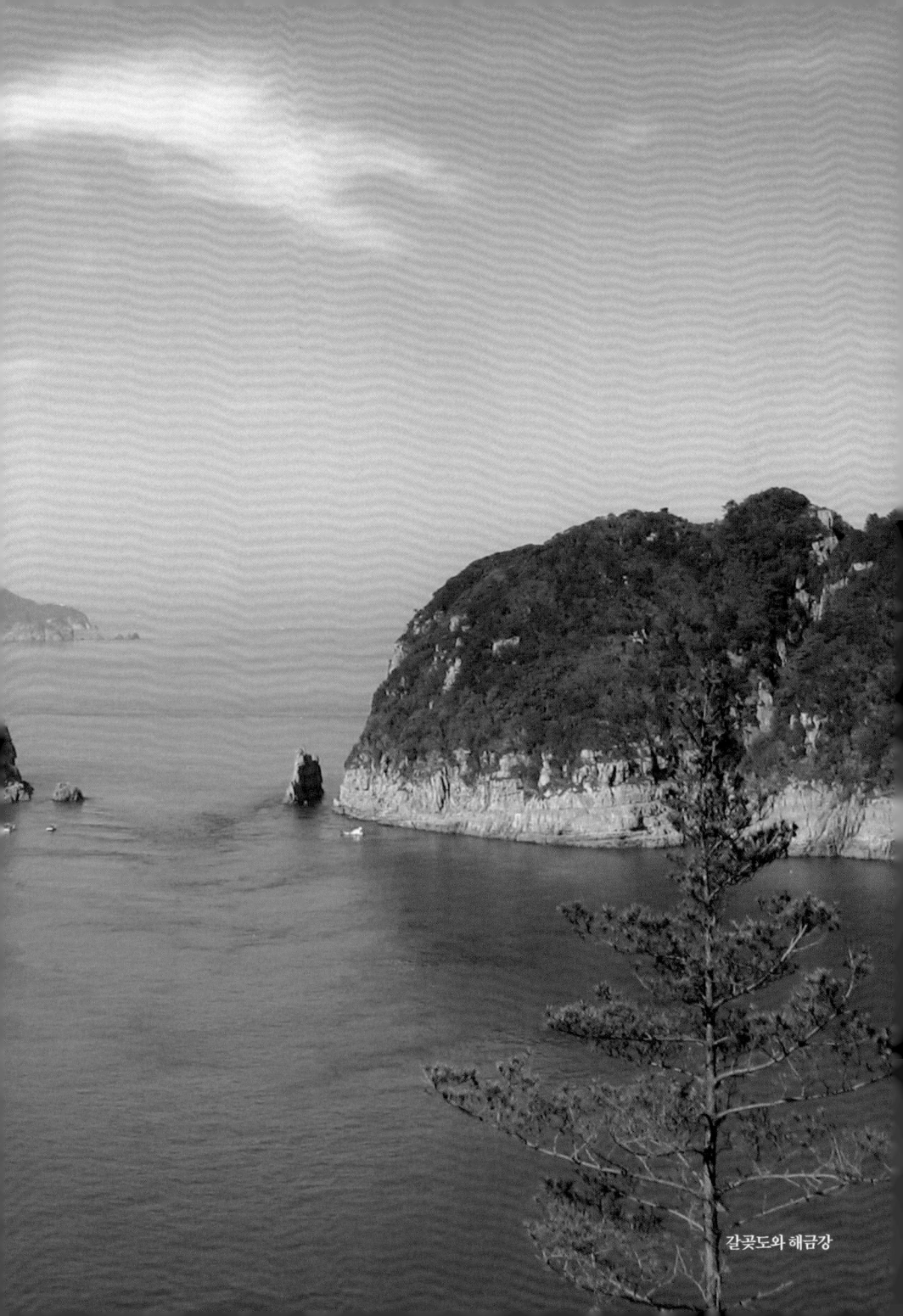

갈곶도와 해금강

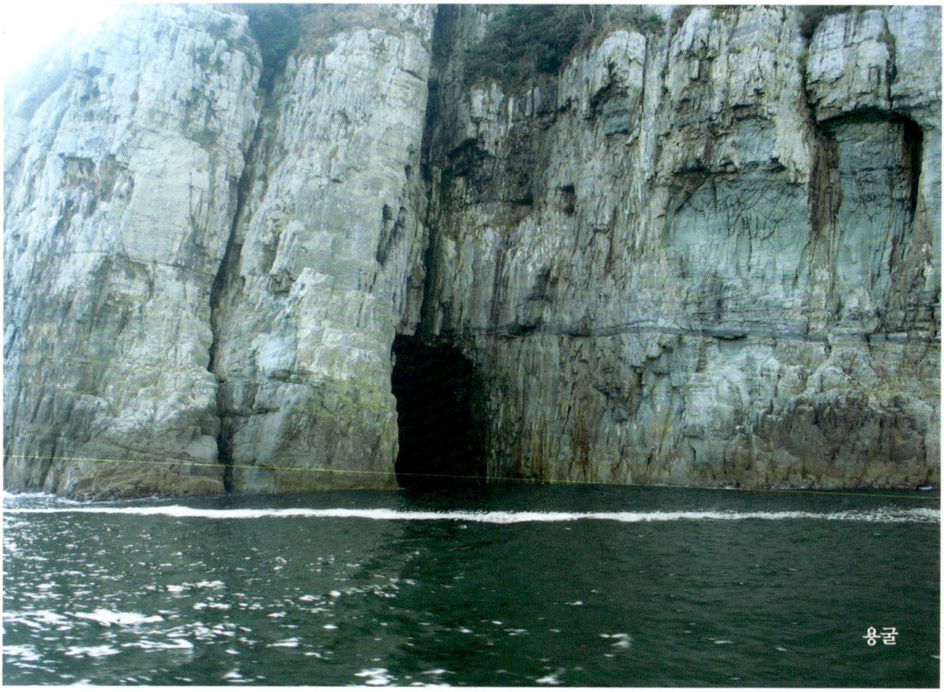

용굴

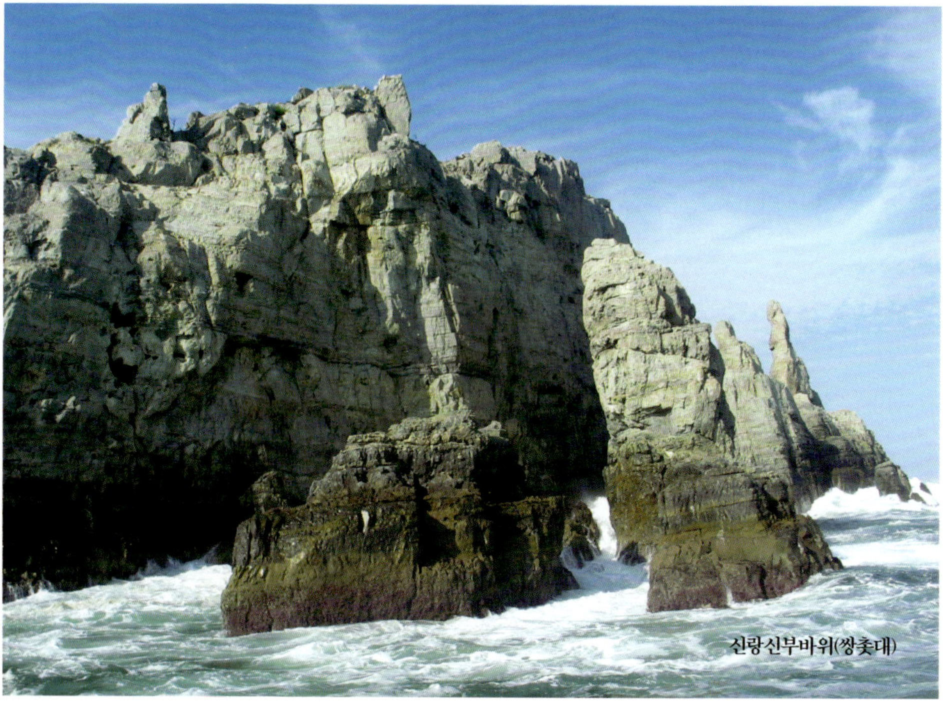

신랑신부바위(쌍촛대)

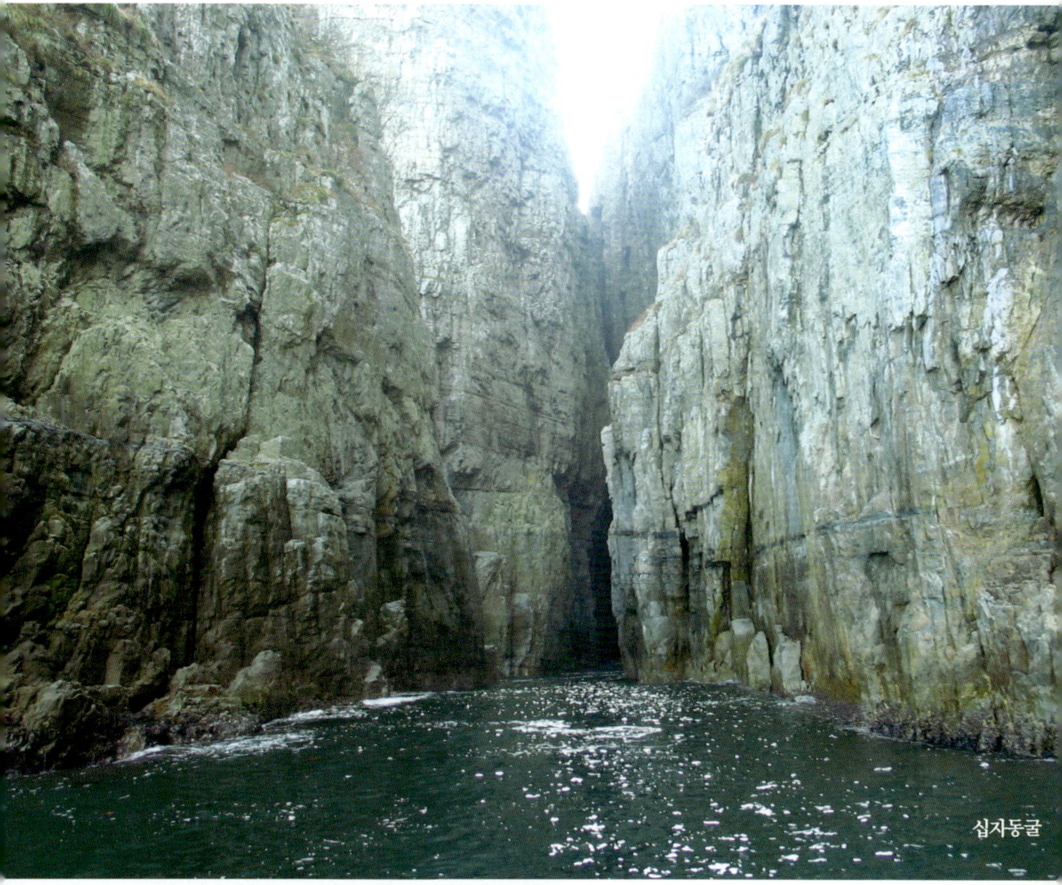

십자동굴

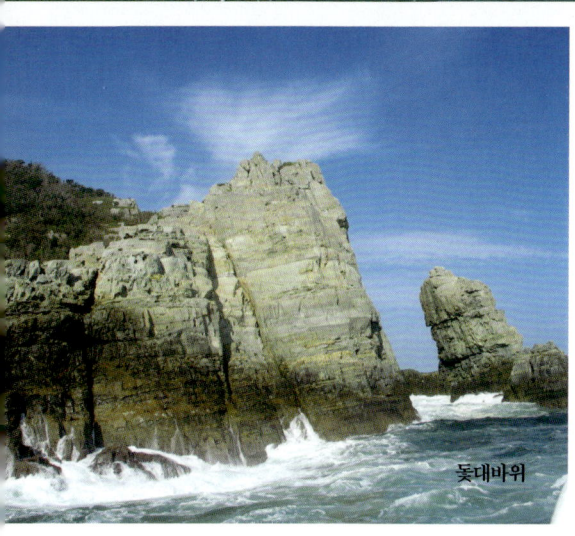

돛대바위

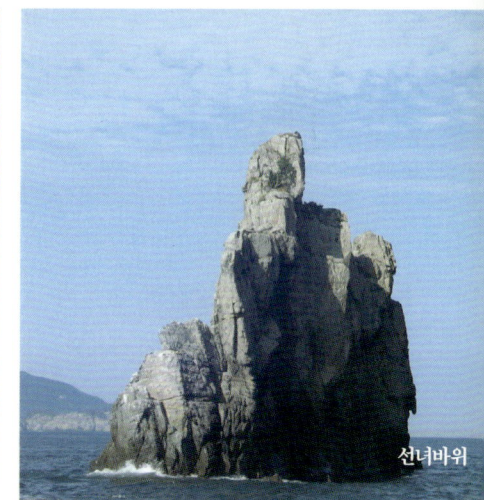

선녀바위

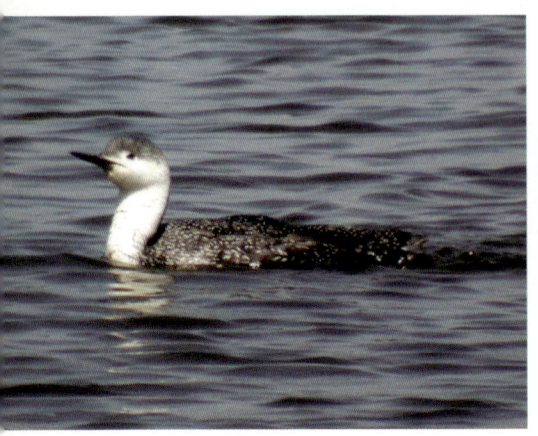
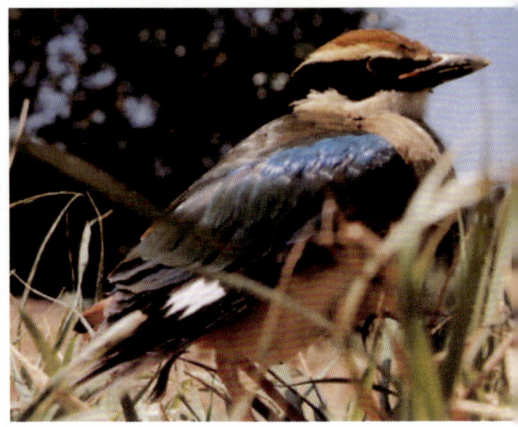

**아비(왼쪽)와 팔색조(오른쪽)** 해금강 주변은 바다가 깨끗하고 산이 높아 많은 생물들이 살고 있는데, 그 가운데 아비(사진 제공: 습지와 새들의 친구)와 팔색조(사진 제공: 거제시청) 도래지는 각각 천연기 념물로 지정 보호되고 있다.

　　해금강 주변은 바다가 깨끗하고, 산이 높아 많은 생물들이 살고 있다. 천 연기념물인 아비와 팔색조 무리가 찾고 있어 그 가치를 더하는데, 특히 남부 면 홍포 망산각 등대에서 일운면 서이말(鼠耳末) 등대 사이의 해상 432제곱 킬로미터에 달하는 아비 도래지는 천연기념물 제227호로 지정 보호되고 있 다. 아비는 북쪽의 호소(湖沼)에서 번식하고 온대의 연해에서 월동하는 새이 다. 몸은 헤엄치고 잠수하기에 적합하고 목은 굵고 약간 길며 부리는 뾰족하 다. 먹이로는 물고기와 새우 및 게를 즐겨 먹는데, 특히 멸치 종류를 잘 먹는 다고 한다. 우리나라에는 11월 하순경에 3,000마리 정도의 아비가 거제도와 통영시 일원에 와서 이듬해 4월까지 월동을 한다.

　　천연기념물 제233호인 학동(鶴洞) 동백림과 팔색조 도래지는 학동리에서 도장포 가는 길에 분포하고 있는데, 학동해수욕장 부근의 일부 동백 군락지 인 2만 661제곱미터만 천연기념물로 지정되어 있다. 거제시의 시화(市花)이 기도 한 동백은 추운 겨울에 꽃이 핀다고 하여 동백(冬柏)이라고 한다. 예부 터 거제도 사람들은 동백의 나뭇가지를 혼례상에 올려놓았는데, 이는 신랑 신부의 무병장수와 굳은 약속의 징표라고 한다. 동백나무는 차나뭇과의 늘

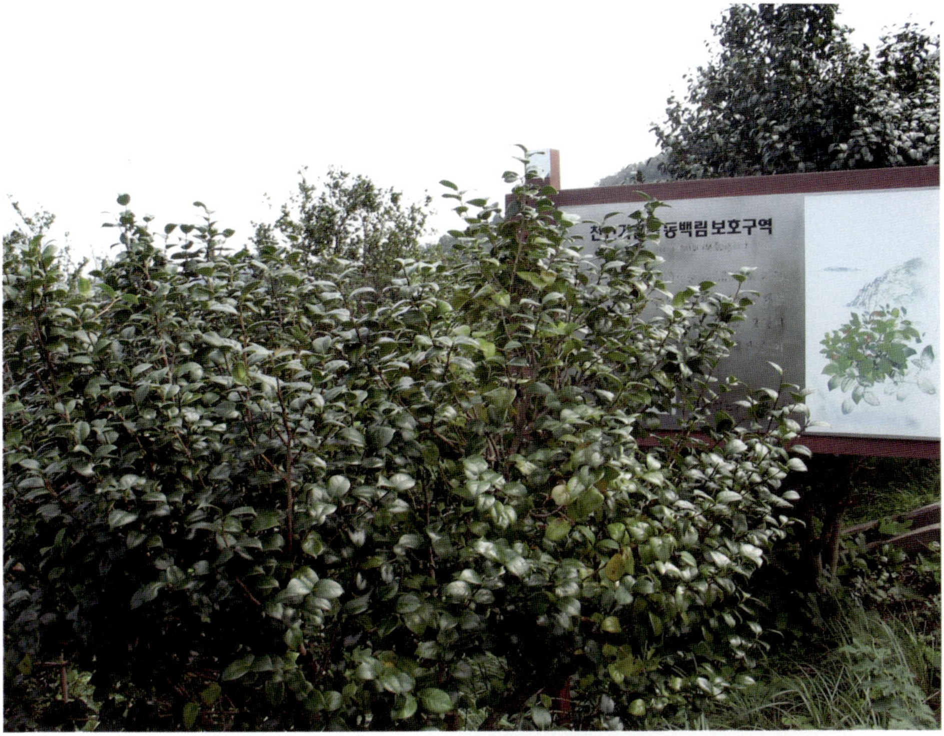

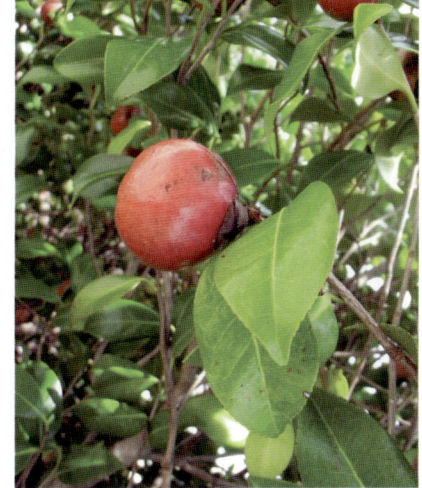

**학동 동백림과 동백나무 열매** 학동 동백림 은 학동리에서 도장포 가는 길에 분포하고 있으며, 학동해수욕장 부근의 일부 군락지 만 천연기념물로 지정되어 있다.

푸른나무〔常綠闊葉喬木〕로서 11월부터 다음 해 5월까지 꽃을 피운다. 동남아시아, 아열대와 난대에 주로 나타나는데, 우리나라에는 남해안에서 백령도까지의 바닷가에 주로 분포한다. 예전에는 야생에 자라는 동백나무를 뽑아 가는 사람들이 많아 거제도에서 나가는 동백나무는 철저하게 차단하였다. 그러나 최근에는 많은 원예품종이 개발되어 우리나라 전국에 동백나무가 자라지 않는 곳이 없다.

팔색조는 참새목 팔색조과에 속하는 유일한 종이다. 몸을 이루는 색깔이 여덟 가지라 팔색조라는 이름이 붙었다. 머리 꼭대기는 갈색이고, 눈 부위는 흰 줄과 검은 줄이 있고, 가슴은 황갈색이고, 배의 중앙은 붉은색이며, 등은 녹색이고, 꼬리는 검은색이고, 부리는 흑갈색이다. 모습이 물총새와 비슷하고, 겁이 많아 사람에게 잘 보이지 않는다. 우리나라에 찾아와 5월에서 7월 무렵에 알을 낳는 여름 철새이다. 동남아시아와 호주에 분포하는 희귀한 새로서 우리나라에는 제주도와 거제도 및 진도에서 번식한다. 1959년 팔색조의 서식이 처음 알려지면서 사람들이 무작위로 새를 잡아 한때는 관찰할 수가 없었으나 지금은 많은 개체들이 아름다운 거제의 자연을 찾고 있다.

해금강 제석봉(祭釋峯) 아래의 암벽에는 서불과차(徐市過此) 또는 서복과지(徐福過之)라는 글이 적혀 있었는데, 지난 1959년의 사라호 태풍 때 글자가 사라졌다. 서불과차는 '서불이 이곳을 지나가다' 라는 뜻이 된다. 그러나 이 글자는 진시황과 관련된 전설을 학설로 만든 중국 사람들의 해석일 뿐이다. 그들에 따르면 기원전 228년 본명이 서복인 서불이 진시황의 장생불로초를 구하기 위해 동남동녀(童男童女) 3,000명을 거느리고 지금의 강원도 금강산인 봉래산으로 가는 도중 이곳을 지나가면서 이 글을 암벽에 기록하였다고 한다. 또 제주도에 가면 서귀포시 정방동에 정방폭포가 있는데, 그곳에도 서불과차란 글이 나타난다. 서불이 불로초를 찾지 못하고 폭포 벽에 네 글자를 새긴 뒤 서쪽으로 돌아갔기 때문에 서귀포라는 이름이 생겼다는 전

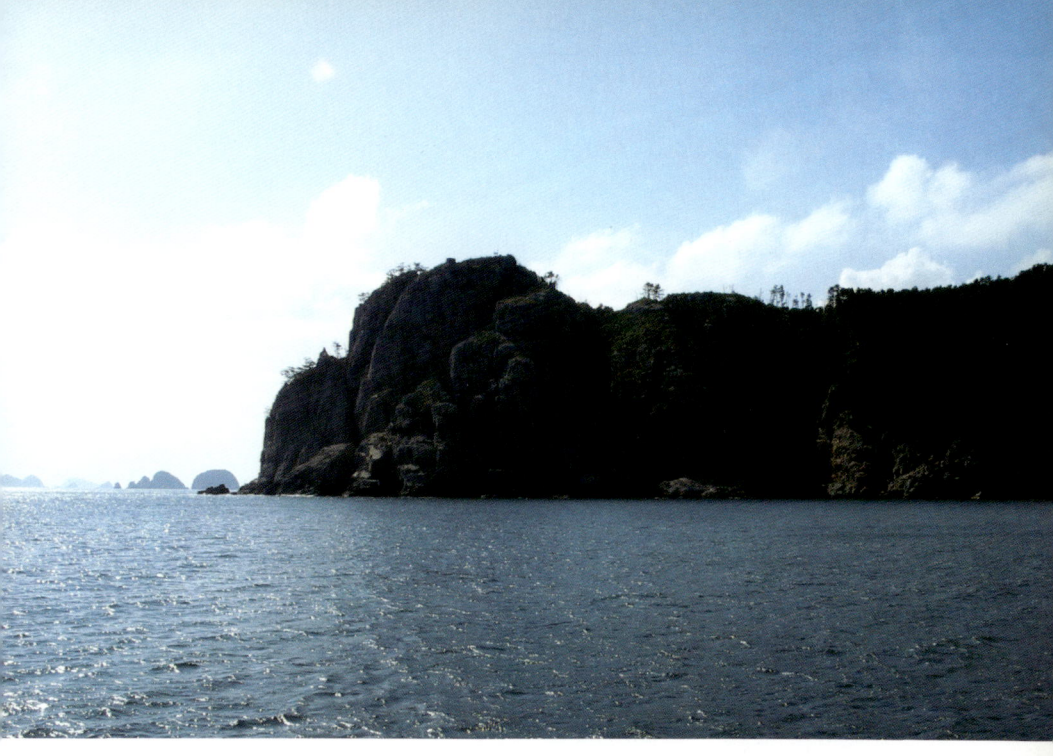

**해금강 제석봉** '서불과차(徐市過此)'라는 글씨가 새겨져 있던 제석봉은 예부터 하늘에 제사 지내던 곳으로 신성시되었으며, 이곳으로 올라가는 길은 아름드리 동백나무로 둘러싸여 신비로움을 더한다.

설이 있다.

　그러나 『한국의 암각화』를 쓴 임세권은 역시 같은 글귀가 새겨진 남해의 양아리 계곡 바위의 글자를 추상선각암각화로 추정하고 있다. 거제도 제석봉에 새겨진 글자를 본 적이 없어 무엇이라 단정하기 어려우나 서불과차라는 중국식 해석은 자제해야 되리라 생각한다.

　글자가 새겨져 있던 제석봉은 예로부터 하늘에 제사 지내던 곳으로 신성시된 곳이다. 이곳으로 올라가는 길은 아름드리 동백나무로 둘러싸여 신비로움을 더하고 있다. 특히 제석봉 정상에서 바라다보이는 내·외도 전경, 갈곶도, 여차해변의 모습은 절경이다. 이곳에 서서 내·외도 사이로 솟아오르는 태양과 홍포로 떨어지는 태양을 보고 있으면 신선이 된 기분이다.

## 아열대기후와 상록수림

숲에 들어가면 누구나 상쾌함을 느끼는데, 이는 숲을 이루는 나무들의 향기 때문이다. 나무들의 향기를 피톤치드(phytoncide)라고 하는데, 이는 서로 간에 의사를 전달하거나 상처를 치유하거나 상처에 들어오는 병원균을 막기 위해 식물이 뿜어내는 휘발성 물질이다. 이 피톤치드 중에 가장 일반적인 것이 테르펜(terpene)이라고 하는 정유(精油)인데, 이는 특히 소나무, 삼나무, 측백나무와 같은 겉씨식물에서 많이 나온다.

이런 피톤치드가 가득 들어 있는 맑은 공기를 마시고 아름다운 자연을 보면서 마음의 안정을 얻고 몸의 건강을 유지하는 것을 삼림욕(森林浴)이라고 한다. 삼림욕은 선진국에서 오래 전부터 실시해 온 휴양 방법인데, 우리나라

**동백숲길** 거제 상록수림 중 가장 많은 수를 차지하는 종이다. 11월부터 다음 해 6월까지 꽃이 핀다.

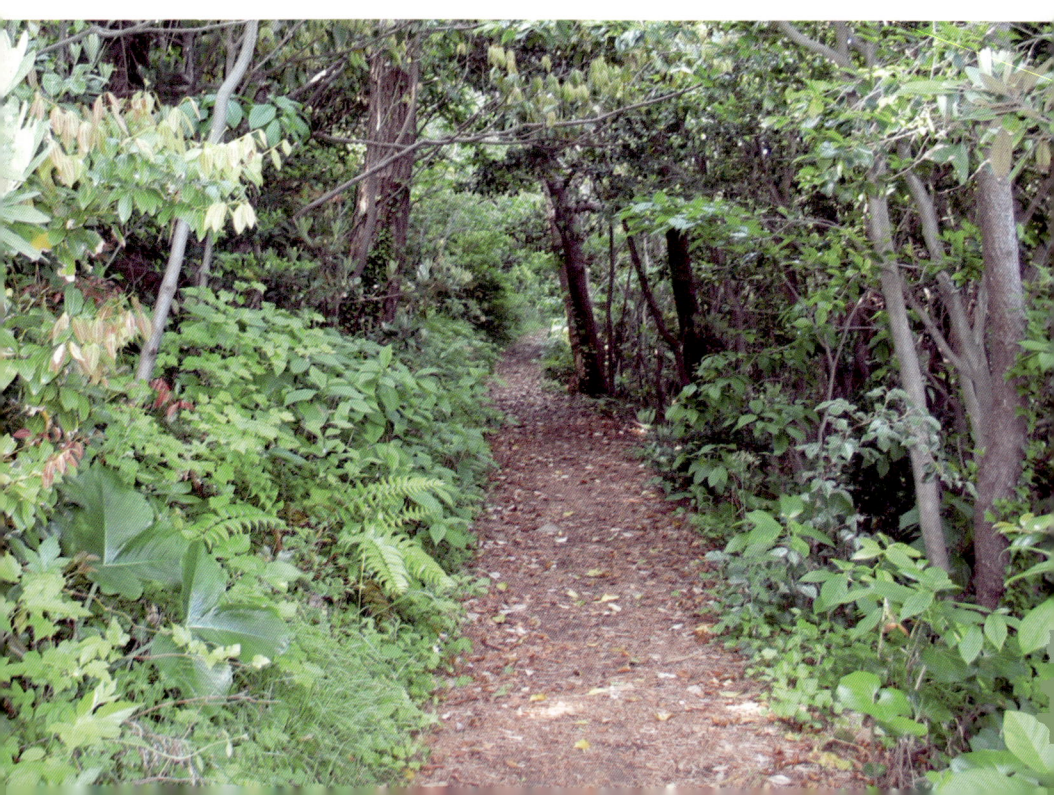

에는 1980년 후반부터 도입되어 지금은 전국에 많은 삼림욕장과 휴양림(休養林)이 만들어졌다.

휴양림은 울창한 숲, 맑은 물, 아름다운 경관 등 삼림이 가지고 있는 기능을 살려 사람들의 정서 및 보건 휴양 기능에 기여할 목적으로 조성한 숲인데, 거제도에는 노자산(老子山)자연휴양림이 있다. 노자산자연휴양림은 고로쇠나무가 자라는 계곡 옆에 위치하고 통나무집이 있어 휴양을 즐기기에 좋은 장소이다. 그리고 학동해수욕장이 가까이에 있어 해수욕과 삼림욕을 동시에 즐기면서 심신의 피로를 풀 수 있다.

거제도에 나타난 식물 군락의 종류는 곰솔 군락, 굴참나무 군락, 곰솔–상수리나무 군락, 졸참나무 군락, 상수리나무 군락, 때죽나무 군락, 소사나무

**곰솔 군락과 곰솔 새순** 거제도에 나타난 식물 군락 가운데 가장 많은 면적을 차지하고 있다. 해안에 가깝고 높이가 낮은 지역에 분포한다.

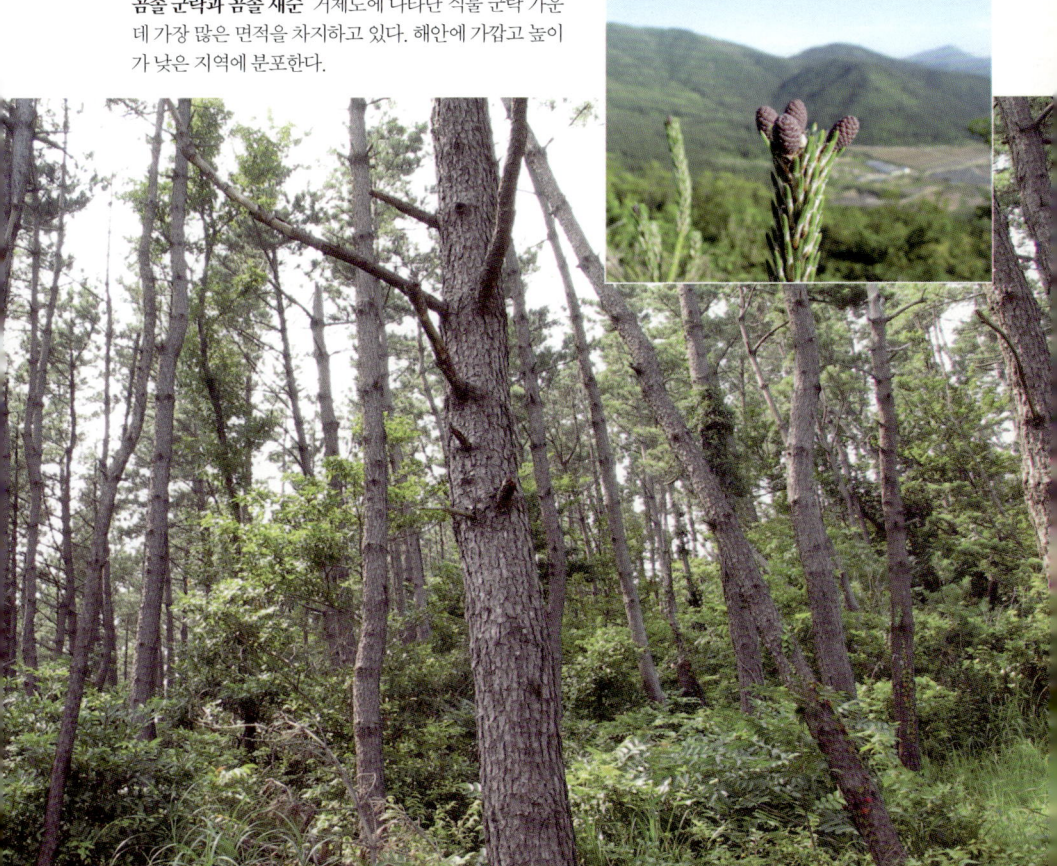

군락, 고로쇠나무 군락, 소나무 군락, 개서어나무 군락 등 10종류의 자연 군락과 편백과 밤나무의 2개 인공조림으로 구분된다. 해안에 가깝고 높이가 낮은 지역에는 곰솔 군락이 분포하고, 산 정상부에는 소사나무 군락과 졸참나무 군락이 분포하며 그 사이 지역에는 굴참나무 군락, 상수리나무 군락, 때죽나무 군락, 고로쇠나무 군락, 개서어나무 군락 등이 섞여서 나타나고 있다. 그 중에서 가장 많은 면적을 차지하는 것은 곰솔 군락이고, 그 다음이 참나무 군락이다. 또 거제도에는 삼나무가 많이 자라고 있는데, 자라는 속도가 소나무보다 두 배나 빠르고 따뜻한 기후에 잘 자라므로 일본에서 들여와 심은 것이다.

그리고 상록수림으로 후박나무, 동백나무, 팔손이나무, 까마귀쪽나무, 생달나무, 사철나무, 사스레피나무, 모밀잣밤나무 등이 자라고 있다.

후박나무는 남해안의 여러 섬들과 해안 지방에 자라는 대표적인 난대 수종으로 늘푸른나무이다. 나무껍질은 회갈색이고 비늘처럼 벗겨지는데, 껍질을 말려 위를 튼튼하게 하고 천식을 다스리는 약재로 사용한다. 거제도에서는 도로변에 많은 후박나무를 심어 두고 있다. 꽃은 5~6월에 황록색으로 피고, 열매는 다음 해 7월에 흑자색으로 익는다.

거제도 상록수림 중 가장 많은 수를 차지하는 종은 동백나무와 사스레피나무이다. 사스레피나무는 거제도의 어떤 산에 올라가더라도 흔히 볼 수 있는데, 차나뭇과에 속한다. 꽃은 5~6월에 잎겨드랑이에서 2~3개가 모여 난다. 꽃이 피면 사람의 배설물 같은 냄새가 아주 고약하게 난다.

상록수림이 가장 잘 보존된 곳은 서이말 등대와 공고지 지역, 지심도, 내도와 외도, 해금강에서 제석봉 가는 길 등이다. 그리고 상록수 중에서 유자(柚子)는 거제도 특산물이며, 가을이면 노랗게 물든 유자 열매를 거제대교 가까이 있는 청포마을에서 만날 수 있다.

# 거제도 상록수종

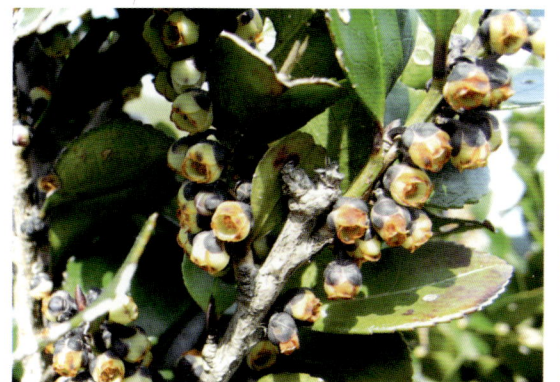

사스레피나무

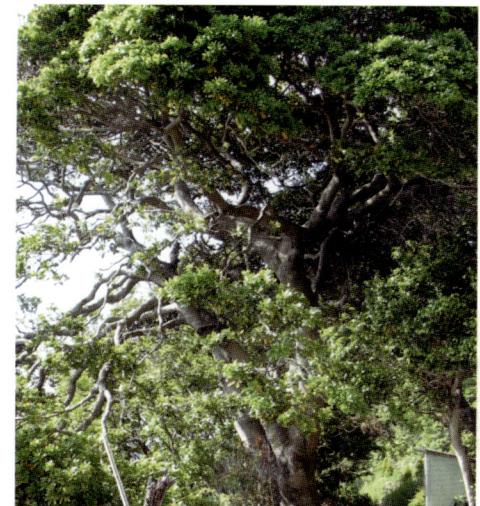

후박나무

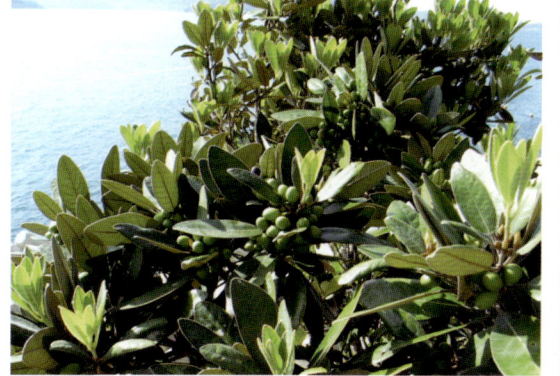

까마귀쪽나무

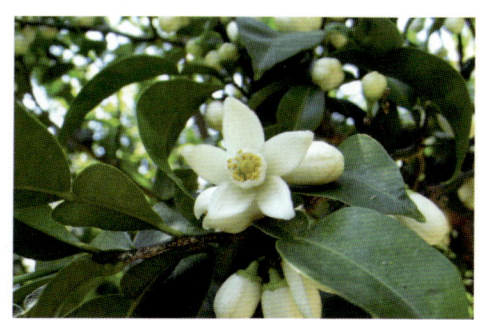

유자나무

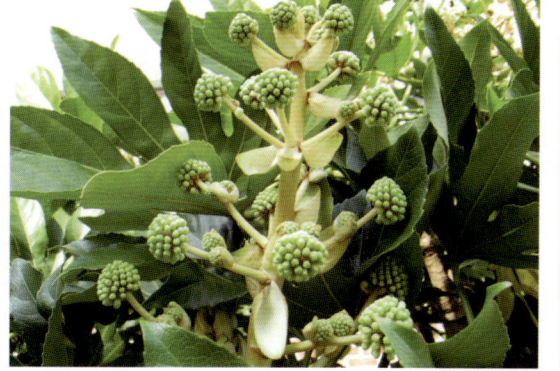

팔손이나무

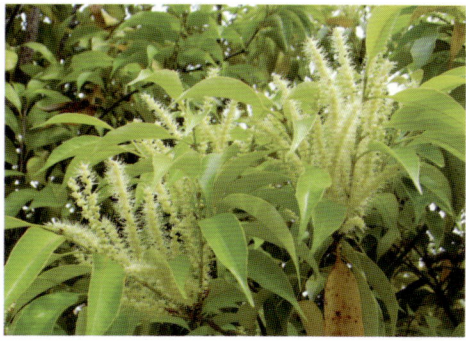

구실잣밤나무

# 거제도의 여러 명산

거제도의 산림은 조선시대부터 봉산(封山)으로 지정 관리되어 왔고, 지금도 거제시와 시민들의 노력으로 보존이 잘 되고 있다. 봉산이란 나라에서 산림 보존의 목적과 왕실에 필요한 목재 생산을 위해 지정한 산림보호제도이다. 거제도에 있는 산들은 높이가 낮지만 바다에서 바로 솟아올라 있어 산세가 험하다. 바닷가에 인접하거나 산 아래쪽에는 늘푸른나무인 곰솔과 후박나무, 동백나무가 자라고 있어 사철 푸른빛을 띠고, 산 정상에는 낙엽이 지는 참나무류와 소사나무가 자라고 있으므로 겨울의 산은 색깔이 선명하게 두 가지로 구분된다. 그리고 봄이 되면 낙엽수들에서 연두색 새싹이 솟아오르면서 겨울을 넘긴 상록수들의 잎과 대조를 이루고, 바다 색깔과도 크게 대비된다.

거제도에 있는 10개의 명산은 옥녀봉, 산방산, 노자산, 대금산, 계룡산, 북병산, 가라산, 앵산, 국사봉, 선자산 등이다. 그 외에도 아름다움을 뽐내는 망산(397미터)과 천장산(276미터)이 있다.

조선시대에는 옥림산(玉林山)으로 불리웠던 옥녀봉(玉女峰, 554.7미터)은 거제도의 동쪽을 지키는 산으로 거대한 새가 날아가는 모습을 하고 있는데, 왼쪽 날개는 옥포로 뻗어 있고, 오른쪽 날개는 능포로 뻗어 내려 멀리 부산을 향해 날아가는 것 같다. 옥녀봉에 올라서면 대우 옥포조선소가 훤하게 내려다보이고, 멀리 가덕도의 흰 등대가 손짓을 한다. 맑은 날에는 대마도까지 내려다보이며 특히 이곳에는 거제도에만 있는 단풍박쥐나무가 자라고 있다. 옥녀봉에는 욕정에 포로가 된 철없는 아버지와 옥황상제의 딸인 옥녀가 환생한 딸의 슬픈 전설이 어려 있다. 딸과 함께 살아가던 아버지는 딸을 여자로 보기 시작하고, 현명한 딸은 재치로 그 순간을 모면하면서 옥녀봉 정상에서 기다릴 것이니 아버지에게 소의 울음소리를 내면서 정상으로 올라

오라고 한다. 근친의 사랑은 소나 같은 짐승이 하는 것이지 사람이 할 일이 아니라는 것을 알렸으나 철없는 아버지는 소 울음소리를 내며 산을 오르게 된다. 화가 난 옥황상제는 아버지와 딸에게 번개를 내려 죽게 한다.

산방산(山芳山, 507.2미터)은 둔덕면 산방리 뒷산으로 정상에는 큰 바위산 세 개가 하나의 봉우리를 이루고 있다. 풍수지리상으로 거제만의 먹물에 끝을 드리운 붓의 모습이다. 그래서 필봉이라고도 하는데, 산의 정기를 받아 많은 문필가들이 태어났다. 그 중 성파(星坡) 하동주(河東洲)는 추사 김정희의 제자로서 그의 작품은 진주 촉석루, 밀양 영남루, 양산 통도사, 고성 옥천사, 통영 용화사 등의 현판에 있다. 또 청마 유치환이 태어난 곳도 산방산 밑이다. 산의 정상은 바위로 이루어져 있는데, 정상의 모양이 山(산)의 모양을

**폐왕성에서 바라본 산방산 정상** 큰 바위산 세 개가 하나의 봉우리를 이루어 '山(산)' 처럼 보인다고 하여 산방산이라는 이름을 얻었다. 이곳에서 바라다보이는 거제만의 다도해, 특히 일몰은 황홀하기 그지없다.

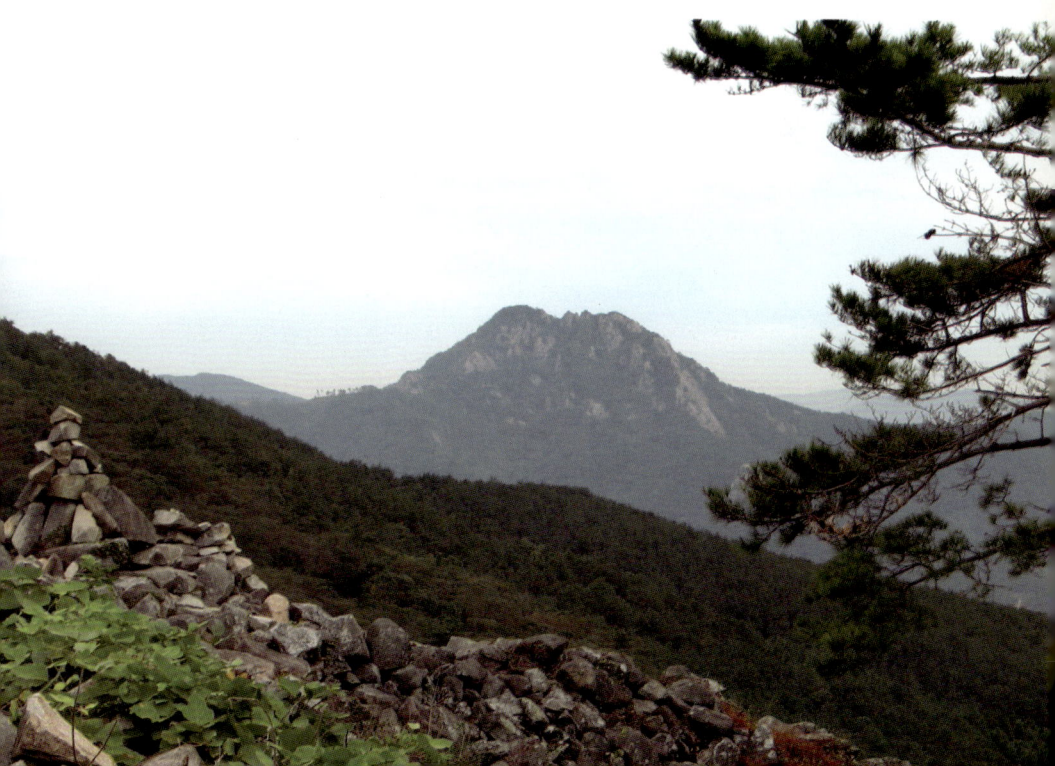

하고 있어 산방산이라고 한다. 이곳에서 바라다보이는 거제만의 다도해는 아름답고, 특히 일몰의 광경은 황홀하다.

　노자산(老子山, 565미터)은 중국의 성인인 노자의 이름을 가져와서 붙인 산인데, 놀러 왔던 신선이 아름다운 경치에 도취되어 떠날 줄 몰랐다고 해서 노자산이라고 한다. 노자산의 정상에 올라서면 거제만과 한산도 방향으로 다도해가 펼쳐지고 노을 지는 저녁의 경관이 아름답다. 정상에서 가라산으로 가다 보면 장군바위가 있는데, 이곳에서 굽어보는 해금강과 학동의 절경은 탄성이 절로 나온다. 노자산에서 가라산으로 가는 능선에서는 학동의 몽돌밭과 해금강의 절경 및 내도와 외도의 정취가 돋보인다. 특히 이곳에는 남녀의 애달픈 사랑을 의미하는 상사화의 일종인 백양꽃이 8월이면 무리 지어 핀다. 백양꽃은 환경부 지정 특정야생식물로서 내장산 백양사 주변에서 처

**노자산** 8월이면 이곳에는 남녀의 애달픈 사랑을 상징하는 상사화의 일종인 백양꽃이 무리 지어 피어 난다.

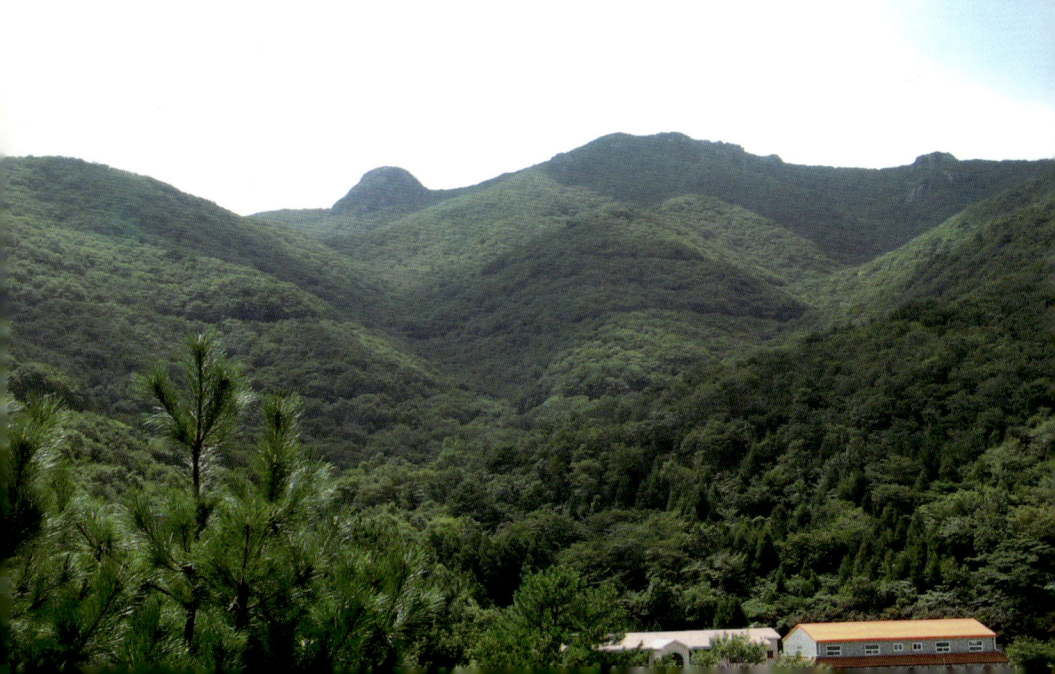

음 발견되어 이름이 백양이 된 수선화과 식물이다.

노자산을 오르는 길은 여러 가지가 있는데, 노자산휴양림에서 오르는 길, 학동 고갯길에서 오르는 길, 학동에서 오르는 길, 그리고 동부면 부춘리 혜양사에서 올라가는 길이 있다. 혜양사는 오래된 절은 아니지만, 절 주변에 넓은 소나무숲과 잘 가꾸어진 넓은 정원에 여러 종류의 나무와 꽃이 심어져 있어 아름다움을 더한다. 절 옆의 도로와 능선을 따라 올라서면 거제만 쪽의 경관을 바라볼 수 있다. 혜양사 옆의 계곡에는 용담폭포가 있는데, 용이 승천했다는 이곳의 물은 피부병과 위장병에 효험이 있어 많은 사람들이 찾고 있다.

대금산(大錦山, 437.5미터)은 신라시대에 이곳에서 금과 은을 파냈던 동굴이 있어 대금(大金)이라고 하다가, 조선시대에 와서 봄이면 진달래의 빛깔이 아름다워 지금의 이름으로 바꾸었다. 산의 정상에는 비가 오지 않을 때 하늘에 치성을 드리는 기우단이 있고, 그곳에서 부산의 가덕도가 바라다보인다. 봄에 산이 비단으로 옷을 입으면 진달래 축제가 열린다.

계룡산(鷄龍山, 566미터)은 산 정상에 있는 바위의 모양이 닭 벼슬 같기도 하고, 용의 머리 모양을 닮았다고도 하여 계룡산이라고 한다. 길게 뻗은 능선은 거제만을 헤엄쳐 멀리 고성과 마산 쪽으로 머리를 두고 있고, 꼬리는 선자산을 이루다가 구천계곡에 닿아 아홉 마리의 용이 살았다는 구룡호(구천댐)에 닿아 있다. 이곳에는 신령을 모시던 영지가 있고, 정상에는 신라 화엄종을 연 의상 대사가 수도하던 의상대 절터가 있다. 그리고 한국전쟁 때에 거제포로수용소가 건립되면서 계룡산에 통신대를 설치하였는데, 지금도 그때의 건물 돌담벽이 잘 보존되어 있다.

북병산(北屛山, 465.4미터)은 일운면과 신현읍 사이에 있고, 거제도 중심에서 북쪽을 향해 병풍처럼 감싸는 산이라는 의미다. 거제도는 섬이라 바람이 많은 곳이지만, 고려시대에 지금의 둔덕면에 기성현이 있었고, 조선시대

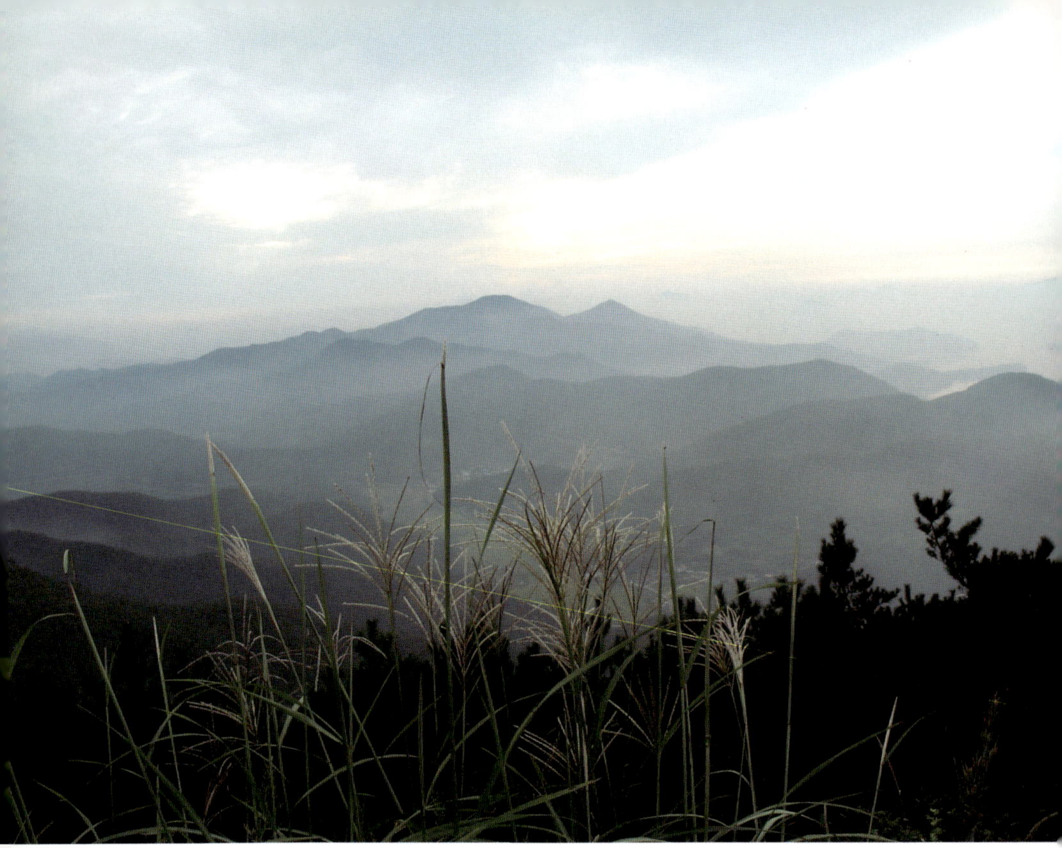

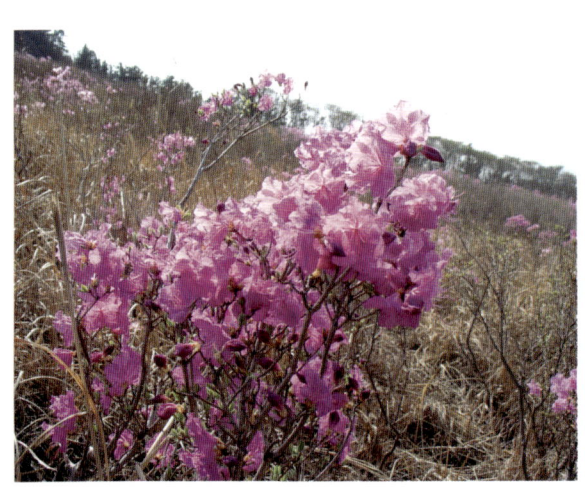

**대금산 낙조와 진달래** 봄에 피는 진달래 빛깔이 아름다워 대금(大錦)이라는 이름을 얻었다. 산 정상에는 비가 오지 않을 때 하늘에 치성을 드리는 기우단이 있다.

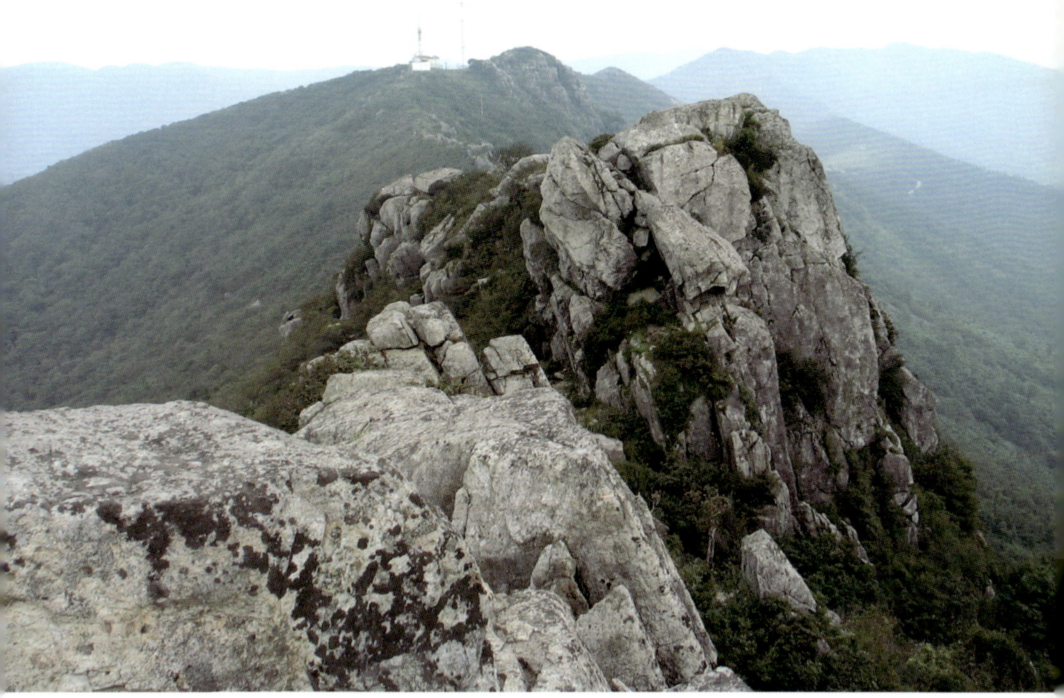

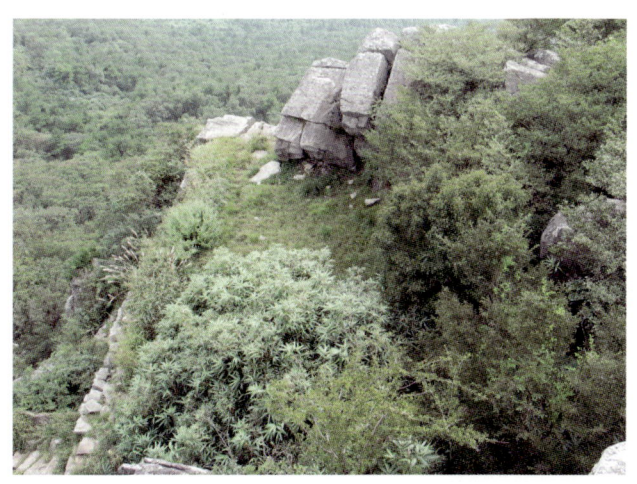

**계룡산 정상과 의상대 절터** 산 정상의 바위 모양이 닭 벼슬 같기도 하고 용의 머리 모양을 닮았다고도 하여 계룡산이라 하였다. 정상에는 신라 화엄종을 연 의상 대사가 수도하던 의상대 절터가 있다.

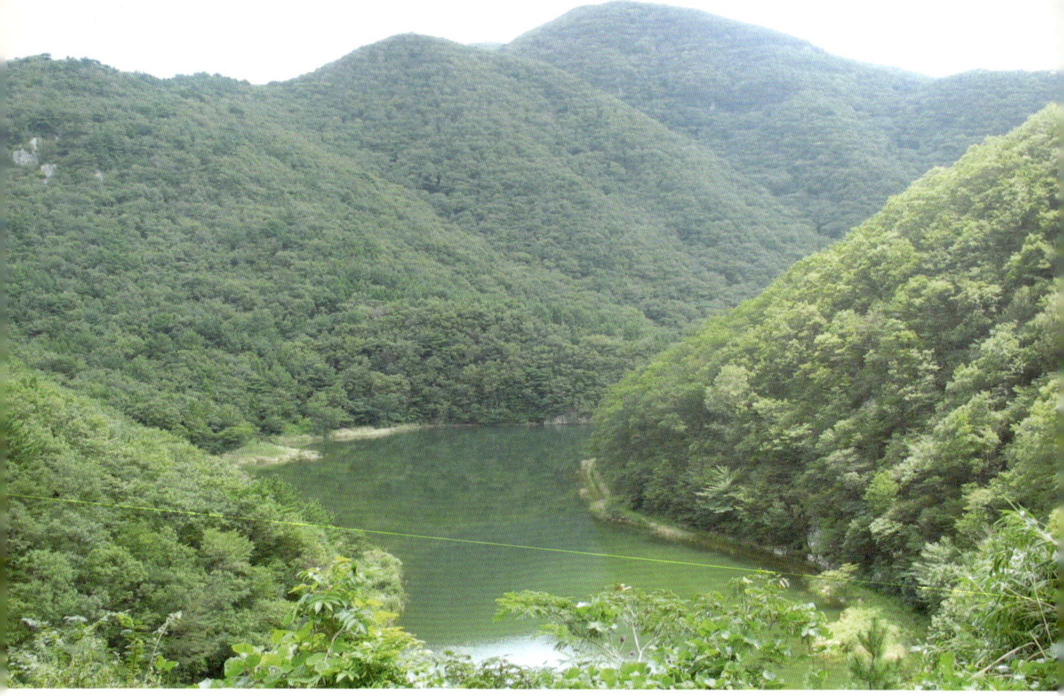

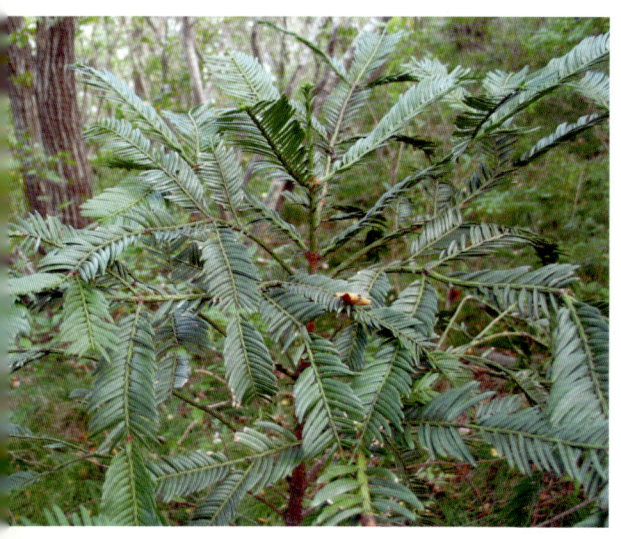

**구천댐과 북병산** 일운면과 신현읍 사이에 있는데 이곳은 물 사정이 좋아 사철 물이 마르지 않는 계곡이 발달되어 있다.

**북병산에서 볼 수 있는 개비자나무(왼쪽)와 이삭바꽃(오른쪽)**

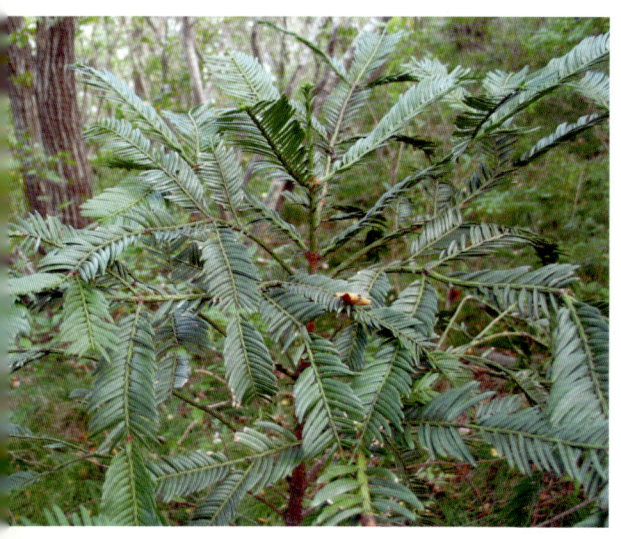

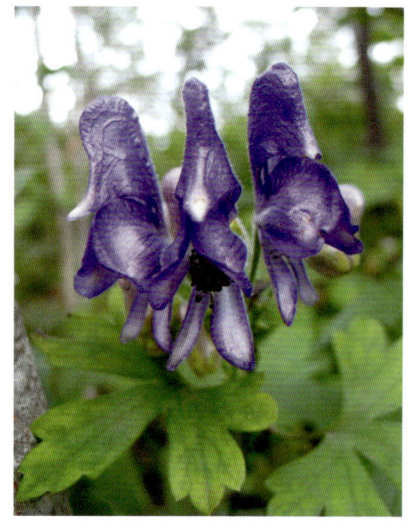

에는 지금의 거제면에 거제부가 있었는데, 이 산이 병풍처럼 펼쳐져 바람을 막아 주었기 때문이다. 이곳은 물 사정이 좋아 사철 물이 마르지 않는 계곡이 발달되어 있다. 산 아래에는 옥포로 가는 길, 학동으로 가는 길, 고현으로 가는 길이 연결되어 있어 삼거리라고 한다. 이곳에는 신라시대의 옛 절 엄적사와 법률사의 터가 남아 있다.

가라산(加羅山, 585.5미터)은 거제도에서 가장 높은 산으로 왼쪽 날개는 대마도가 내려다보이는 바다로 뻗어 내려 해금강을 이루고 있는데, 마치 여의주를 입에 문 용이 바다를 향해 뻗어 있는 모습을 하고 있다. 오른쪽 날개는 뻗어 내려 망산과 천장산을 이루고 있다. 뒤쪽 등뼈는 노자산을 이루고 거제도를 관통하여 거제대교 쪽으로 뻗어 있다. 왜적이 침입하면 가라산 봉수대에 봉화가 올라가고 다음에 계룡산 봉수대 그리고 한산도 봉수대로 연결되었다고 한다. 가라산이라는 지명에 대한 유래는 503년 금관가야의 국경이 북으로는 가야산이고, 남으로는 거제도였다고 한 데서, 남쪽의 가야산이 가라산으로 변음되었다는 말이 전해진다.

앵산(鶯山, 507.4미터)은 하청면과 연초면에 걸쳐 있는 산으로 칠천도에서 바라보면 세 봉우리가 높이 솟아 중간을 기점으로 좌우로 새 날개같이 뻗어 내려 있다. 왼쪽은 대곡과 덕포 쪽으로 뻗고, 오른쪽 날개는 하청 방면으로 길게 뻗어 칠천도로 날아오는 꾀꼬리의 모습을 하고 있어 앵산이라 하였다. 이곳에는 신라 때 경남의 4대 사찰 중 하나인 북사(北寺)가 있었는데 고려 공민왕 때 왜구의 침입으로 불타 버리고, 그때 왜구들이 이곳에 있던 동종을 가져가서 지금은 일본 사가현(佐賀縣) 혜일사(惠日寺)에서 보관하고 있으며 문화재로 등록되어 있다고 한다. 그 당시 경남의 4대 사찰에는 해인사, 통도사, 범어사, 북사가 있었다. 하청면 유계리에는 앵산 약수터가 있는데, 물맛이 좋다. 예전에는 피부병과 위장병에 특효가 있어 많은 사람들이 효험을 보았는데, 어느 해에 나병(癩病) 환자가 낫고 나서 부정을 타 약효가

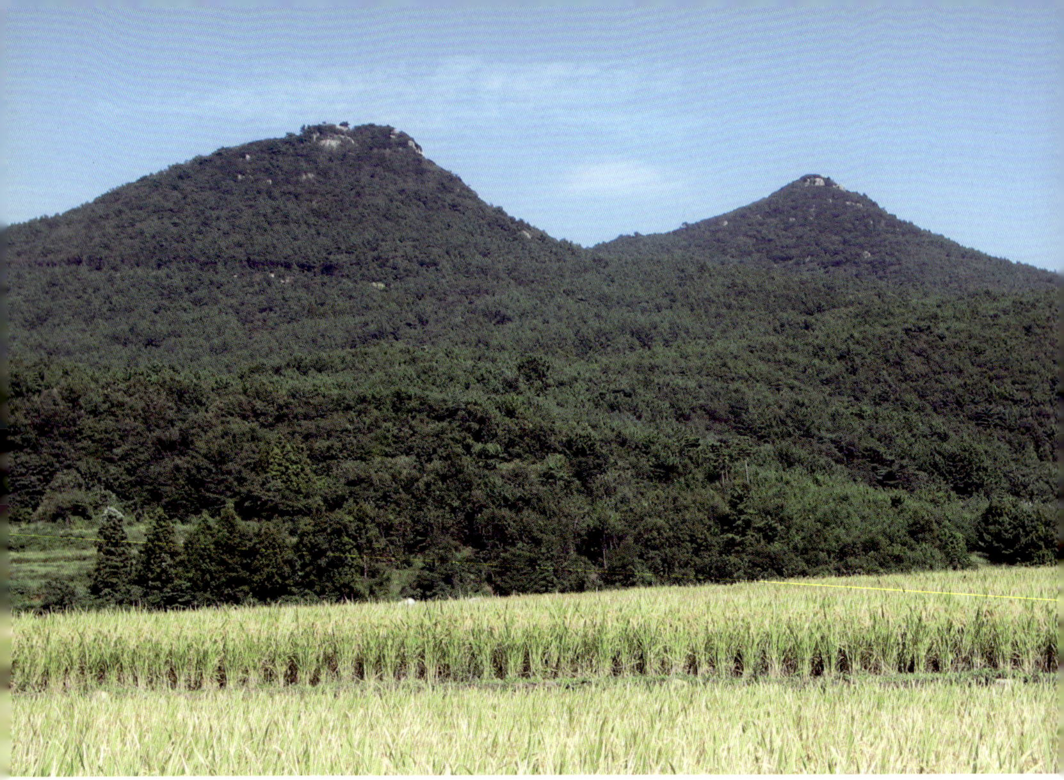

**국사봉** 두 개의 봉우리가 솟아올라 산을 이루고 있는데, 그 형상이 마치 임금 앞에 신하가 읍하는 모습이라 국사봉이라는 이름을 얻었다고 한다. 사진의 왼쪽이 여자 봉우리, 오른쪽이 남자 봉우리이다.

**국사봉에서 볼 수 있는 좁은잎배풍등(왼쪽)과 꿀풀(오른쪽)**

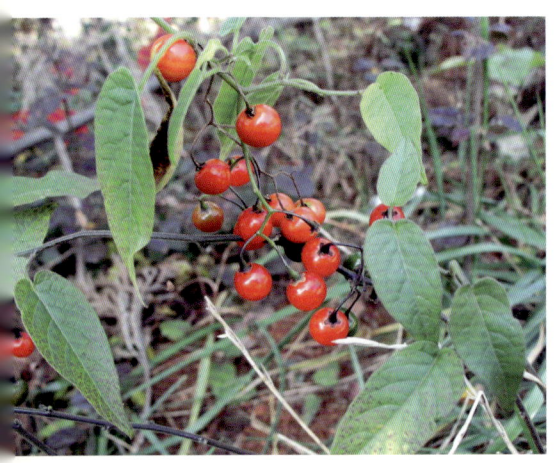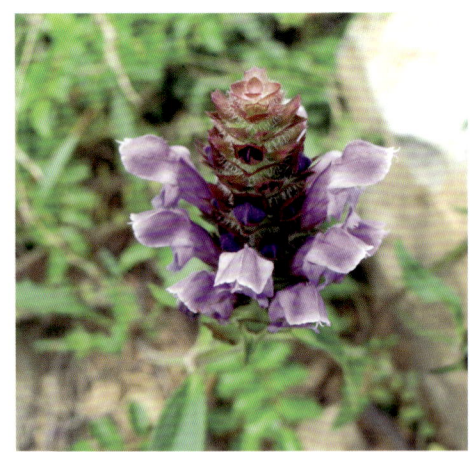

떨어졌다고 한다.

국사봉(國士峰, 464미터)은 두 개의 봉우리가 솟아올라 산을 만들고 있는데, 옥포 쪽의 높은 봉우리가 남자 봉우리이고, 신현 쪽의 낮은 봉우리가 여자 봉우리이다. 이 두 봉우리가 이룬 형상이 마치 임금 앞에 신하가 읍하는 모습이라 국사봉이라 했다고 한다. 작은 국사봉의 꼭대기는 대부분 퇴적암으로 되어 있다. 즉 화산 폭발에 의해 바다 밑의 퇴적암이 마그마에 의해 솟아올라 국사봉을 이루고 있는 것이다.

선자산(扇子山, 507미터)은 계룡산에서 뻗어 내린 산줄기가 구천댐에 도달하기 전에 솟아올라 만들어진 산이다. 마치 부챗살 모양으로 펼쳐져 있어 이름이 붙여졌다. 구천댐 상류에서 오르는 등산길은 아름드리 곰솔 군락으로 이루어져 있고, 곤달비와 으름덩굴이 지천으로 널려 있다.


## 청정해역의 해양 생물

바다 생태계에서 나쁜 물질을 좋은 물질로 바꾸는 역할을 하는 곳은 갯벌이다. 갯벌이란 조수가 드나드는 바닷가나 강가의 모래 또는 개펄로 된 넓고 평평하게 생긴 땅을 말한다. 갯벌의 역할은 다양한데, 특히 생산성이 매우 뛰어난 곳으로 여러 생물들이 어울려 살아가면서 특별히 관리해 주지 않아도 사람들에게 먹거리를 많이 제공하고, 육지에서 만들어진 영양물질들이 강이나 하천을 통하여 갯벌에 들어오면 염생식물(鹽生植物) 지대에서 1차 정화시킨 다음, 갯벌에 살고 있는 여러 종류의 저서생물(底棲生物)들이 나머지를 섭취하고 분해하여 정화시키는 역할을 한다. 또, 갯벌에는 많은 영양분으로 인해 여러 종류의 식물성 플랑크톤과 해조류가 살고 있는데, 이들이 왕성한 광합성을 하여 많은 산소가 만들어지고 그로 인해 다양한 해양 생물들이 모여 살게 되었다.

거제도의 모래갯벌은 해변을 구성하는 물질에 따라 모래해변과 자갈해변으로 나눌 수 있다. 파도가 밀려오는 바닷가에 모래 대신 몽돌(깨돌)이라고 부르는 자갈이 깔리기도 하는데, 이런 해변이 나타나는 곳은 학동, 농소, 여차, 덕포, 두모, 하유, 망치, 돌틈이, 함목, 내도해수욕장과 공고지 등으로 주로 파도의 영향을 크게 받는 지역에 발달된다. 몽돌은 파도에 밀리고 서로 부대끼다 보니 모두가 모난 것 없이 둥글둥글하다. 모래로 이루어진 모래해변에는 명사, 구영, 황포, 홍남, 몰안, 옆개, 와현, 덕포, 구조라, 죽림해수욕장 등이 있다.

혼합갯벌에는 모래갯벌 중 마사토가 많이 함유된 구영, 황포, 몰안, 옆개, 죽림해수욕장 등이 해당된다. 이들은 주로 파도의 영향이 적은 거제만과 진해만 인접한 곳에 분포하고 있다. 그리고 펄갯벌은 연초천이 고현만에 유입되는 신현읍, 산양천과 둔덕천이 거제만으로 유입되는 곳, 가라산에서 흘러내린 물이 유입되는 다대갯벌, 노자산에 의한 탑포갯벌 등에 나타난다.

거제도의 갯벌과 바닷가에는 여러 종류의 동물 이외에도 바닷물에 적응하여 살아가는 많은 식물이 자라고 있다. 염분의 영향에도 꿋꿋하게 살아가는 식물을 염생식물 또는 바닷가식물이라고 하는데, 바닷가식물은 갯벌의 상부 지역에 분포하고, 염생식물은 바닷물이 직접 영향을 주는 갯벌에 살고 있다. 거제 지역에 살고 있는 대표적인 염생식물과 바닷가식물에는 갯메꽃, 갯개미취, 갯사상자, 큰비쑥, 나문재, 순비기나무, 갯완두, 번행초, 천일사초, 갯질경, 지채, 갈대 등이 있다.

특히 바다 속에 자라는 거머리말은 거제도 연안 전체에 띠 모양을 이루면서 군락을 이루고 있는데, 바닷물 속에서 꽃을 피우는 종자식물로 이들의 군락은 물고기의 서식지와 먹이로서 중요한 역할을 한다. 또 다양한 해조류가 자라고 있는데, 파도의 영향을 크게 받는 동부와 남부 해안의 갯바위에는 구

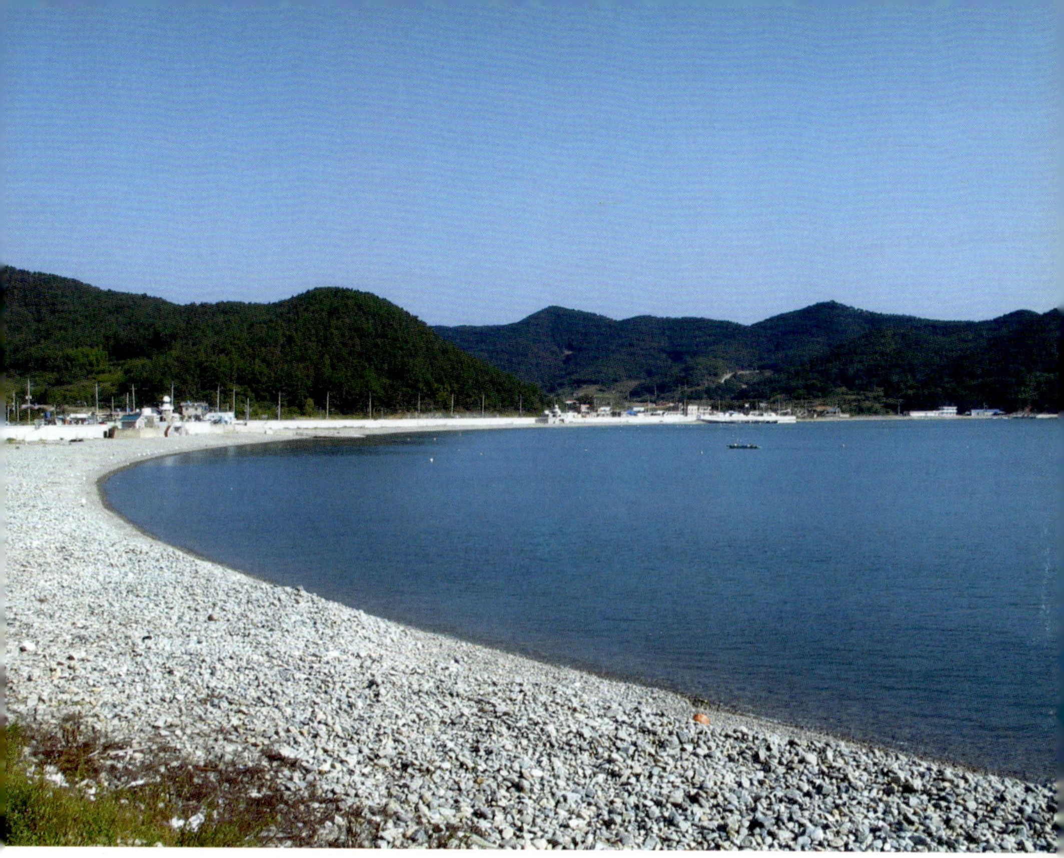

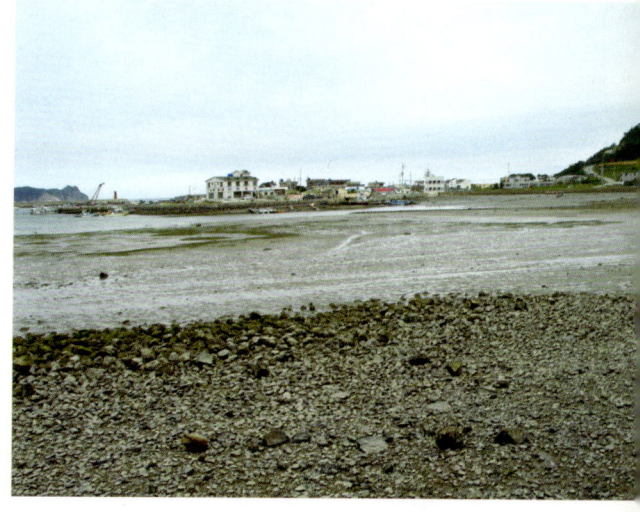

**농소해수욕장** 바닷가에 둥글둥글한 자갈이 깔린 몽돌해수욕장으로 전체 길이가 2킬로미터로 학동보다 훨씬 크기가 크다. 농소는 조선 세종 시절에 권농관을 파견하여 농사를 장려한 데서 붙여진 이름이다.(위)

**다대갯벌** 다대와 다포마을 사이에 위치하는 다대갯벌은 거제도에서 가장 큰 갯벌로 많은 바다 생물이 서식하여 갯벌체험학습을 할 수 있는 좋은 장소이다.(오른쪽)

## 거제도의 바닷가식물

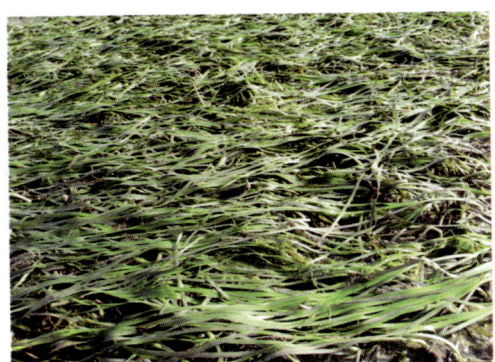

거머리말

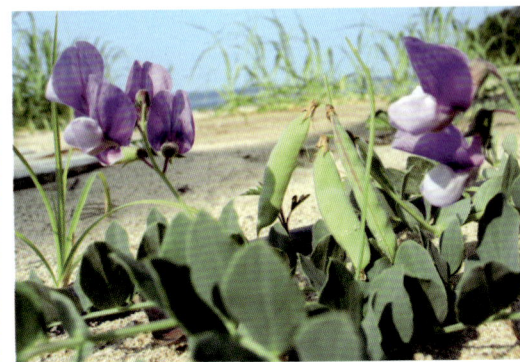

갯완두

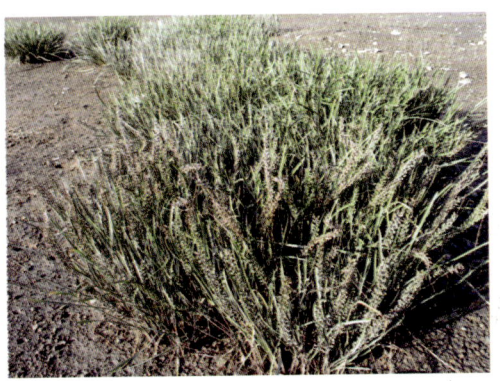

지채

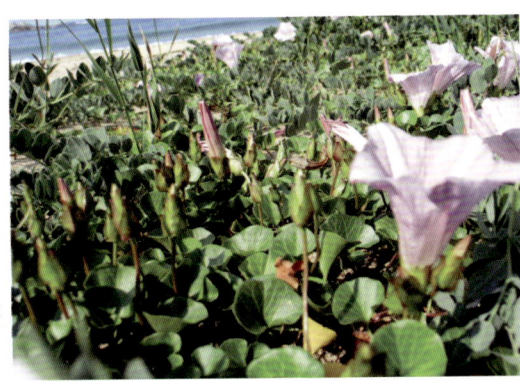

갯메꽃

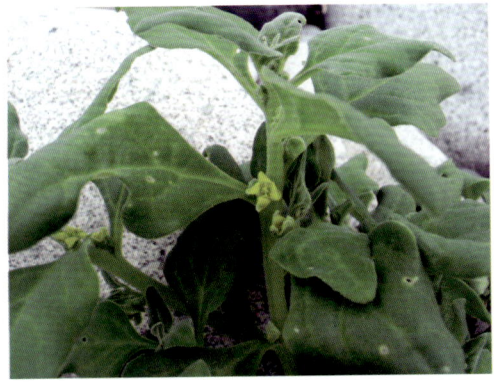

번행초

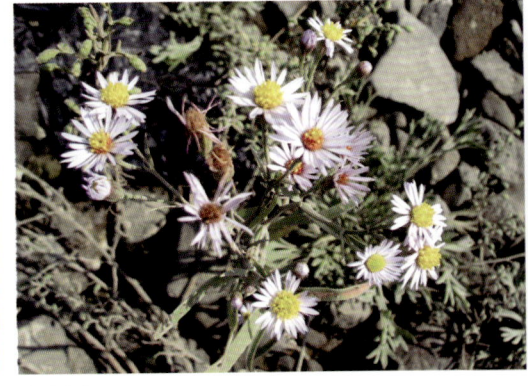

갯개미취

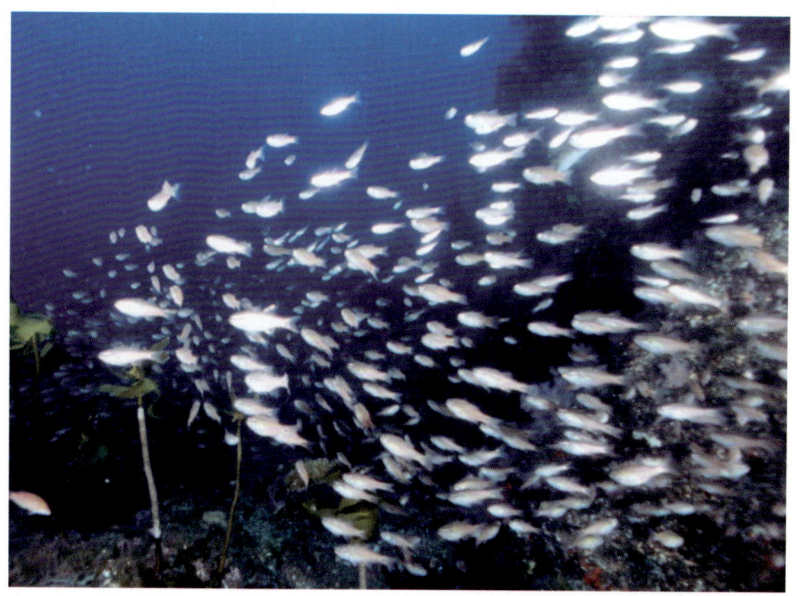

**거제도 바닷속 풍경** 거제도가 속한 남해 바다는 맑고 깨끗한 청정해역으로 다양한 어종들이 살고 있으며, 그 중 거제도 해역의 주요 어자원으로 대구와 멸치를 들 수 있다. 사진 제공: 청춘

멍갈파래, 창자파래, 미역, 다시마, 톳, 모자반, 서실, 우뭇가사리, 청각, 김, 꼬시래기 등이 자라고 있다.

    갯벌과 해안이 발달한 거제도에는 갯벌 생물을 먹이로 살아가고, 산란을 위해 찾아오는 많은 어류들이 있다. 그 중에서 거제도 해역의 주요 어자원은 대구와 멸치를 들 수 있다. 대구는 입이 뭉툭하고 크며, 몸 색깔은 회갈색이다. 턱에는 잘 발달된 한 개의 수염이 있고, 먹이는 고등어, 청어, 여러 유충 등이다. 거제도 해안에는 12월부터 다음 해 2월까지 오는데, 한때 거제도는 우리나라 대구 생산량의 80퍼센트를 차지하였다. 몇 년 전까지 대구가 거의 잡히지 않다가, 지금은 해마다 치어(稚魚)를 방류하여 대구 어획량이 계속 늘어나고 있다.

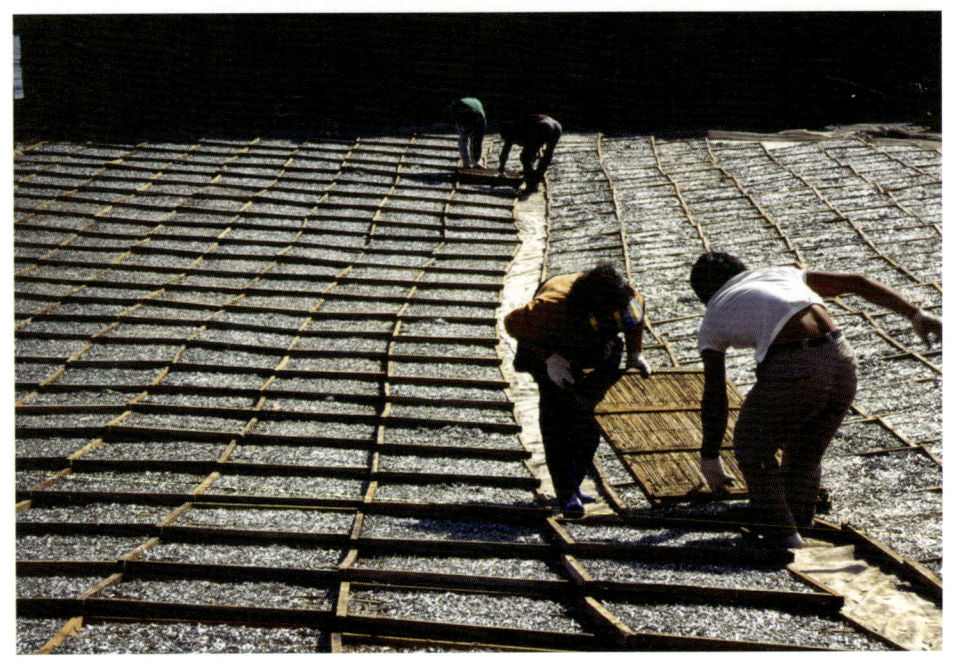

**멸치 말리는 모습** 봄철 외포에 가면 아직도 마을 단위로 그물을 연안으로 끌어와 그물에 잡힌 멸치를 털어 말리는 모습을 볼 수 있다. 사진 제공: 거제시청

　멸치는 우리 식생활에 없어서는 안 될 중요한 조미료가 되기도 한다. 몸은 납작하고 가늘어 15센티미터 정도이며, 연안에 사는 고기로서 주로 플랑크톤을 먹는다. 일 년 내내 알을 낳지만 주로 봄과 여름 사이에 낳는다. 우리 선조들은 죽방렴(竹防簾, 대나무 어사리)과 그물을 쳐서 연안으로 끌어와 멸치를 잡았지만, 지금은 배에서 기계로 그물을 끌어올려 잡고 있다. 봄철에 거제도에 가면 멸치액젓 만드는 냄새가 멸치공장에서 풍기고, 멸치 말리는 모습을 쉽게 볼 수 있다. 지금은 멸치를 말리는 것도 기계식으로 하다 보니 각 어촌의 방파제에서 멸치를 말리는 모습은 옛 모습이 된 지 오래다. 그러나 봄철 외포(外浦)에 가면 아직도 마을 단위로 그물을 연안으로 끌어와 그물에 잡힌 멸치를 터는 모습을 볼 수 있다. 그물을 터는 어부들의 활발한 손놀림과 멸치를 익혀서 방파제에 말리는 아낙들의 노랫소리가 흥겹다.

근래에 들어 잡는 어업보다 키우는 어업이 늘어나 파도가 약한 진해만과 거제만에는 많은 가두리 양식장이 위치하고 있다. 가두리 양식장에는 주로 참돔, 감성돔, 우럭, 농어를 키우고 있고, 이외에도 굴과 멍게의 양식장도 있다. 특히 청정해역에서 키운 굴은 굴구이집에서 다른 조개류들과 같이 먹거리로 제공하고 있고, 멍게는 해삼의 내장과 함께 멍게비빔밥으로 제공되고 있다.

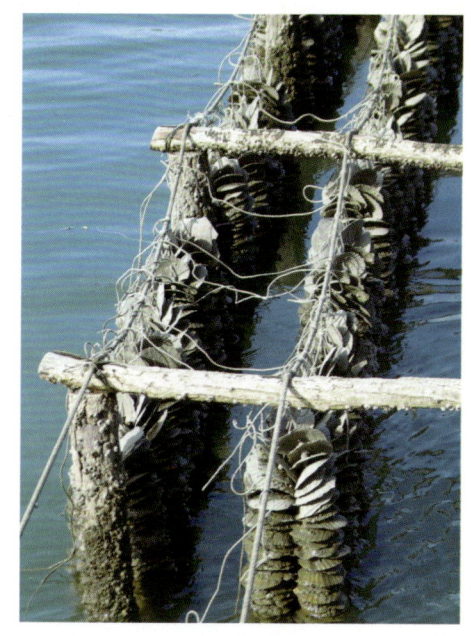

**굴 양식장** 파도가 약한 진해만과 거제만에는 많은 가두리 양식장이 발달해 있는데, 참돔, 감성돔, 우럭, 농어 외에 굴과 멍게 양식장도 있다. 거제 청정해역에서 키운 굴은 특히 알이 굵고 맛이 뛰어나다.

거제도에는 바다의 이용과 관련된 연구소가 많이 설립되어 있다. 1997년에는 거제시 장목면에 한국해양남해연구소가 설립되었는데, 이곳에서는 해양 환경과 기후 변화, 해양 자원의 관리 및 이용 개발, 해양 정책과 해양 기술 개발을 목적으로 하고 있다.

그리고 바다의 어자원을 연구하는 기관으로 남해수산연구소 국립종묘배양장이 남부면 다포마을에 있다. 이곳에서는 1983년부터 어류 육종에 대한 연구를 하고 있는데, 지금까지 볼락, 농어, 범가자미, 보리새우의 종묘생산 기술을 개발하였고, 해마다 바다에 전복, 보리새우, 넙치, 농어를 방류하고 있다.

# 꼬불꼬불 700리 해안선

거제도는 우리나라 섬 중에서 해안선의 길이가 가장 긴 700리에 이른다. 이는 우리나라에서 가장 큰 섬 제주도의 해안선 길이 263킬로미터의 1.5배이다. 뱀의 몸통처럼 굽어 있는 700리 해안선 곳곳에서 넓고 푸른 바다를 만날 수 있다. 만나는 마을마다 아름다운 전통과 문화가 숨쉬고 있고, 사람들의 마음은 바다처럼 넓고 온화하다.

리아스식 해안으로 굽이굽이 돌 때마다 곶과 만이 지천에 널려 있다. 곶은 고지, 조라, 끝 등의 지명으로 불리기도 하고, 만에는 마을이나 해수욕장 또는 갯벌이 발달되어 있는데 마을 이름 뒤에는 대체로 포(浦)가 붙어 있다.

700리 해안선의 시작점은 거제대교가 놓여 있는 견내량(見乃梁)이다. 견내량은 고려 18대 임금인 의종이 피난 오면서 건넌 곳이라 하여 전하도라고도 한다. 전하도가 건하도가 되고 다시 견내량이 된 것으로 추측하는데, 견내량은 통영시 용남면 장평리 견유마을과 거제시 사등면 덕호리 사이의 700미터 길이의 해협이다.

견내량 건너 처음 맞이하는 산이 시래산(始來山)인데, 이는 의종이 섬을 건너 처음 맞이한 산으로 불빛을 비춘 곳이라 하여 증산봉이라고도 한다. 이곳은 물살이 세어 임진왜란 당시에 이순신 장군이 왜적을 막았던 곳으로 한산도대첩이 있었던 곳이다. 이곳을 통하여 문물과 문화가 교류되었고, 지금도 육지의 손님들이 찾아오며 섬의 사람들이 밖으로 나가는 주요 통로로 이용되고 있다. 오고가는 사람들이 쉬어 가는 곳으로 통영 쪽에는 서해루가, 거제 쪽에는 관해루 정자가 세워져 있다. 1971년 4월 8일 길이 740미터, 폭 10미터, 높이 18미터의 2차선 거제대교(巨濟大橋)가 만들어졌으며, 1999년 4월 22일에 길이 940미터의 신거제대교를 개통하였다.

해안도로가 개설되기 전에는 다른 마을을 가기 위해서 산을 넘어야 했다.

**거제대교** 거제도에서 육지로 연결되는 유일한 통로로, 1971년 4월에 길이 740미터의 2차선으로 만들어졌으며, 1999년 4월에는 길이 940미터의 신거제대교를 개통하였다.

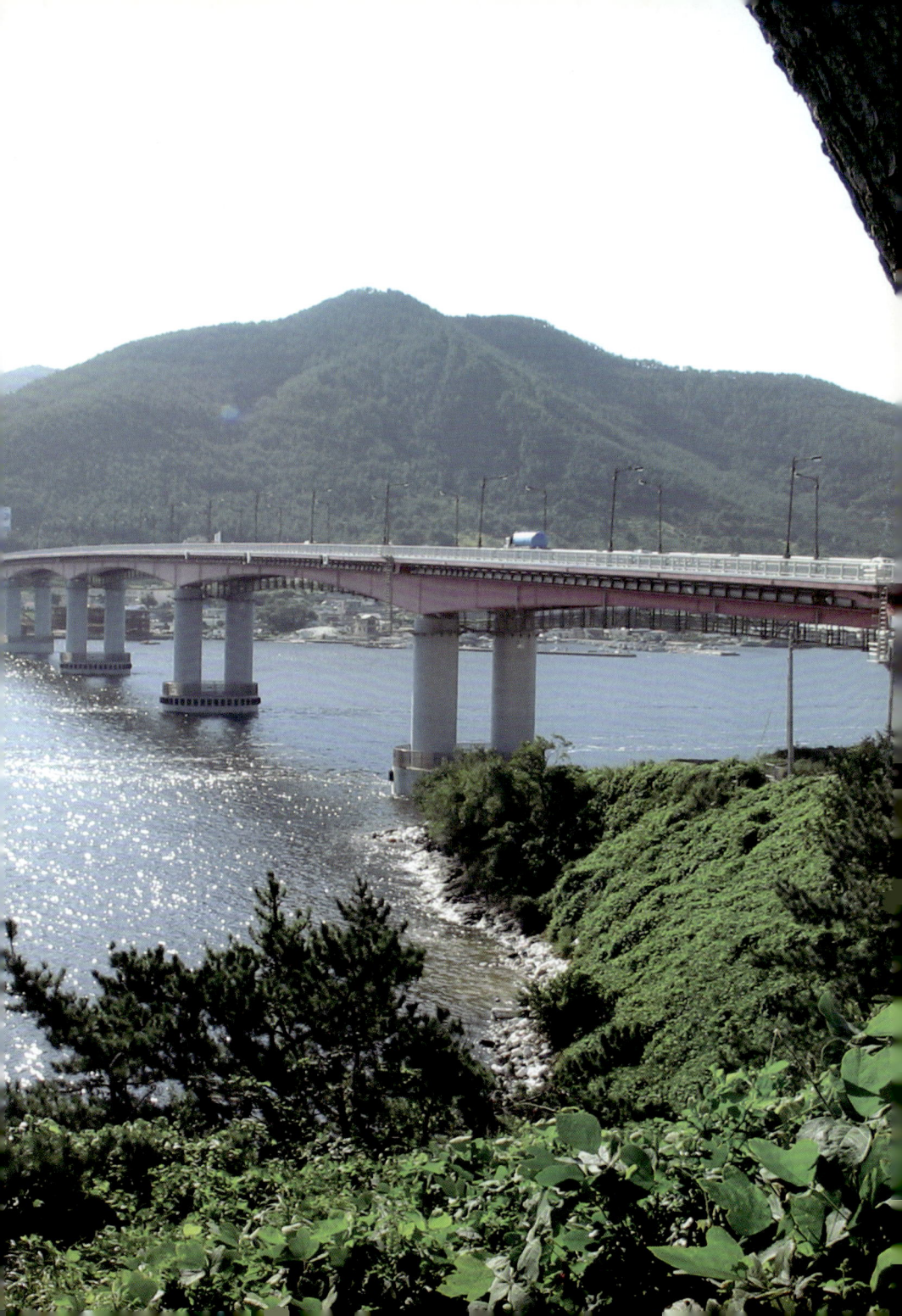

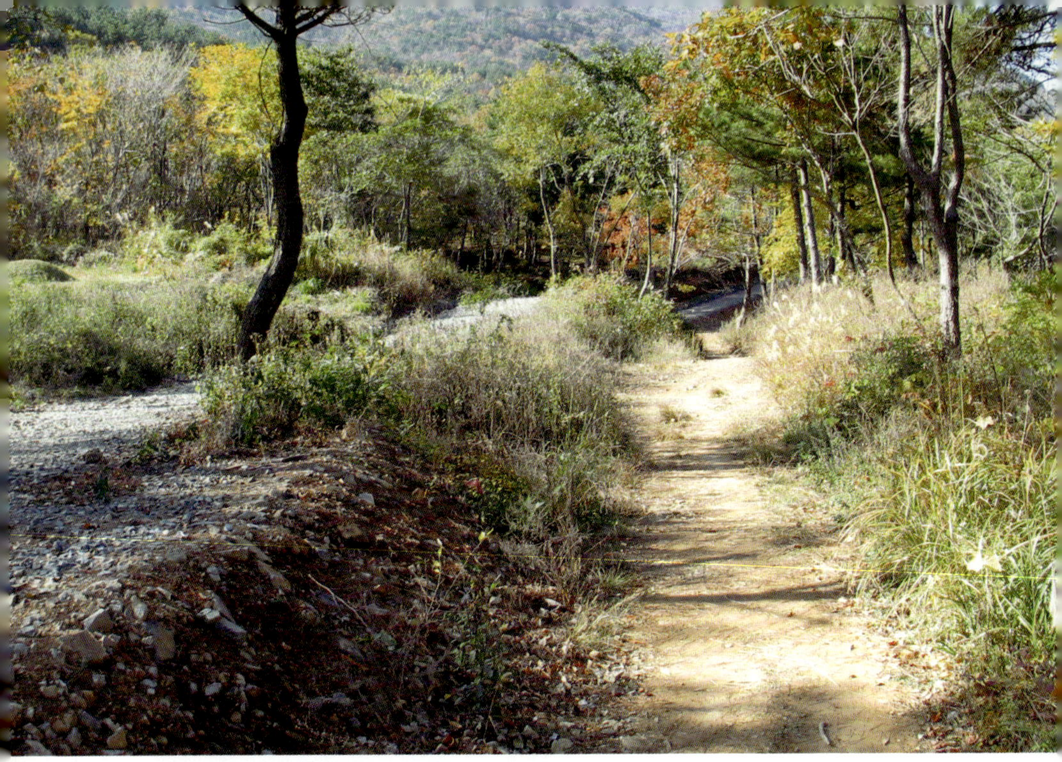

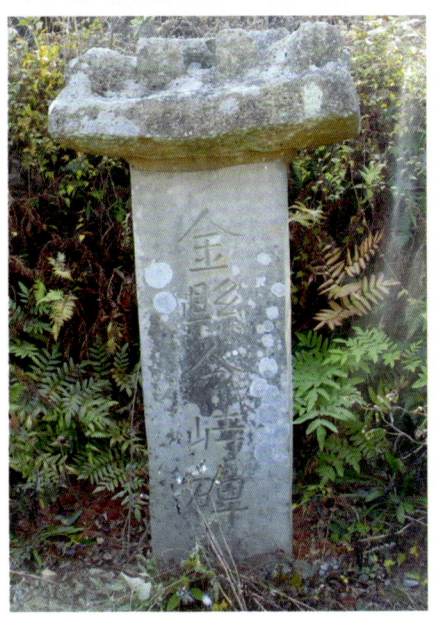

**김현령재(위)와 김현령재 비석(왼쪽)** 조선 숙종 14년에 거제현령으로 부임한 김대기가 계룡산 북쪽에 닦은 고개이다. 나중에 여기에 새로 도로가 완성되었으며(위 사진 왼쪽에 난 길) 주민들이 김 현령의 공을 기려 비를 세웠다.

그래서 거제도에는 고갯길이 발달되어 있다. 거제도의 고갯길은 고개, 현, 치 등의 용어로 나타난다. 거제 지역에 나타나는 고갯길에는 지세포와 와현 사이의 누우래재(와현), 망치와 망골 사이의 망치, 신현읍과 거제면 사이의 김실령재와 고자산치, 신현읍과 옥포 사이의 울음이재(명치), 거제면의 옥산과 둔덕면 상둔리 사이의 옥산치, 상둔리와 사등면의 오량리 사이의 거치, 상둔리와 사등리 사이의 개금치, 옥포와 연초면 사이의 봉산재와 다지기재, 사곡과 신현읍 사이의 와치 등이 있다.

계룡산과 선자산의 중간에는 고현에서 거제면으로 넘어가는 고개가 있는데, 고개의 이름이 고자산치(枯子山峙)이다. 예전에 계룡산의 끝 부분인 이곳을 고자산이라고 하였는데, 이 고갯길에는 부모 없이 살던 남매가 외할머니에게 가면서 죽게 된다는 슬픈 전설이 내려오고 있다. 누나에게 애욕(愛慾)을 느낀 동생이 부끄러워하며 죽고, 누나도 슬픔에 겨워 울고 넘은 고개가 울음이재(명치)가 되고 결국 죽게 된다는 슬픈 이야기는 고자산이라는 지명에 남아 있다.

고자산치는 경사가 심하여 가마나 말이 다니기에 힘이 들었다. 그러던 중 숙종 14년(1688)에 거제현령으로 김대기가 부임하여 교통의 불편을 없애기 위하여 계룡산 북쪽을 조사하여 도로를 닦기 시작했다. 흉년과 괴질로 백성들의 원망이 커지자 이를 안 조정에서는 일을 중단하게 하였으나 김 현령은 이를 무시했다. 조정에서는 김 현령을 지금의 일운면 망치로 귀양을 보냈다. 귀양살이 중 마을 뒷산 고개에서 거제만을 바라보며 자신의 잘못을 뉘우친 김 현령은 자신의 호를 망치라고 하였다. 그리고 이곳에서 후학을 양성하면서 평생을 살았는데, 그의 업적을 기려 마을 이름도 망치가 되었다. 또 망치라는 지명의 유래는 망을 본 고개라는 뜻의 망치고개, 망곡재, 망티에서 왔다고도 한다. 세월이 흘러 김 현령이 만들기 시작한 도로가 완성되고, 많은 주민들이 이용하면서 그 공덕을 기려 비를 세우고 고개 이름을 김현령재〔金

縣令峙, 김실령재)라고 하였다. 거제공업고등학교 옆의 산길에 김 현령을 기리는 비가 세워져 있다.

해안선을 따라 개설된 도로를 이용하여 자가용으로 쉬지 않고 돌면 네 시간이 걸리고, 섬의 구석구석을 관광하는 데는 약 5일이 걸린다. 가는 곳마다 절경이요, 역사 유물이 널려 있으니 거제도 700리는 산 교육장이다. 거제대교에서 둔덕면 방향으로 돌아 다시 거제대교를 만나면 거제도 해안 700리 여행이 끝을 맺는다.


# 섬 속의 섬

거제도는 한려해상국립공원의 일부로서 주위에 크고 작은 11개의 유인(有人) 섬과 2005년에 새롭게 발견된 7개를 더하여 58개의 무인(無人) 섬이 있다. 이 가운데 사람이 살고 있으면서 크기가 큰 칠천도, 가조도, 이수도, 지심도, 내도와 외도 및 산달도에 대해 살펴보기로 하자.

### 칠천도
어온마을 바닷가에 따뜻한 우물이 있어 온천도로 불렀다는 칠천도(七川島)는 거제도의 부속 섬 중 가장 크고 현재는 하청면과 칠천연륙교로 연결되어 있다. 원래는 옻나무가 많고 물이 좋아 칠천도(漆川島)라 하였다고 한다. 고려시대에는 칠천도에 목장을 두었다는 기록이 있을 만큼 넓고 풍요로운 땅으로 주로 고구마를 심고 있다. 이곳은 정유재란 때 우리나라 수군의 유일한 패전(敗戰)인 칠천량해전(漆川梁海戰, 1597년 7월 14~16일)이 벌어졌던 곳이기도 하다. 삼도수군통제사 원균(元均)은 130여 척의 수군으로 영등포(현 구영) 앞바다에서 600여 척의 왜군과 싸우다 온천량으로 후퇴하였다. 다

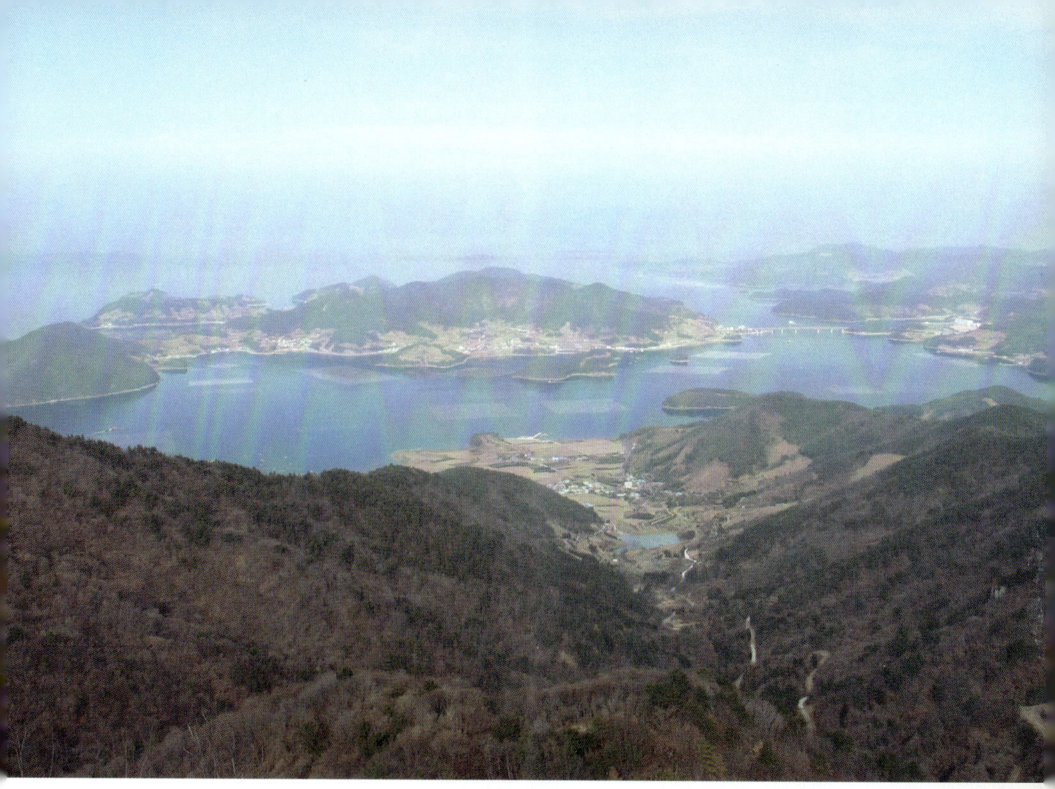

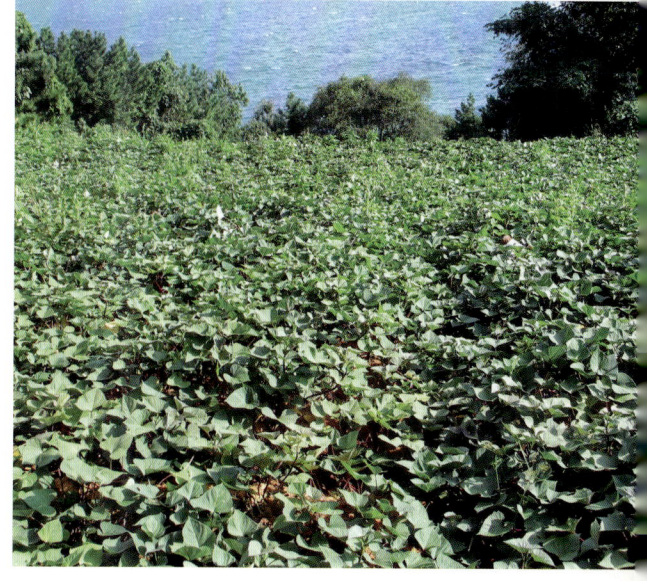

**칠천도** 거제도의 부속 섬 중 가장 크고 현재는 하청면과 칠천연륙교로 연결되어 있다. 이곳은 정유재란 때 우리 수군의 유일한 패전인 칠천량해전이 벌어졌던 곳이기도 하다.(위)

**칠천도 고구마 밭** 칠천도는 땅이 넓고 비옥하여 다산 품종의 고구마가 생산되고 있다.(오른쪽)

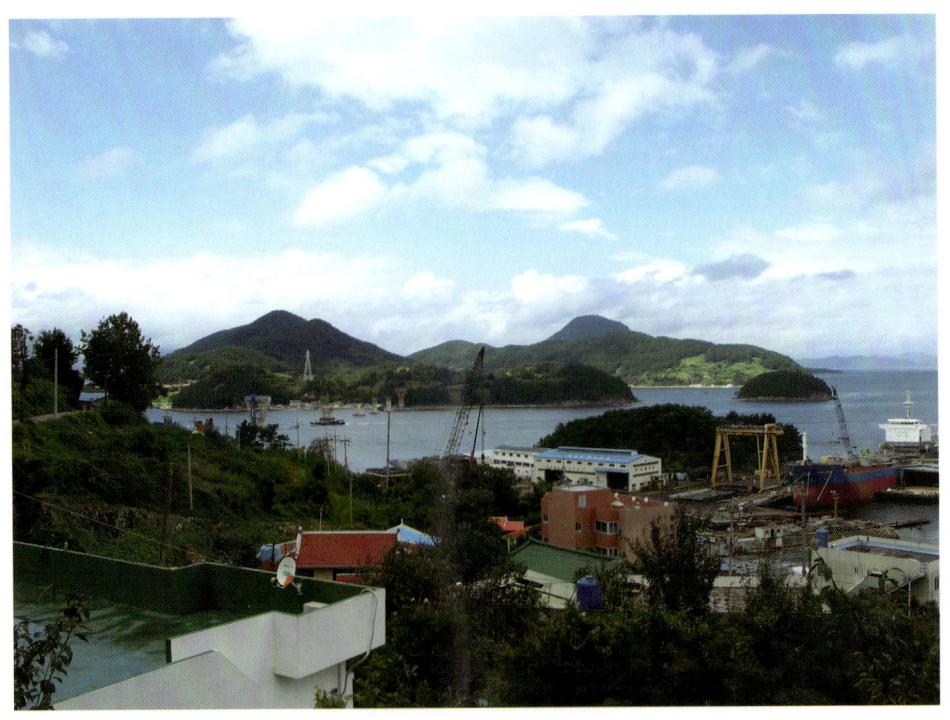

**가조도** 중앙에는 옥녀봉이 있으며, 섬 일대 대부분의 해역이 국내 최대 피조개 채묘장으로 이용되고 있다.

음 날 새벽 왜군의 기습으로 이루어진 해전은 칠천도와 장목면 송진포와 실전 사이의 해협인 칠천량에서 벌어졌다. 이 전투에서는 원균과 전라우수사 이억기(李億祺), 충청수사 최호(崔湖) 등이 전사하고, 우리 수군 12척만 남게 되었다.

### 가조도

가조도(加助島)는 중앙에 옥녀봉이 있는데, 조선시대에 이 옥녀봉 일대에는 군마(軍馬)를 길렀던 가조도 목장이 있었다. 지금은 섬 일대 대부분의 해역이 국내 최대 피조개 채묘장으로 이용되고 있다. 가조카페리의 도선은 공사 중인 가조연륙교가 가설되면 사라질 것이다.

이수도

이수도(利水島)는 먹을 수 있는 물이 양호한 지역으로 이물섬이라고도 하고, 머리를 대금산으로 하여 날아오르는 학처럼 생겼다고 하여 학섬이라고도 한다. 장목에서 옥포 가는 길에 보면 시방(矢方)과 흥남(興南) 사이의 땅 모양이 활시위를 닮아 있고, 그 앞에 이수도가 있다. 즉 화살이 이수도를 향하고 있다. 시방과 이수도는 가까이 있고, 이수도는 많은 물고기가 잡히고 식수가 좋아 사람이 살기 좋은 곳인데도 불구하고 이수에서 물을 길어 먹는 시방 사람들이 더 잘살았다. 이에 이수도 사람들은 시방에서 화살을 쏴 학이 힘을 쓰지 못한다고 생각하고 방시순석(防矢盾石)이라는 화살을 막는 글이 새겨진 비석을 세웠다. 비석을 세우자 이수도는 번성을 누렸고 시방 사람들은 못살게 되었다. 그러자 이번에는 시방 사람들이 이 비석을 없애려 하였기에 서로 원수지간이 되었다. 시방 사람들은 비석을 깨뜨릴 수 있는 쇠화살을 쏘면 된다고 생각하여 방시만노석(放矢萬弩石) 비를 세웠고, 이후 이수도보다 시방이 더 잘살게 되었다고 한다.

그러나 일제 강점기에 이수도에서 많은 물고기가 잡히면서 일본인의 어장이 생겼고, 시방보다 마산, 진해, 부산으로 가는 뱃길이 가까워 번성하게 되었다. 면적은 작고 많은 사람들이 모여 살다 보니 섬 전체가 밭과 논 및 집뿐이다. 그래서 생필품은 마산이나 부산에서 사 왔다고 한다. 그러나 거제도가 거제대교에 의해 육지로 연결되면서 시방마을의 교통편이 더욱 편해져 이번에는 시방이 더욱 잘살게 되었고, 한때 우리나라 대구의 대부분을 잡은 어장으로 이름을 떨쳤던 이수도는 어장에서 대구가 거의 잡히지 않게 되어 소득원이 끊어지고, 마을은 분란에 휩싸이게 되었다. 이에 방시순석 비석 위에 또 하나의 비석을 올려놓았으나 예전의 영광은 되돌아오지 않았다. 지금은 이수도와 시방 사람들이 사이좋게 지내고 있다.

이수도에도 희망은 있다. 섬의 대부분은 경작지로 사용하다가 버려졌지

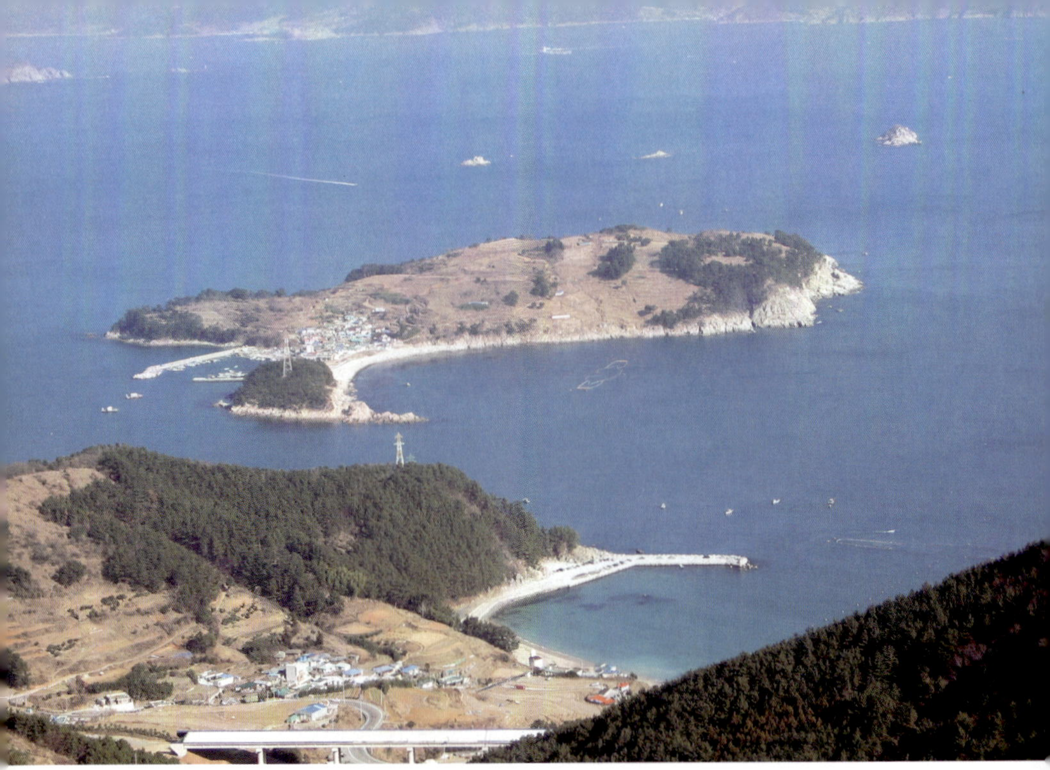

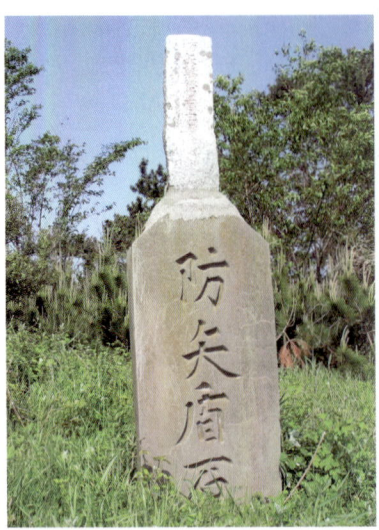

**이수도** 장목에서 옥포 가는 길에 보면 시방과 흥남 사이의 땅 모양이 활시위를 닮아 있고, 그 앞에 이수도가 있다.

**이수도 비석(왼쪽)과 시방 비석(오른쪽)** 이수도와 시방 사람들은 서로 번성하지 못하는 것이 상대편 때문이라 생각하고 이를 막기 위하여 각각 '방시순석(防矢盾石)'과 '방시만노석(放矢萬弩石)'이란 글을 새긴 비석을 세웠다.

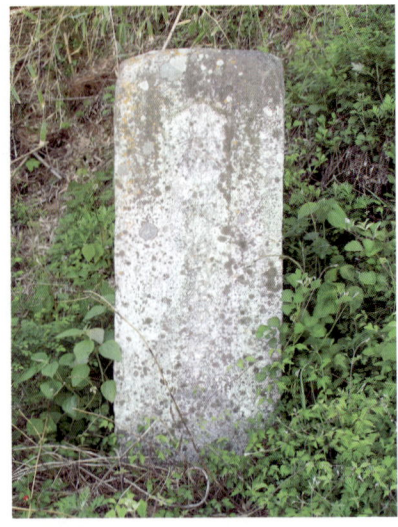

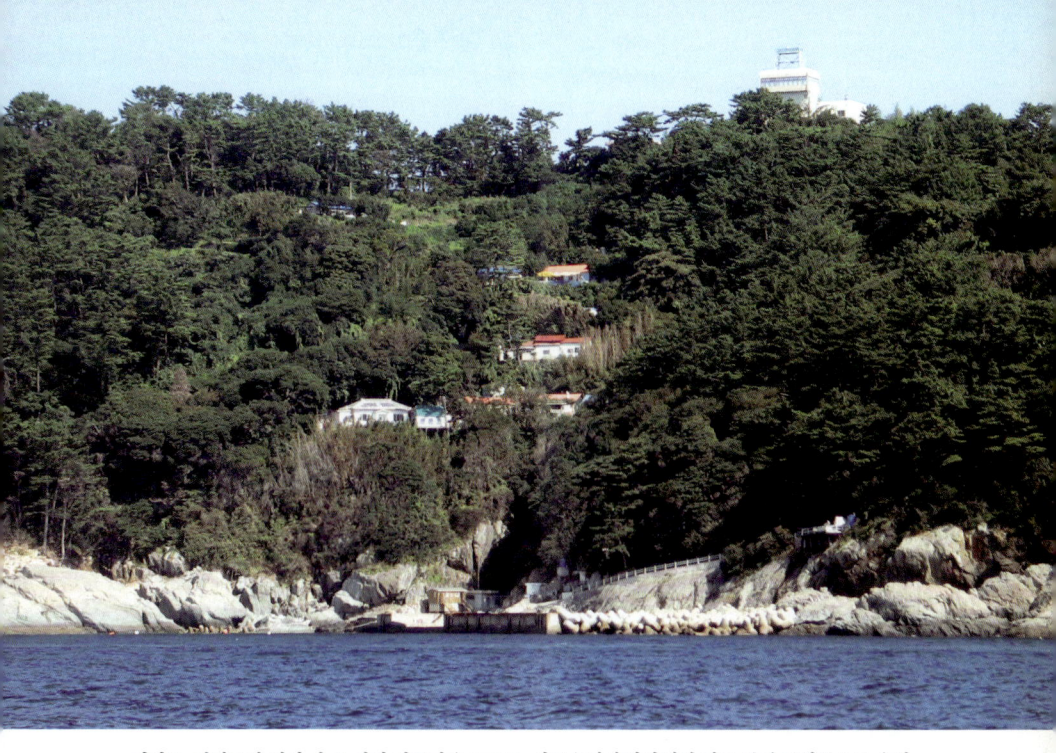

**지심도** 거제도의 여러 섬 중 가장 아름다운 곳으로, 상록수림이 발달되어 있고 특히 동백꽃으로 유명하다.

만 그로 인해 억새밭이 장관이다. 넘실대는 바다와 은빛의 억새풀이 하늘거리는 모습은 감탄을 자아낸다. 이수도에 나무와 억새를 심고 사람이 다닐 수 있는 길을 정비하고 사람들을 받아들인다면 희망이 있는 것이다. 이곳에서 바라다보는 가덕도 등대와 옥포만의 모습도 너무나 뛰어나며 날씨가 맑으면 대한해협 너머에 있는 대마도도 만날 수 있다.

#### 지심도

지심도(只心島)는 하늘에서 보면 섬의 모양이 마음 심(心) 자를 닮아 있어 마음이 착한 섬이라는 의미이고, 숲이 우거졌다고 지삼도(只森島)라고도 한다. 조선 헌종(憲宗) 때부터 사람이 살기 시작했고, 1935년에 일본군이 대한

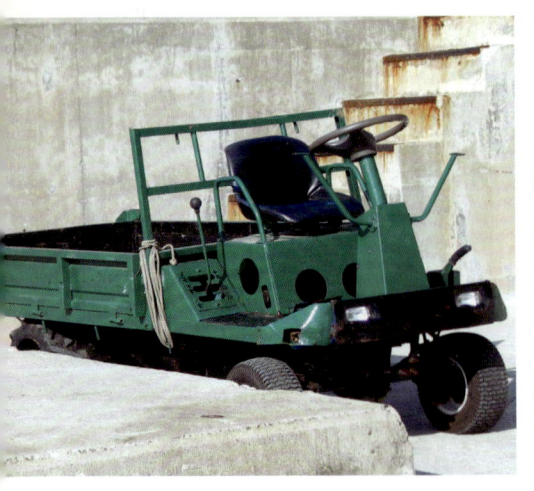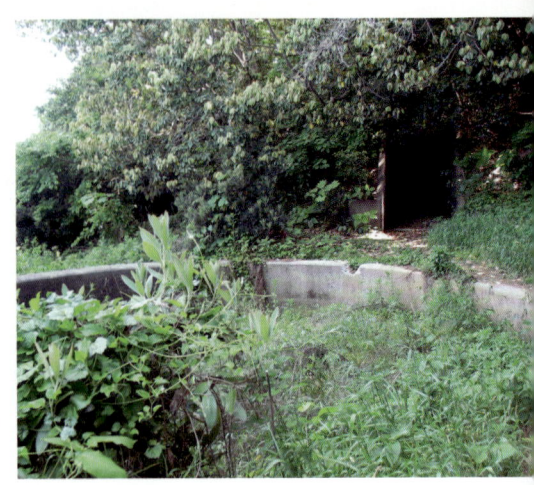

**오토바이를 개량한 차(왼쪽)와 포대 진지(오른쪽)** 지심도에 남아 있는 명물들이다. 오토바이를 개량한 차는 지심도의 교통수단으로 쓰이고 있으며, 포대 진지는 일제 강점기에 일본이 대한해협을 방어하기 위해 설치한 것이다.

해협을 방어하기 위해 군사시설을 설치하였는데, 정상에 포진지와 격납고 등이 남아 있다. 지금도 이곳은 서이말 등대, 향일암과 함께 남해안을 지키는 군사적 요충지이다.

　장승포항에서 배로 30분 거리에 있는 이 섬은 상록수림이 발달되어 있는데, 특별히 동백꽃으로 유명한 곳이다. 우리나라에서 동백꽃 하면 맨 먼저 여수 오동도를 꼽고, 그 다음으로 지심도를 손꼽는다. 11월부터 꽃망울을 터뜨려 다음 해 5월까지 꽃을 피우며 거제도의 여러 섬 중 가장 아름다운 섬이다.

　바닷가에 여러 가지 모양의 바위가 있어 절경을 이루고 여러 종류의 물고기들이 살고 있어 많은 강태공들이 찾아오며, 여름이면 많은 피서객들이 찾고 있다. 지심도의 동백나무, 후박나무로 이루어진 산책길은 천천히 걸으면 2시간이 걸리는데, 여러 종류의 새 소리가 마음을 더욱 편안하게 한다. 이곳의 가옥은 대부분 일제 강점기에 지은 일식 목조 건물이며, 교통수단으로 오토바이를 개량한 작은 차를 이용한다.

내도와 외도

일운면 구조라리에는 내도(內島)와 외도(外島)가 있다. 구조라를 기점으로 구조라 안에 있다고 하여 내도(안섬)이고, 구조라 바깥에 있다고 하여 외도(바깥섬)라고 한다. 내도는 여자 섬이고 외도는 남자 섬이다. 전설에 따르면 바닷물의 흐름에 따라 남자 섬인 외도가 여자 섬인 내도로 떠내려오고 있는데, 아침에 물 길러 온 여자가 섬이 떠온다고 고함을 치는 바람에 지금의 자리에 서서 바람과 파도를 막아 주며 사랑하는 여자를 지키고 있다고 한다.

외도는 동백나무, 후박나무, 아왜나무, 팔손이나무 자생지이다. 이곳은 1972년까지 주민들이 살았으나 서울 사람에게 팔리면서 모두 섬을 떠났다. 처음 이 섬을 구입한 서울 사람은 수맥을 찾기 위해 매우 고생을 하였다고 한다. 다행히도 수맥을 찾고 이곳을 농원으로 개발하기 위해 밀감나무와 사과나무를 심었으나 한파와 태풍으로 실패하였다. 그러다가 1976년, 해금강에 인접한 이점을 활용하여 이곳에 관광객을 끌어들이기 위한 관광사업으로 눈을 돌렸다. 경상남도에서 관광농원 승인을 받은 후 향나무, 종려나무, 선인장, 코코야자, 병솔꽃나무, 용설란, 장미 등 여러 종류의 식물을 심고 가꾸었다. 지금은 아열대식물원이 조성되어 계절마다 다른 꽃들이 피고, 많은 사람들이 이곳을 찾고 있다. 섬에 도착하면 외도 출입문을 지나 동백숲, 종려나무, 털머위 등을 보면서 산책길에 오른다. 중앙 언덕에 설치된 프랑스 베르사유 궁전 정원을 닮은 비너스 가든은 장미가 피는 계절에 더욱 아름답다. 정원을 지나 전망대에 오르면 해금강이 바라다보인다. 외도의 북쪽 해안으로 가면 내도와 서이말 등대, 공룡바위를 볼 수 있다.

특히 이곳은 경치가 아름답고 바다와 아열대식물이 조화를 이루어 많은 영화나 드라마의 촬영지로 이용되고 있다. 드라마 「겨울연가」에서 주인공 준상과 유진이 마지막으로 만나는 장면을 촬영한 곳도 이곳이다. 섬은 동쪽의 작은 섬과 본섬으로 되어 있고, 그 사이의 계곡을 공룡계곡이라고 한다.

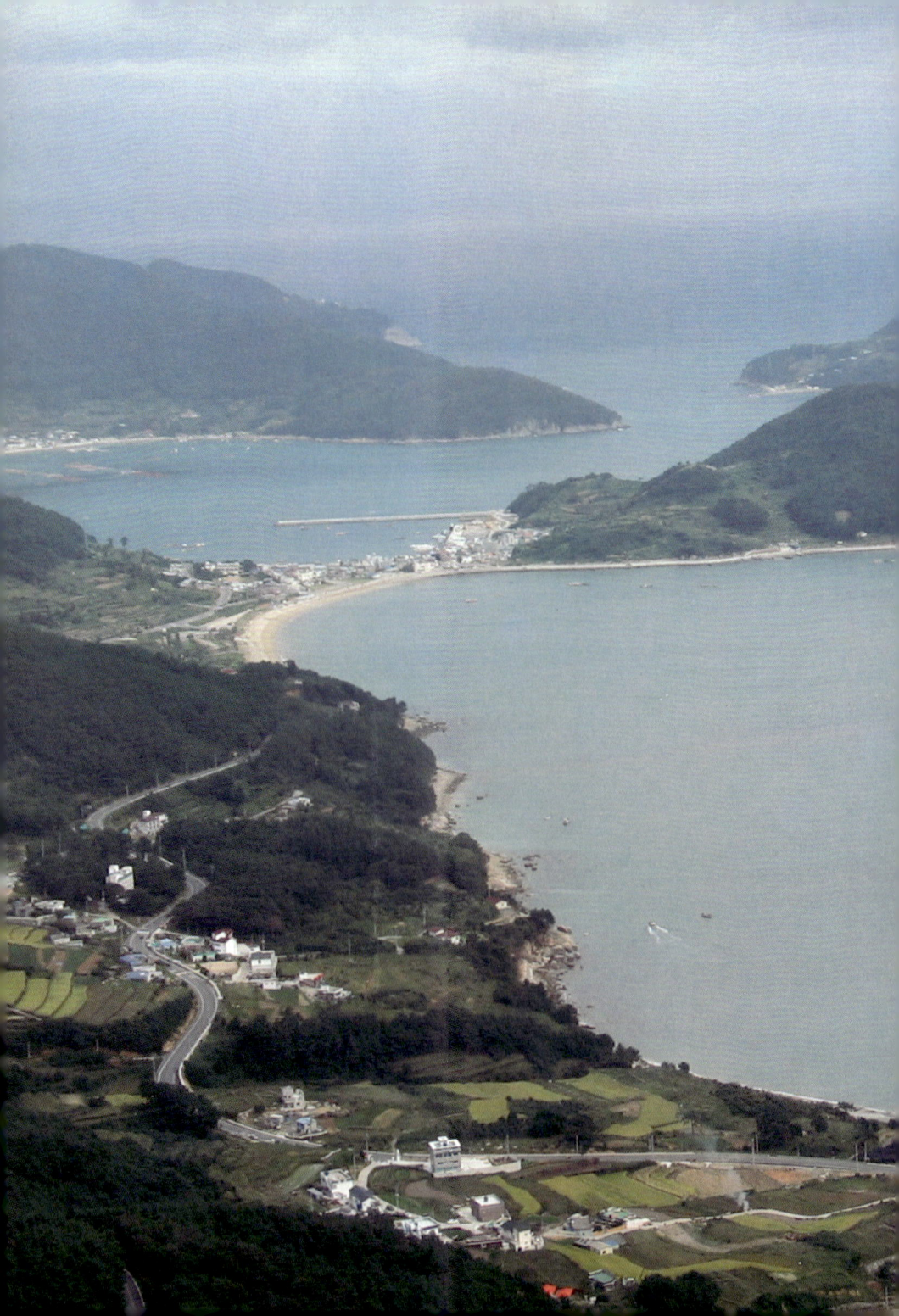

**내도와 외도 전경** 망치마을에서 바라본 모습이다. 한가운데 거북 모양의 작은 섬이 내도이고 그 뒤로 외도가 보인다.

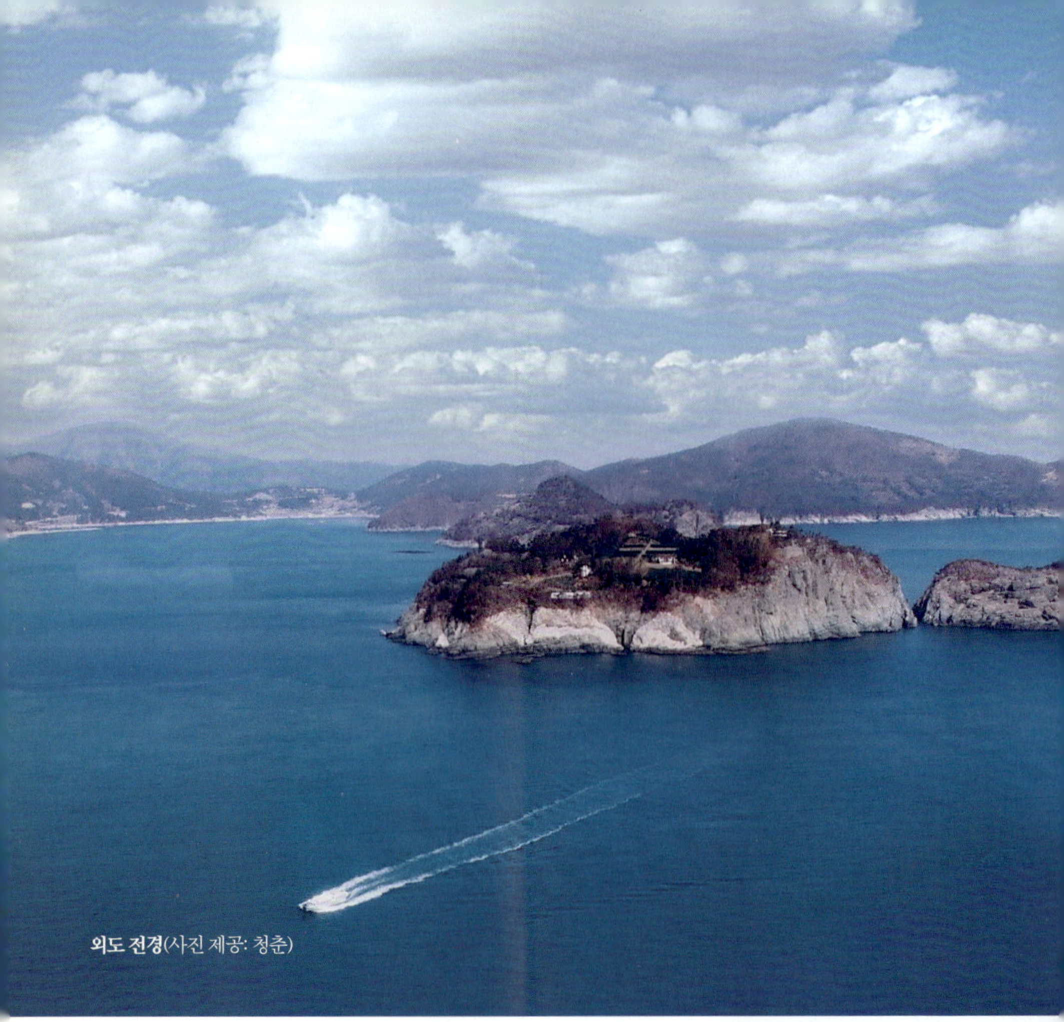

외도 전경(사진 제공: 청춘)

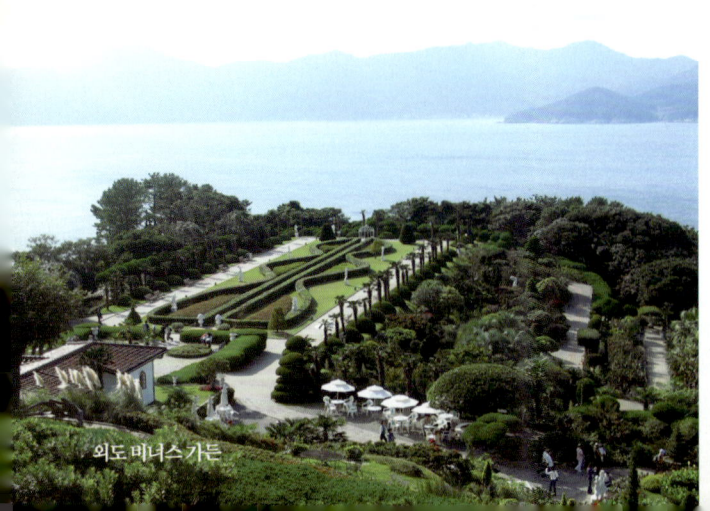

외도 비너스 가든

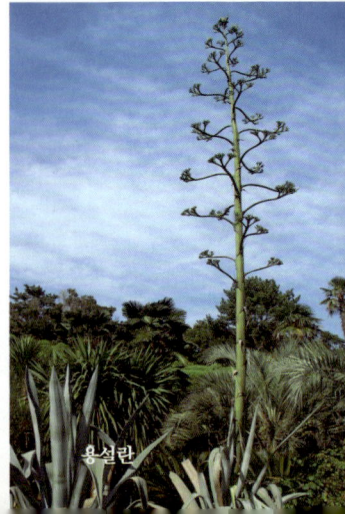

용설란

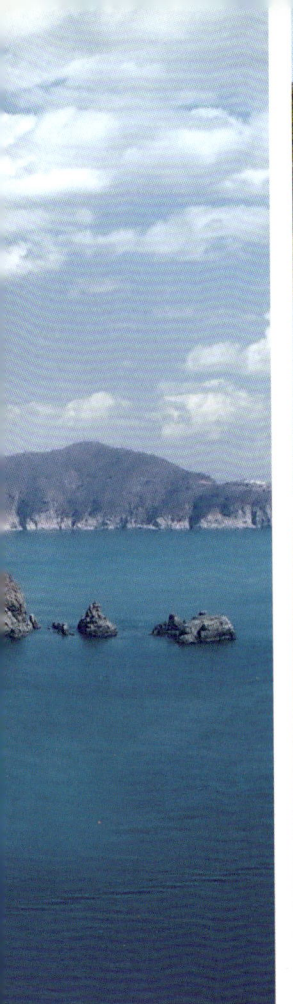

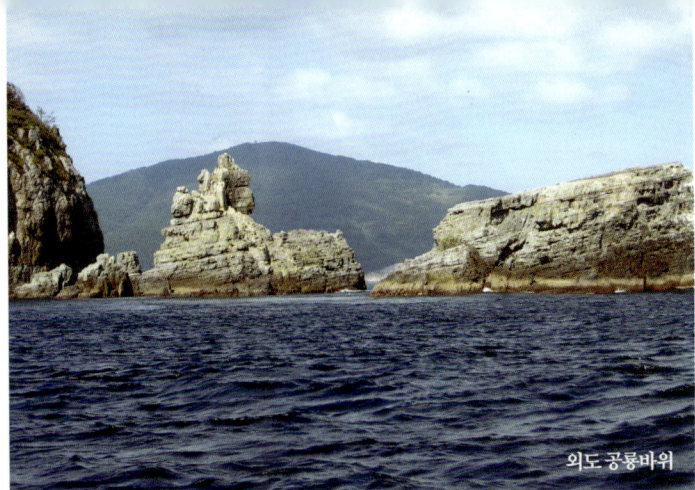

외도 공룡바위

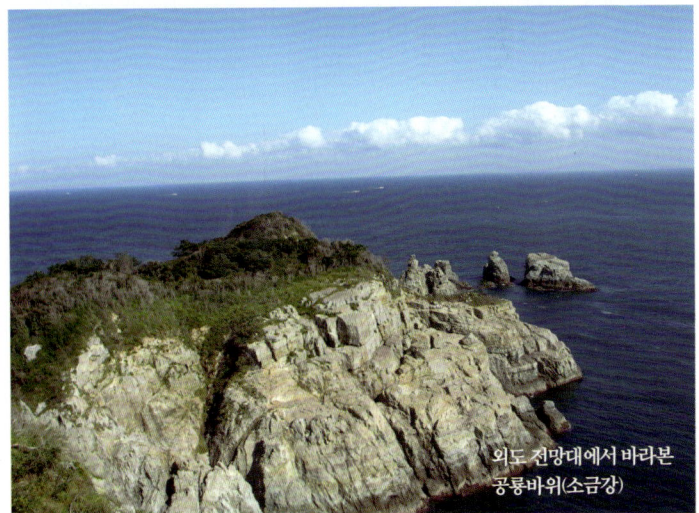

외도 전망대에서 바라본
공룡바위(소금강)

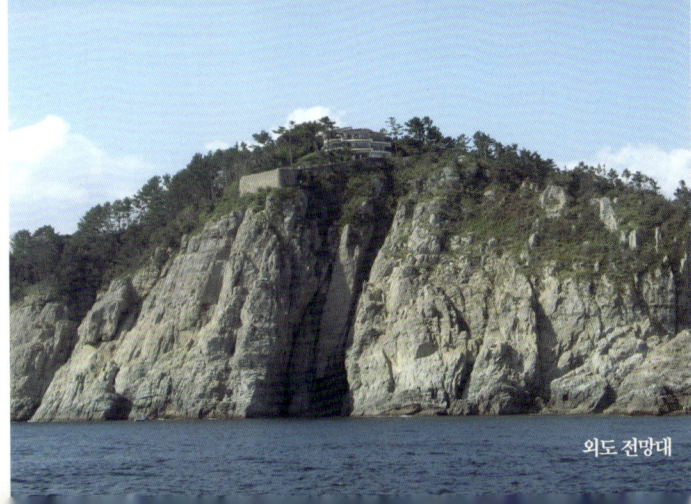

외도 전망대

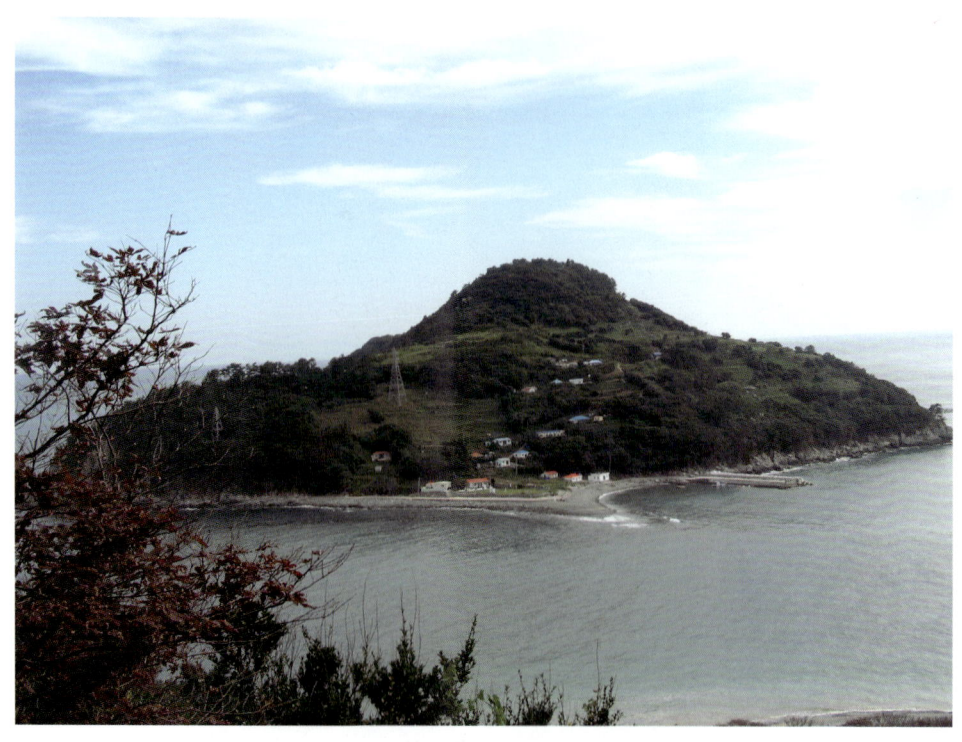

**공고지에서 본 내도 전경** 거북이 모습의 내도는 남자 섬인 외도를 향해 기어가는 모습을 하고 있다. 마을 앞으로 작은 몽돌해수욕장인 섬치해수욕장이 있으며 섬 둘레는 깎아지른 절벽과 아름다운 갯바위로 이루어져 있다.

이 계곡의 한 부분에 공룡 발자국이 있기 때문이다.

섬 주변은 절벽으로 되어 있고, 섬의 동쪽에는 여러 모양의 바위들이 있어 해금강 못지않게 아름다운 곳이라 소금강이라고 부른다. 특히 공룡바위에는 욕심 많은 용에 대한 이야기가 전해 오는데, 바다를 지배할 수 있는 힘을 가진 여의주를 두 개 가진 욕심 많은 공룡이 하나를 버리지 못해 영원히 바위가 되었다는 전설이다. 외도를 가는 유람선은 장승포, 와현, 구조라, 학동, 도장포, 해금강에서 출발하고 있다.

여자 섬인 내도는 서이말 등대에서 보거나 망치에서 도장포까지 가는 해안도로에서 보면 거북이 모습을 하고 있다. 거북이 모습의 내도는 남자 섬인 외도를 향해 기어가는 모습을 하고 있다. 내도에 가는 길은 구조라에서 하루에 세 번 배가 운항하고 있다. 섬의 둘레는 약 3킬로미터인데 깎아지른 절벽과 아름다운 갯바위로 이루어져 있고, 많은 낚시꾼들이 이곳을 찾고 있다. 이곳도 외도처럼 동백나무와 후박나무 등의 상록수림으로 채워져 있다. 예전에 내도초등학교가 있던 곳에는 패총이 있는데, 1973년 발견되어 학계에 알려졌다. 마을 앞에는 작은 몽돌해수욕장인 섬치해수욕장이 있다.

### 산달도

산달도(山達島)는 거제면 법동리에 있는 섬이다. 섬에는 세 개의 봉우리가 있는데, 계절마다 달이 솟아오르는 곳이 달라 삼달이라고 한 것이 산달이 되었다고 한다. 조선 성종 때에는 거제 칠진에서 수군을 훈련하는 장소로 쓰였다고 한다. 산달도는 예전부터 거제만을 지켜 남해안을 보호하는 역할을 하였다. 거제도에서 세 번째 크기이며, 사람들이 사는 곳은 동쪽의 후등마을, 서쪽의 전등마을이다. 1969년에 선사시대의 패총이 발견되었고, 섬을 감싸는 바다는 청정해역으로 굴 양식을 많이 하고 있다.

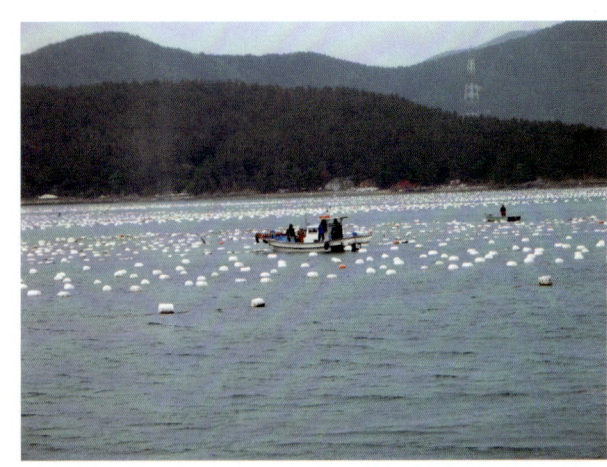

**산달도 굴 양식장**  산달도는 거제도에서 세 번째로 큰 섬이며, 섬을 감싸는 바다는 청정해역으로 굴 양식을 많이 하고 있다.

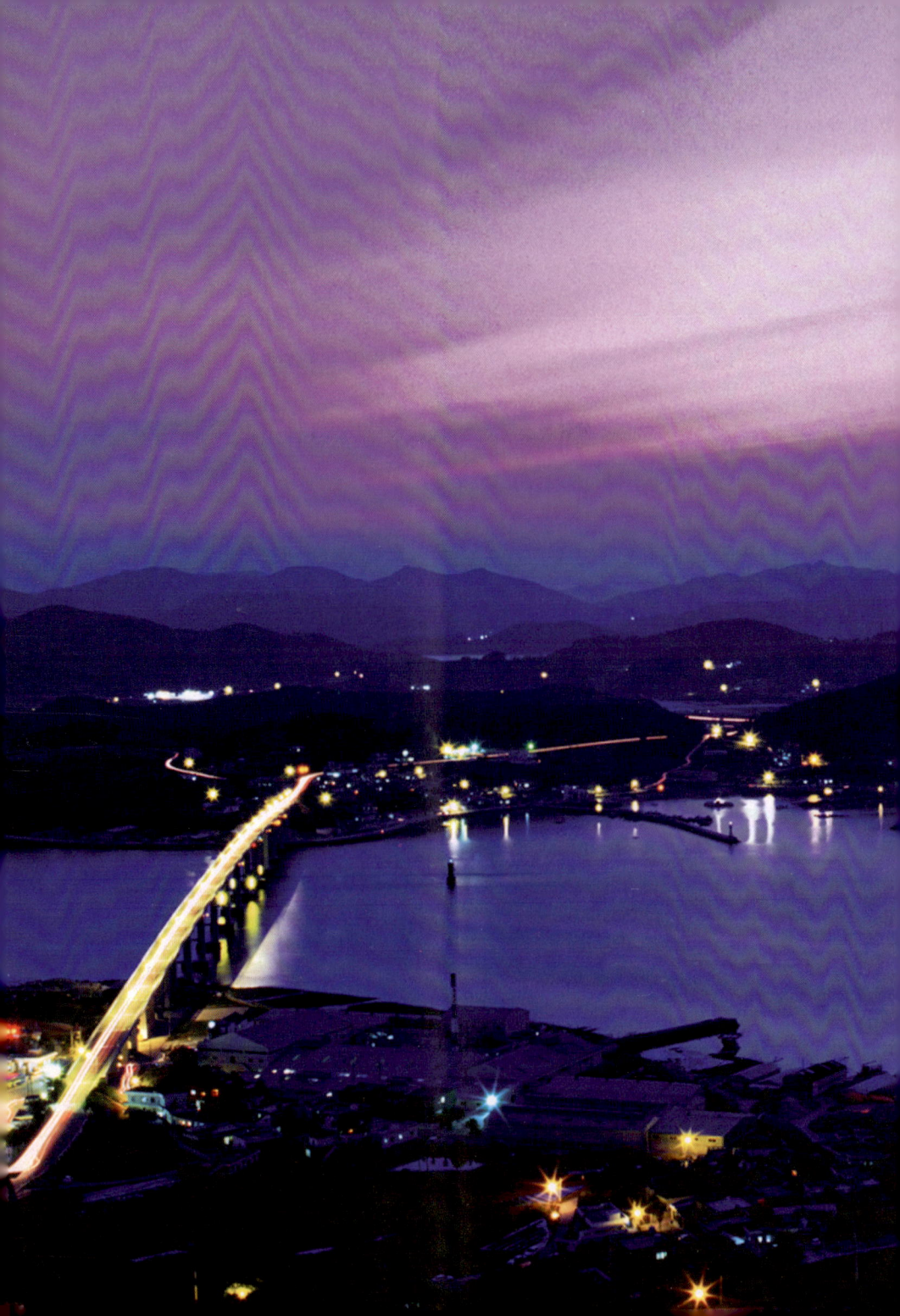

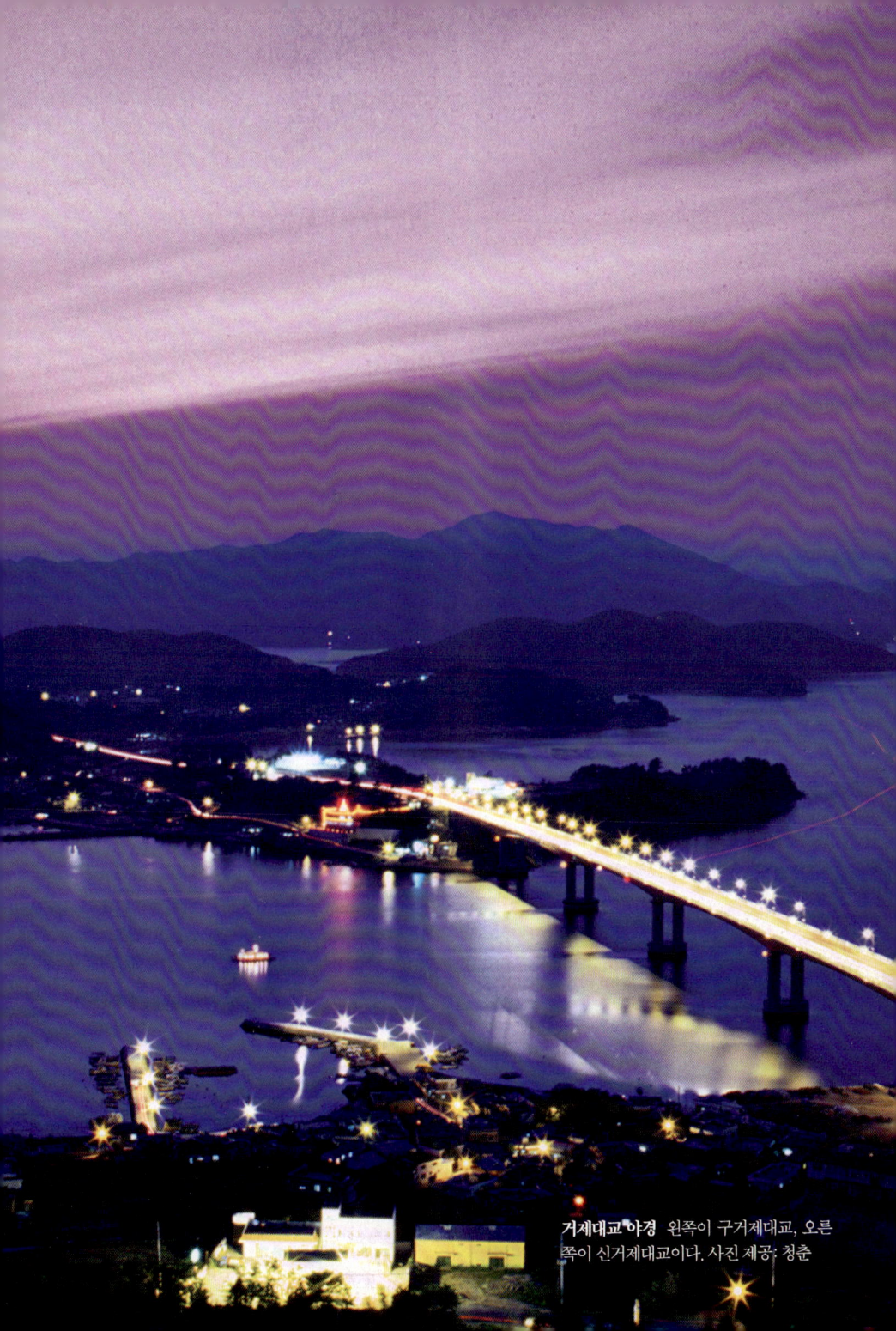

**거제대교 야경** 왼쪽이 구거제대교, 오른쪽이 신거제대교이다. 사진 제공: 청춘

# 볼 거리 가득한 섬, 거제도

거제도는 해안선 700리마다 볼 거리와 이야깃거리가 가득한 섬이다. 그래서 가까운 지역들로 묶어 크게 5개 권역으로 나누고 가볼 만한 곳을 선정해 보았다. 때로는 해안선을 따라가면서 때로는 고개를 넘어가면서 인근 지역을 순서대로 살펴보았다.

## 서부권(둔덕면, 거제면, 사등면)

거제대교를 지나 둔덕면 방향으로 가는 해안선을 따라 견내량을 지나면 한산도 옆에 있는 화도(花島)라는 섬을 만나게 된다. 원래는 꽃이 많은 섬이라 붉섬〔赤島〕이라고 하였지만, 일설에는 이순신 장군이 적군에게 우리 군사가 많음을 보이기 위해 밤에 불을 피웠다는 이야기도 있고, 한산도대첩 때 섬에 불을 질러 밝힌 다음 왜군을 무찔렀다고 하여 화도(火島)로도 부른다.

도로를 따라가면서 호곡마을에서 한산도 방향으로 바라보면 섬이 하나 있는데, 이것이 소녹도(小鹿島)이다. 녹도는 사슴의 모양을 닮아 있고, 호곡은 폐왕성이 있는 우두봉(牛頭峰)의 산자락이 서쪽 바다로 급하게 내려와 녹도를 잡아먹을 듯이 마주 본다고 하여 범골 즉 호곡이다.

하둔마을의 도로변에서는 가로수로 심은 해당화를 만날 수 있다. 해당화는 온몸에 가시를 가진 장미과 식물로 꽃은 5~7월에 피는데 붉은 자줏빛이

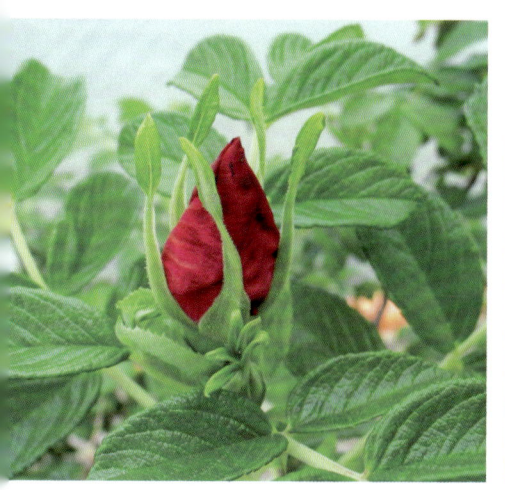
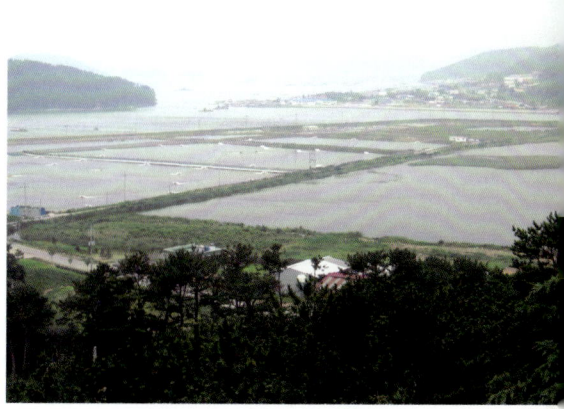

**둔덕면 해당화(왼쪽)와 보리새우 양식장(오른쪽)** 둔덕면 하둔마을에서는 5~7월에 도로변에서 붉은 자줏빛 꽃을 피우는 해당화를 만날 수 있고, 거제도에서 제일 큰 간석지에는 보리새우 양식장이 있어 많은 사람들의 미각을 돋운다.

다. 향기가 진하여 향수 원료로 사용되고, 열매는 약용 또는 식용으로 사용한다. 하둔마을에는 유치환시비와 청마교가 만들어져 있는데, 특히 청마교는 하둔과 거제도에서 제일 큰 간석지를 연결하고 있다. 이 간석지에는 보리새우 양식장이 있어 많은 사람들이 미각을 돋우기 위해 찾고 있다.

하둔마을에서 북쪽으로 도로를 따라가면 둔덕면 거림, 산방, 시목으로 갈 수 있다. 거림에 가면 폐왕성과 산방산을 만날 수 있다. 산방산 아래 방하마을에는 청마 유치환의 생가가 있고, 폐왕성을 오르는 길에 고려 때 치소(治所)의 역할을 하였던 기성현 터를 살펴볼 수 있다.

혹자는 거제도를 유배의 땅이라고 한다. 거제대교가 만들어지기 전에는 교통이 불편하여 이곳에 부임을 하는 사람들은 유배 간다고 할 정도였고, 실제로 유배지로도 자주 거론되었다. 조선시대에 이곳에 유배 온 사람으로는 연산군 시절 우찬성 벼슬을 지낸 최숙(崔㵘)과 숙종 시절 송시열(宋時烈)이 있으며, 고려시대에는 1170년 정중부 등이 일으킨 무신의 난으로 폐위된 의종이 이곳으로 쫓겨 왔다.

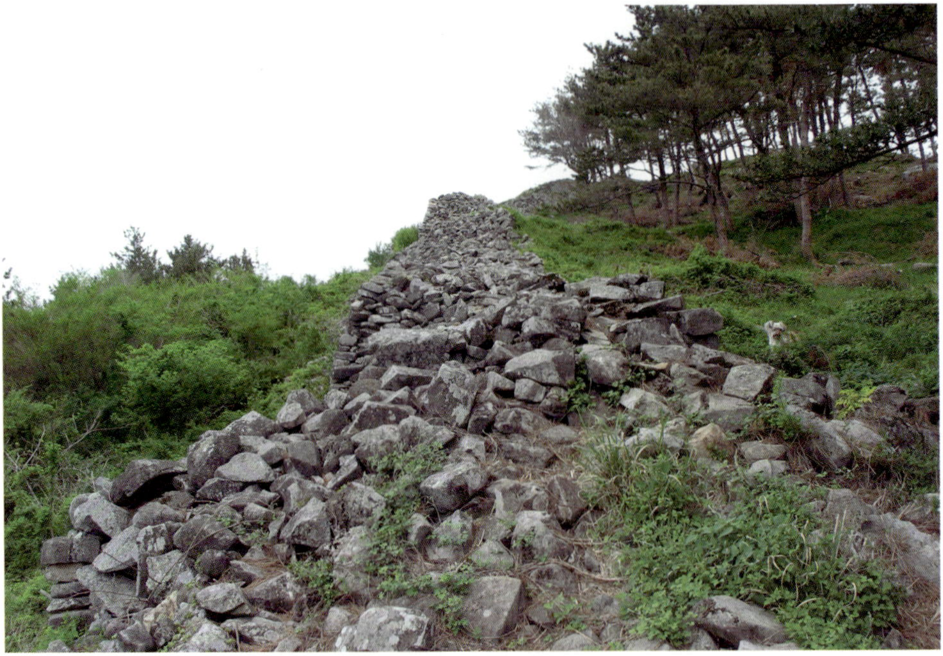

**폐왕성 성루(위)와 우물 터(아래)**  고려시대에 무신의 난으로 폐위된 의종이 쫓겨 와서 쌓은 성이다. 1170년에 축조된 산성이며 성내에는 천지못이 있어 사철 물이 흘러나오고, 북쪽에는 기우제와 산신제를 모시는 제단이 있다.

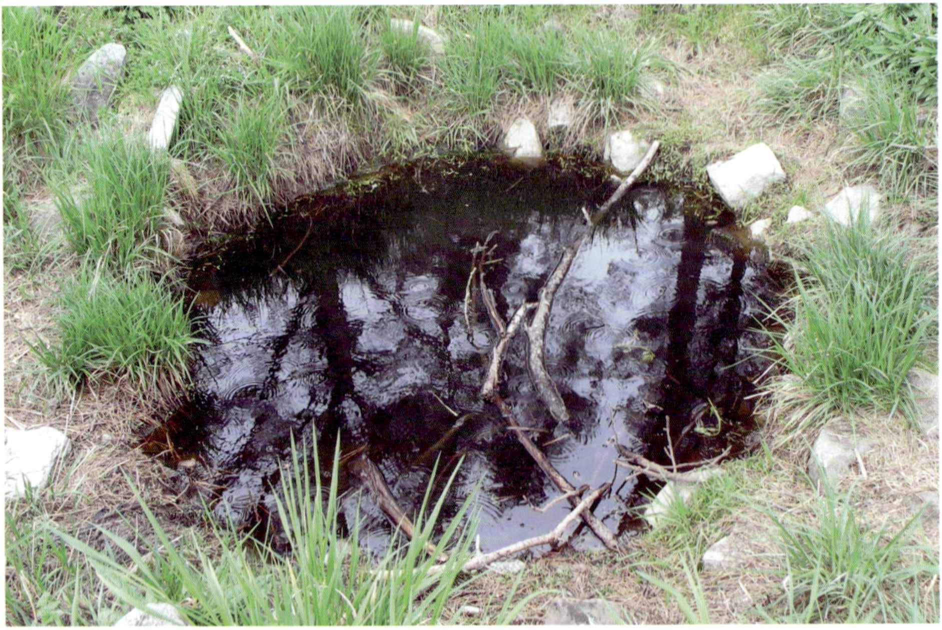

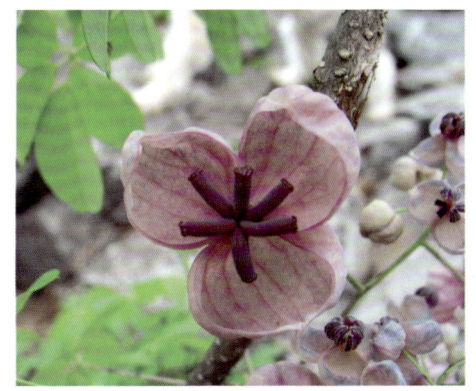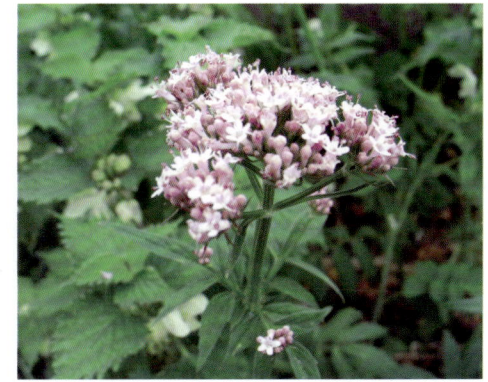

**폐왕성에 서식하는 으름덩굴(왼쪽)과 쥐오줌풀(오른쪽)**

　의종이 유배 왔을 당시 거제도는 진주목의 기성현이었는데, 현의 중심지는 지금의 둔덕면 거림리였다. 그는 이곳에 기성(현 폐왕성)을 쌓고 명종 3년(1173)에 동북면병마사 김보당(金甫當)이 왕의 복위를 꾀하자 경주로 거처를 옮긴다. 그곳에서 이의민(李義旼)에 의해 시해되니, 왕이 쌓았던 기성을 폐왕성(廢王城)이라 부르게 되었다. 폐왕성은 길이 640미터, 높이 8미터로 둔덕면 우두봉에 있는데, 1170년에 축조된 산성이다. 성내에는 천지못이 있어 사철 물이 흘러나오고, 북쪽에는 기우제와 산신제를 모시는 제단이 있다. 의종이 이곳에서 농사를 지으며 살았다는 증거로 농사와 관련된 농막리, 둔전, 목장과 관련된 마장, 시막이라는 지명이 있다.

　의종의 회한이 서린 폐왕성 내에는 곰솔이 주로 자라고 있고, 쥐오줌풀, 광대수염, 줄딸기, 칡, 싸리냉이, 으름덩굴, 인동덩굴 등이 어울려 자라고 있다. 거림에서 올라가는데, 자가용으로 10분, 걸어서는 1시간이 걸린다. 근래에 무너진 성벽을 보수하기 위해 발굴하는 과정에서 폐왕성은 삼국시대부터 있었다는 것이 밝혀졌다.

　폐왕성을 둘러보고 방하마을로 가면 산방산 아래에 있는 유치환 생가를 만날 수 있다. 작은 초가집에 다양한 농기구들이 전시되어 있는 생가를 보면 아름다운 시심은 소박한 생활 속에서 나옴을 느낄 수 있다. 시간이 허락된다

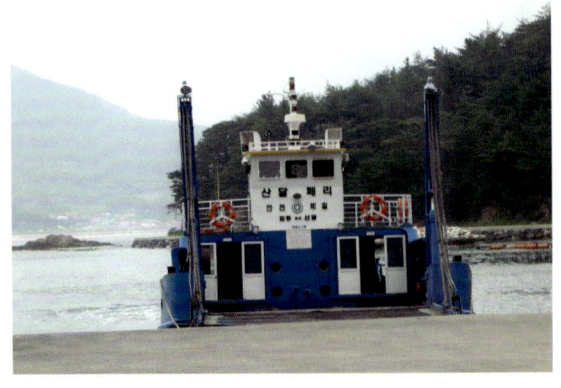

**산달페리호** 고당마을에서 산달도로 가는 카페리로 매 시간 운항하며 시간은 15분 정도 소요된다.

면 거제의 문필봉인 산방산을 올라 보는 것도 좋다. 정상까지 1시간이 걸리는데, 정상 부근에는 석굴, 오색토가 있고, 거제만이 한 눈에 들어온다.

다시 길을 돌아 나와 하둔에서 간석지의 왼쪽으로 난 도로를 따라 해안선을 돌아가면 어구마을이 나온다. 한산도와 추봉도가 파도를 막아 잔잔한 이곳에서는 굴과 멍게 및 어류(참돔, 감성돔, 농어, 우럭) 양식장이 펼쳐져 있다. 한산도로 들어가는 카페리가 매 시간마다 운항되고 배에 자가용을 싣고 한산도로 갈 수가 있다.

아지량을 지나 고당마을에 가면 산달도로 가는 카페리가 매 시간마다 운항되고 있는데, 자가용을 싣고 갈 수 있다. 산달도는 전등, 후등, 실리 등 3개의 자연부락으로 이루어져 있는데, 성종 1년(1470)에는 거제 칠진을 두고 이곳에 수군절도사를 두어 칠진을 통할하였다. 산달도와 어구 부근은 청정해역으로 거제도에서 가장 큰 굴 양식장이 위치하고 있다.

고당마을을 지나 소량, 내간마을을 지나면 외간마을이 나오는데, 이 마을에는 도지정기념물 외간 동백나무가 있다. 높이가 17미터로 나이는 500년으로 추정하고 있으며 두 그루의 동백나무가 마치 암나무, 수나무처럼 서로 마주 보고 있다. 동백나무는 사유지에 위치하여 팻말 하나만 붙어 있고 주변이 정비되지 않았다. 그러나 동백나무 주위에 밭의 경계를 이루기 위해 만든 돌담이 자연스러운 아름다움을 뽐내고 있다. 특히 마을 뒷산에 있는 마을의 당숲은 모양이 특이하고 규모가 커서 이를 살펴보는 것도 의미 있는 일이 될

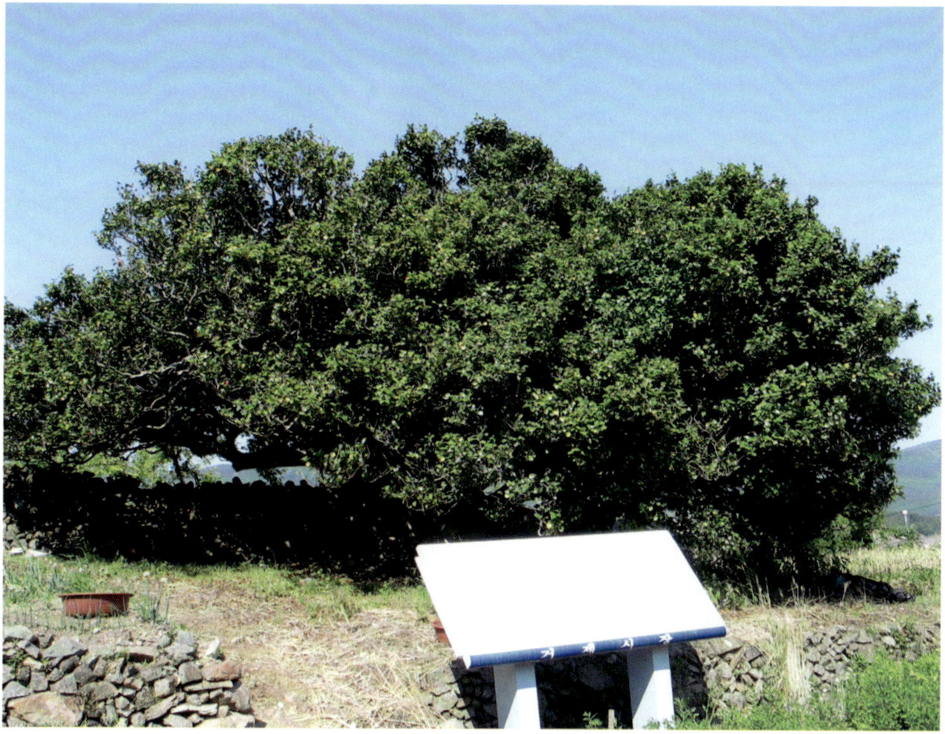

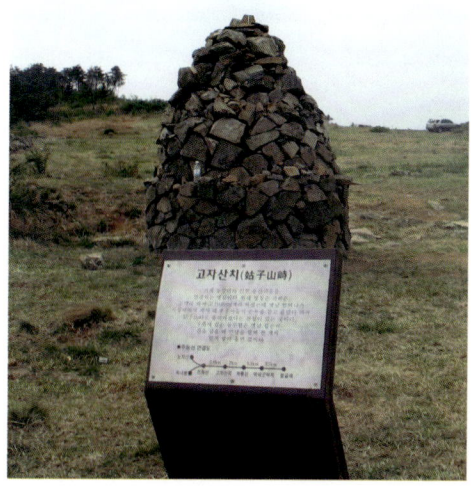

**외간 동백나무** 높이가 17미터로 나이는 500년으로 추정하고 있으며 두 그루의 동백나무가 마치 암나무, 수나무처럼 서로 마주 보고 있다.(위)

**고자산치 고갯마루** 계룡산과 선자산의 중간에는 고현에서 거제면으로 넘어가는 고개가 있는데, 이 고개의 이름이 고자산치이다. 경사가 심하여 가마나 말이 다니기조차 힘들었다고 한다. 근래에는 이곳에 소를 방목하여 소똥벌레를 흔히 볼 수 있다.(오른쪽)

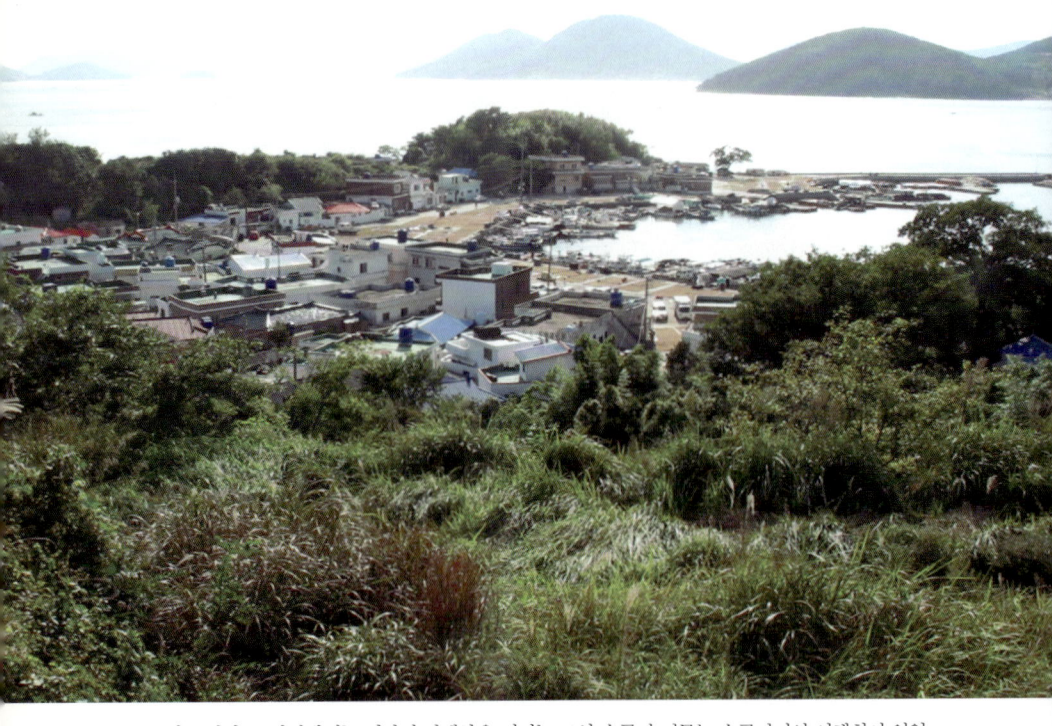

**죽림포 전경** 조선시대에는 경남의 남해안을 지키는 조선 수군이 머무는 수군기지인 어해청이 있었다. 대우 옥포조선소에서 조성한 인공 해수욕장이 있으며, 굴 양식과 굴 구이가 유명하다.

것이다.

거제면소재지에는 조선시대 거제부의 관아가 있었다. 지금도 이곳에는 거제부의 부속 건물인 기성관, 질청, 거제향교, 반곡서원, 옥산금성 등이 있다. 옥산금성은 계룡산을 넘어 신현읍으로 가는 고자산치 고개의 입구에 있는데, 차가 입구까지 올라간다.

거제면에는 죽림해수욕장이 있는데, 이곳은 굴 양식과 굴 구이가 유명하다. 조선시대에는 경남의 남해안을 지키는 조선 수군이 머무는 수군기지인

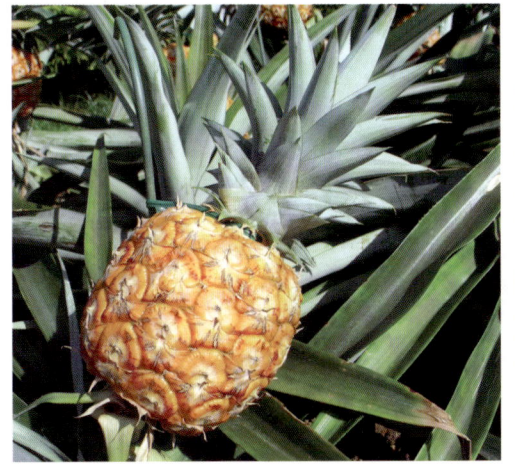
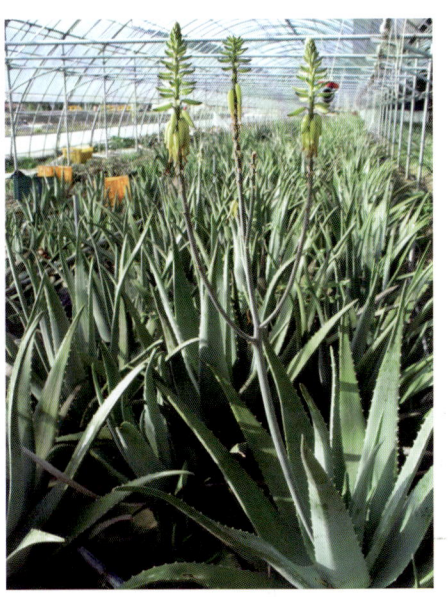
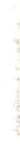

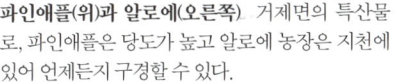
**파인애플(위)과 알로에(오른쪽)** 거제면의 특산물로, 파인애플은 당도가 높고 알로에 농장은 지천에 있어 언제든지 구경할 수 있다.

어해청(御海廳)이 있었고, 특히 죽림포 당집을 둘러보는 것도 의미가 있다. 죽림해수욕장은 대우 옥포조선소에서 사원들의 휴양지로 조성한 인공 해수욕장인데, 섬진강의 모래를 실어 와서 조성한 해수욕장으로 썰물에 드러난 거머리말 군락이 장관이고, 콩게가 서식하고 있다.

거제면의 특산물로 파인애플과 알로에가 있다. 파인애플은 당도가 높고, 알로에 농장이 지천에 있어 언제든지 구경할 수 있다.

거제면소재지에서 북쪽으로 길을 잡아 산을 넘으면 14번 국도를 만나는데, 사곡삼거리이다. 이곳에서 거제대교 방면으로 가면 사등성이 나타나는데, 사등이라는 이름은 모래가 많아서 붙여졌다. 사등성은 거제도에서 가장 오래된 평지성으로 옛 독로국의 치소로 알려져 있다. 성은 대체로 보존이 잘 되어 있다.

성포(城浦)에는 가조도로 가는 성포 선착장이 있다. 한때 성포는 부산에서 여수로 가는 카페리의 정박지로서 거제 뱃길의 중심 역할을 하였다. 그러나 지금은 성포항 앞에 있는 가조도로 가는 카페리만이 시간에 맞춰 출항하고 있다. 가조도는 고려와 조선시대에 말을 사육하는 장소였다. 도선에 차를 실고 가조도에 도착하여 섬을 한 바퀴 도는 데 40분이 걸리는데, 성포 앞바다는 우리나라 최대의 피조개 채묘장이다.

성포를 지나면 4차선 도로 옆에서 지석묘를 만날 수 있는데, 이곳이 청포마을이다. 이 마을 앞에는 홀어머니를 봉양하기 위해 풍랑 속에 고기를 잡다가 죽은 형제가 환생하였다는 형제도(兄弟島)가 있다. 거제대교에 이르기 전, 오량성을 만날 수 있는데, 조선시대에 오량역이 있었던 곳으로 성안에는 오량숲이 있고, 성의 모습은 잘 유지되어 있는 편이다.

**가조도 선착장** 성포에서 가조도로 가는 카페리가 매 시간 운항하며 5분 정도 소요되는데, 가조연륙교가 완공되면 운항이 정지되게 된다.

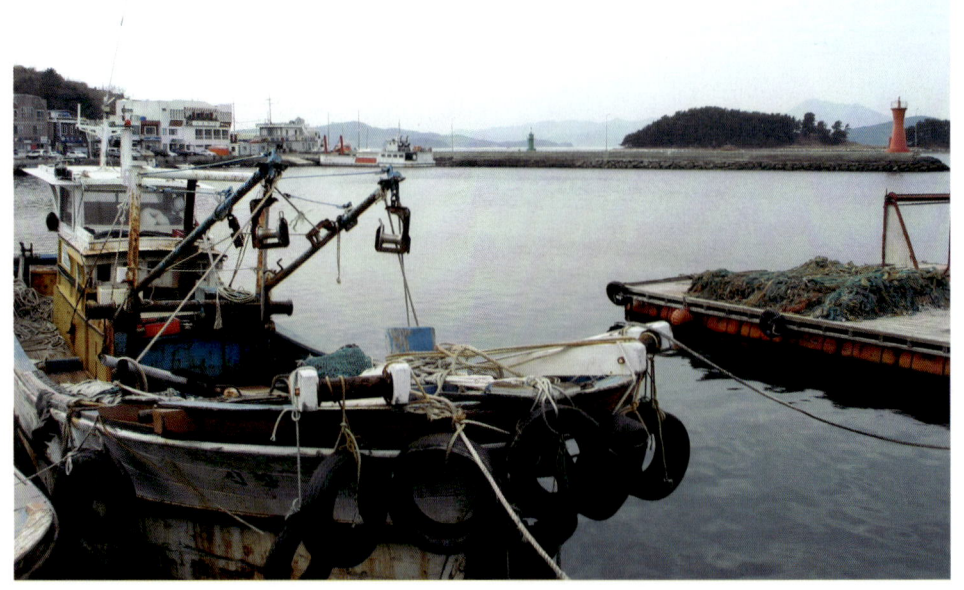

## 남부권(동부면, 남부면)

　동부면소재지를 스쳐 지나가는 산양천(13.7킬로미터)은 구천댐과 동부저수지에서 내려오는 물이 거제만으로 들어가는 하천으로, 봄이면 특별히 입맛을 돋우는 뱅어가 나타난다. 뱅어는 죽으면 몸의 색깔이 희게 변하기 때문에 사백어라고도 한다. 산양천은 거제도에서 가장 긴 하천으로 뱀장어와 은어 및 참게가 많이 올라오고 있다.

　연담삼거리에 가기 전에 거제자연예술랜드가 있어 다양한 종류의 식물

**거제자연예술랜드 내부** 이곳에서는 다양한 종류의 식물과 거제자생식물을 만날 수 있으며, 특히 난 공원에서는 난뿐만 아니라 수석, 목공예품, 분재, 아열대식물 등을 전시하고 있다.

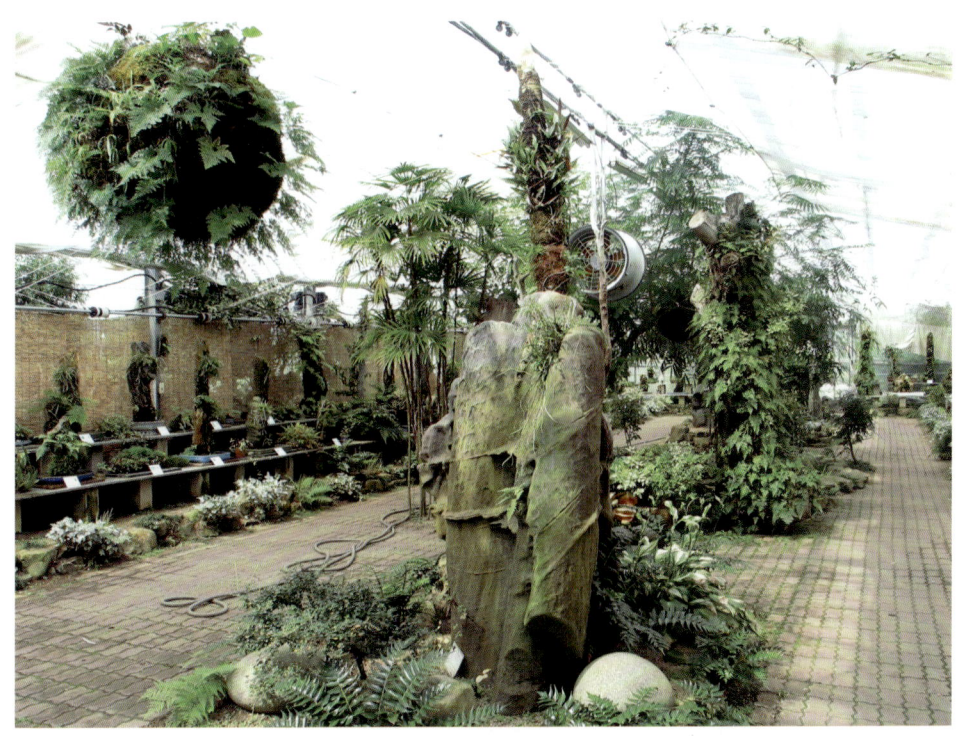

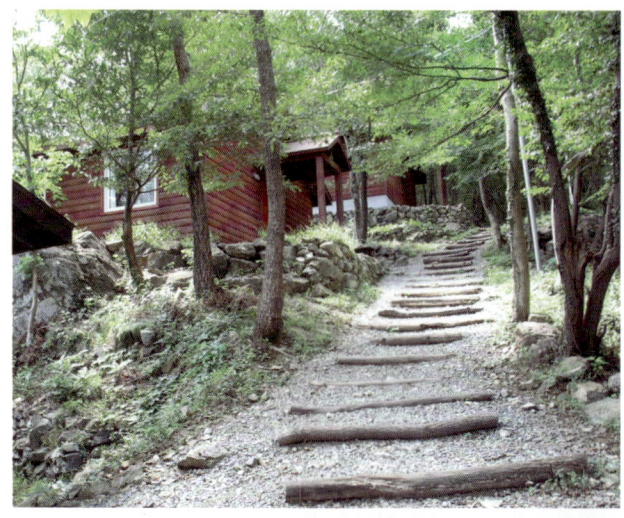

**노자산자연휴양림(왼쪽)과 학동해수욕장 전경(아래)** 노자산자연휴양림은 고로쇠나무가 자라는 계곡 옆에 위치하고 통나무집이 있어 휴양을 즐기기에 좋을 뿐 아니라 학동해수욕장이 가까이에 있어 해수욕도 즐길 수 있다.

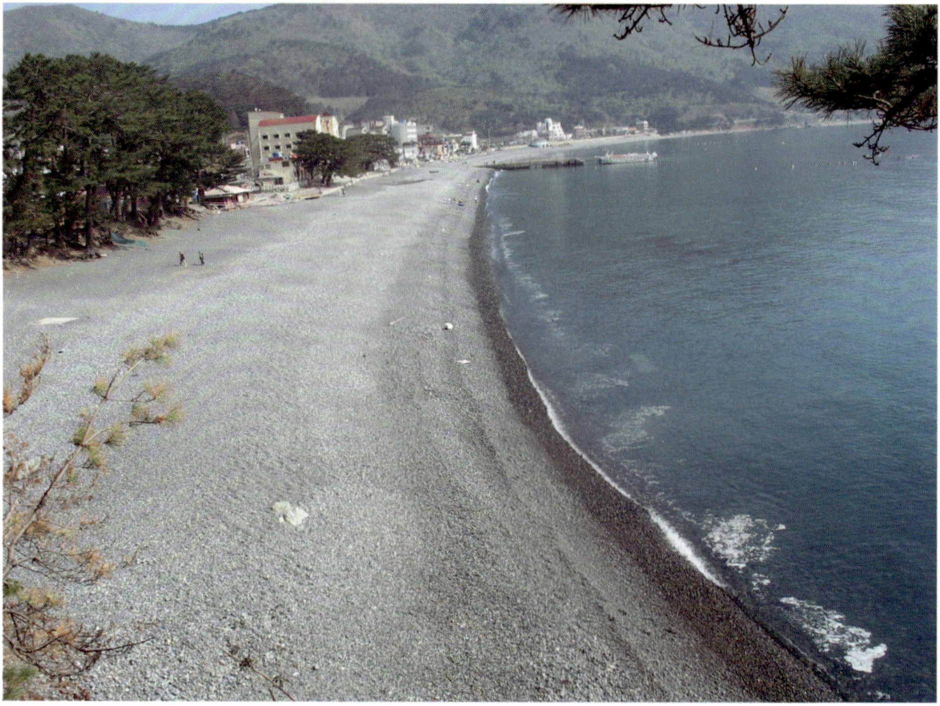

과 거제자생식물을 만날 수 있다. 특히 이곳의 난 공원에서는 난뿐만 아니라 수석, 목공예품, 분재, 아열대식물, 야생화를 전시하고 있다.

연담삼거리에서 학동으로 가면 노자산자연휴양림을 만날 수 있다. 휴양림은 등산로, 야영장, 통나무집, 방갈로 등 각종 편의시설이 준비되어 있어 가족 단위의 휴양객이 많이 찾고 있다. 학동고개는 굴곡이 심하여 위험하지만 고개 정상에 차를 세우고 바다를 바라보면 맑은 날에는 대마도가 훤히 내려다보인다.

학동은 몽돌해수욕장의 대명사로 사용되고 있다. 몽돌밭의 길이는 동백림 근처의 용바위에서 수산마을 입구까지 약 1킬로미터 정도이고, 파도의 영향에 따라 어떤 해는 큰 몽돌이, 어떤 해는 작은 몽돌이, 어떤 해는 펄이 쌓이기도 한다. 이곳에는 유람선 선착장이 있어 해금강과 외도 및 매물도로 갈 수 있다.

서쪽으로 도로를 따라가면 천연기념물 제233호인 학동 동백림과 팔색조 도래지를 만나게 된다. 동백림은 사단법인 생명의 숲에서 선정하는 '아름다운 숲 전국대회'에서 아름다운 마을숲(제1회, 2000년)으로 뽑히기도 하였다. 학동리는 학골이라고 하는데, 학이 많이 찾아온다고 붙여진 이름이라고도 하고, 마을의 뒷산이 마치 날아가는 학의 형상을 닮아서 붙여진 이름이라고도 한다.

함목해수욕장 옆에는 소나무 섬인 송도(松島)가 있는데, 송도 옆에서는 중생대에 만들어진 공룡 발자국과 새 발자국 및 여러 종류의 물결 화석을 관찰할 수 있다. 그리고 도장포(陶藏浦) 전망대에 서면 여차해변의 대소병대도 전경과 천선대가 보인다. 천선대는 하늘의 신선들이 내려와서 놀다 간 곳이라고 할 만큼 경관이 아름다운 곳이다. 천선대 옆에는 해금강테마박물관이 있어 1950~70년대의 생활상을 느낄 수 있게 한다. 해금강에는 갈곶도가 있는데, 갈곶도에는 춘란, 풍란 등 620종류의 식물이 자라고 있다. 해금강 입구

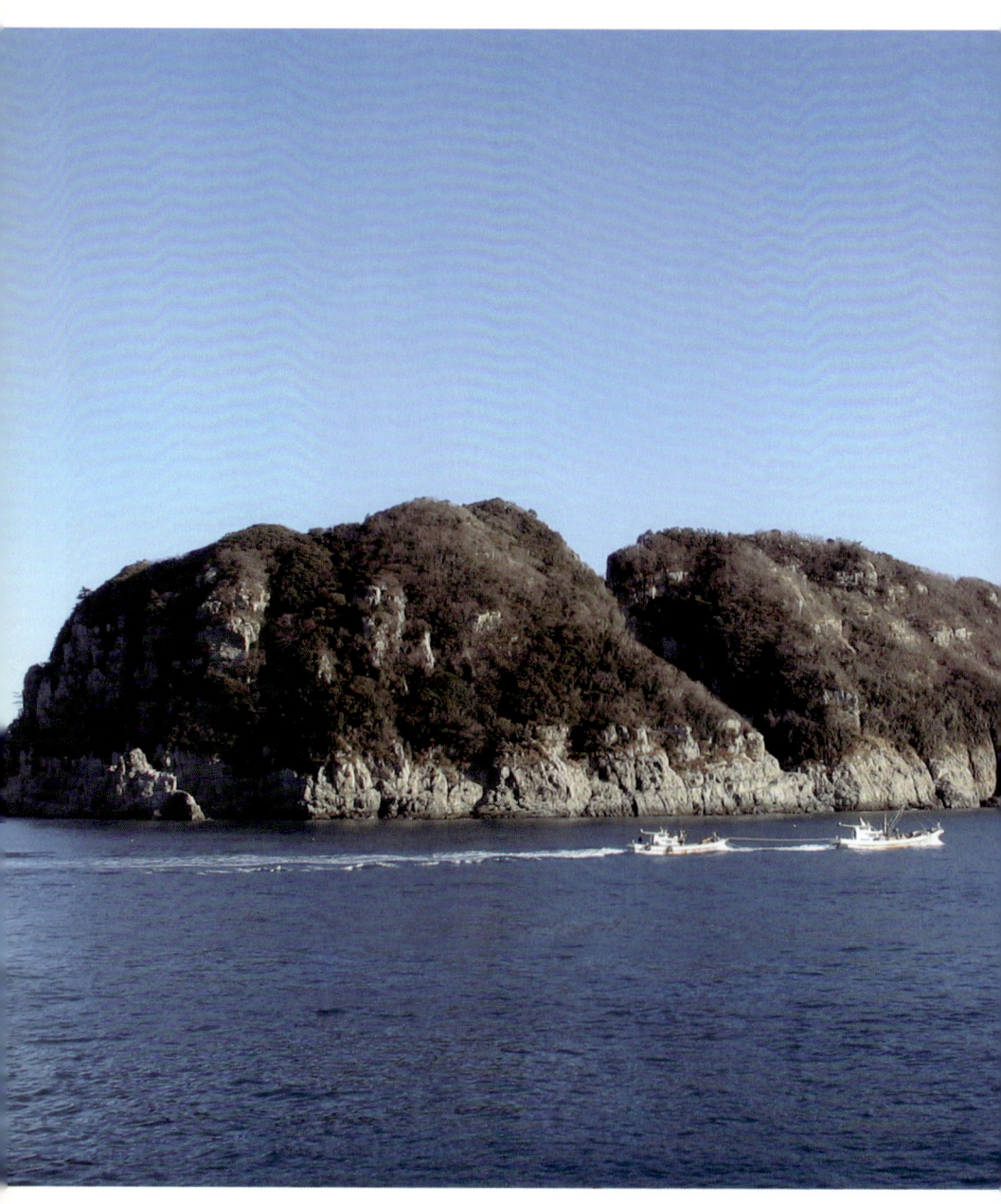

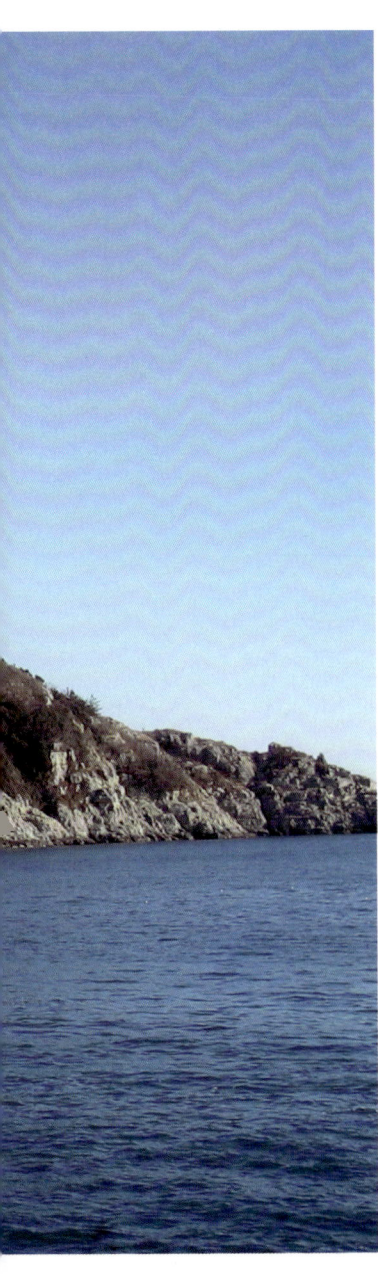

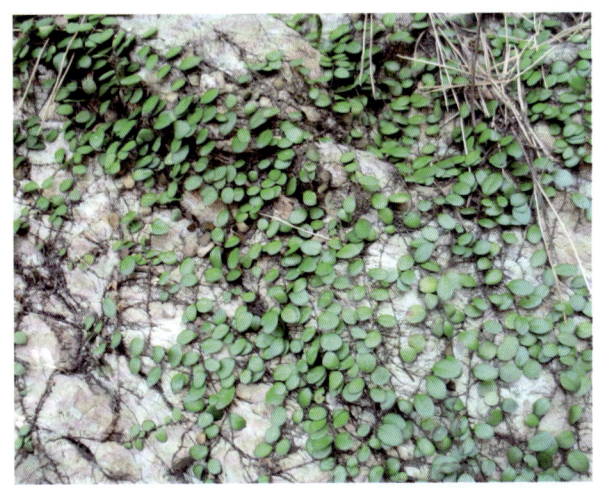

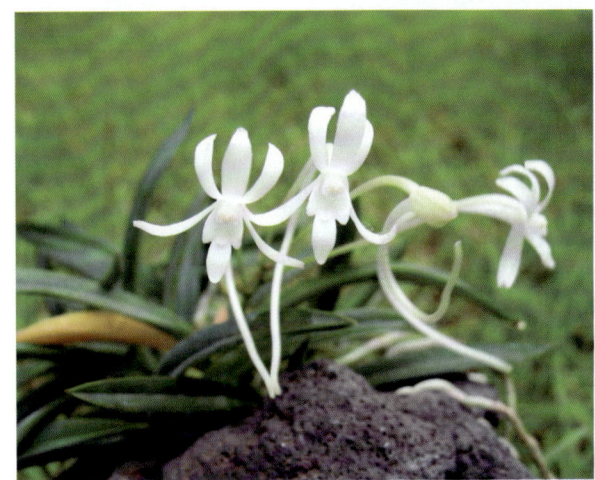

**해금강 갈곶도** 해금강을 이루는 주요 섬으로 춘란과 풍란 등 620 종류의 식물이 자생하고 있다. (왼쪽)

**갈곶도에 서식하는 콩짜개난(오른쪽 위)과 풍란(오른쪽 아래)**

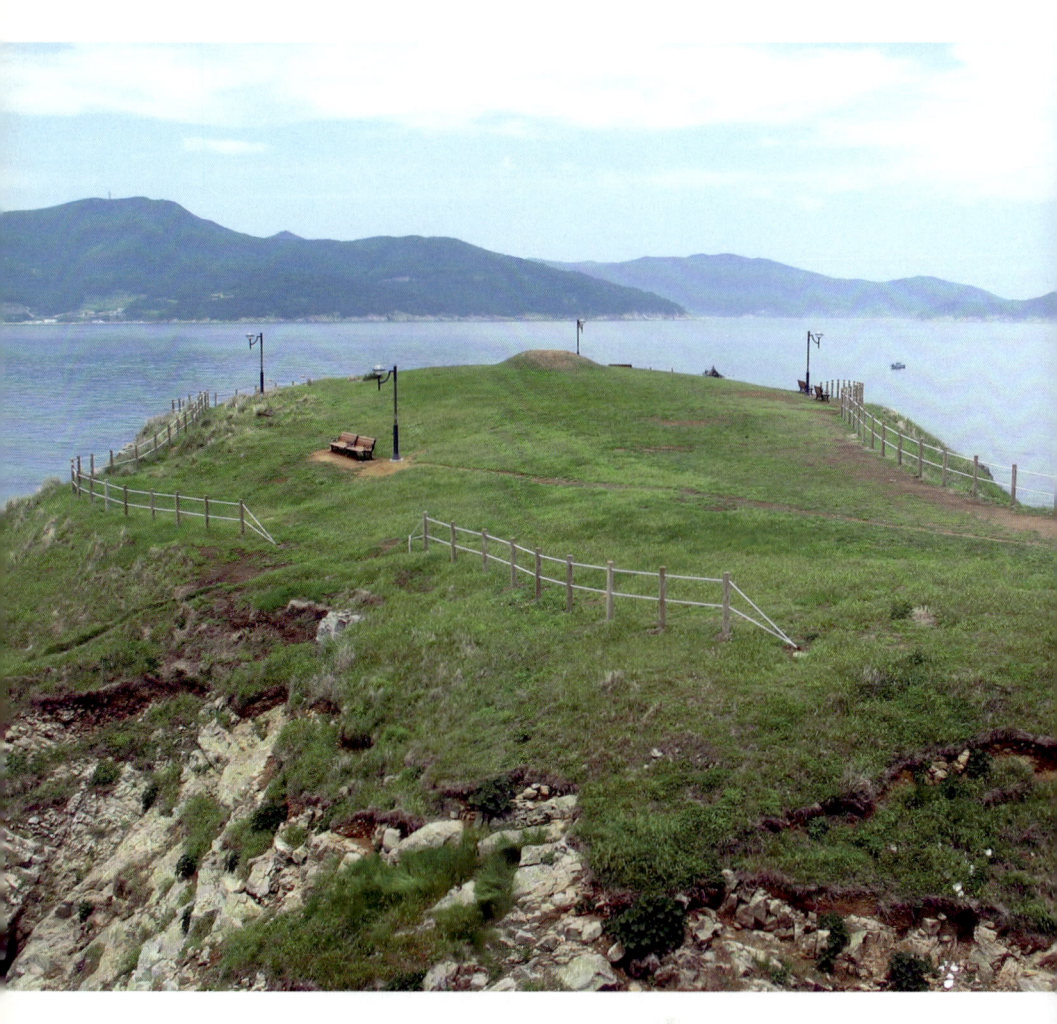

**도장포 '바람의 언덕'** 이곳은 내도와 외도의 경치를 잘 볼 수 있고 드라마 「회전목마」를 촬영한 곳으로 많은 사람들이 찾고 있다.

에서 제석봉 가는 길에는 아름드리 동백나무들이 거대한 숲을 이루고 있다. 이곳에는 유람선 선착장이 있어 해금강과 외도 및 매물도로 갈 수 있다.

다시 그 길을 돌아 나오면 도장포에 '바람의 언덕'이 있는데 이곳에서는 내도와 외도의 경치를 잘 볼 수 있다. '바람의 언덕'은 전망이 좋고, 휴식을 취할 수 있는 의자가 마련되어 있으며 드라마「회전목마」를 촬영하였기에 많은 사람들이 찾고 있다. 도장포는 원나라와 일본을 오가며 도자기 무역을 하던 배들이 파도가 잔잔한 이곳에 머물러 갔다 하여 이름이 붙여졌다. 이곳에도 유람선 선착장이 있어 해금강과 외도 및 매물도로 갈 수 있다.

가라산 줄기에는 둘레 395미터의 다대산성이 있는데, 고려시대에 만들어진 것으로 얼마 전까지 다대와 다포 사람들의 당산으로 이용되었다. 이 두 곳은 특히 임진왜란 때 이순신 장군이 처음으로 승리한 옥포대첩 전날 이순신함대 91척이 정박한 항구로서 역사서와 대동여지도에는 송미포(松未浦, 송변)로 나온다. 특히 다대에는 임진왜란 때 수군첨사를 두었다가 전쟁 후 부산으로 옮기게 된다. 그 후 거제도 다대를 '구다대', 부산 다대를 '신다대'라 한다.

다대와 다포마을 사이에 있는 다대갯벌에는 많은 바다 생물들이 살고 있다. 이곳에 넓게 펼쳐진 갯벌은 거제도에서 가장 큰 갯벌로 갯벌체험학습을 할 수 있는 좋은 장소이다. 또한 다포마을에는 1983년에 국립수산진흥원에서 광어, 전복, 보리새우 증식을 위해 만든 국립종묘배양장이 있다.

여차해변의 동쪽에 솟은 봉우리가 천장산이다. 이곳의 정상은 일제 강점기에 우리나라의 토지 측량을 하면서 대마도에서 가장 먼저 기준점을 잡은 곳이다. 또한 천장산 정상에는 러일전쟁에 대비하여 일본군이 만든 원형이 보존된 포대 진지가 있고, 일본이 국토 측량을 위해 설치한 도근 표석이 있다. 이곳 정상에서 바다 쪽으로 조심스럽게 내려가면 기암괴석으로 이루어진 다포도(多浦島)를 만나게 된다.

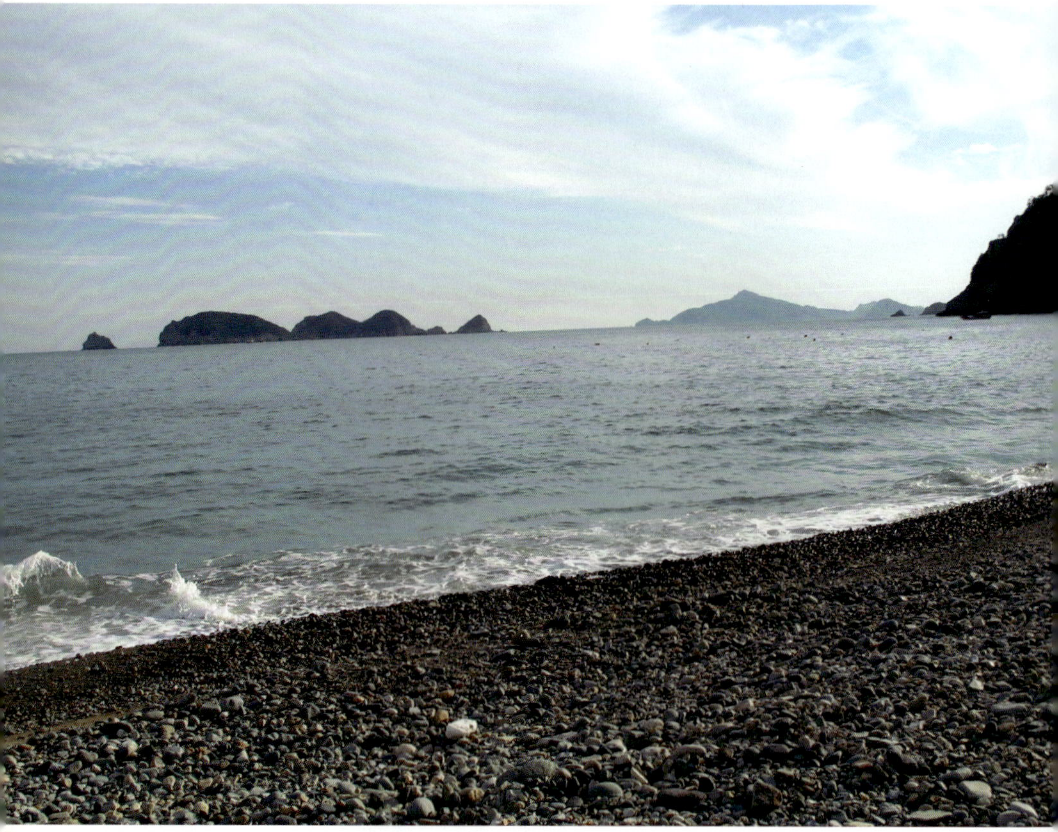

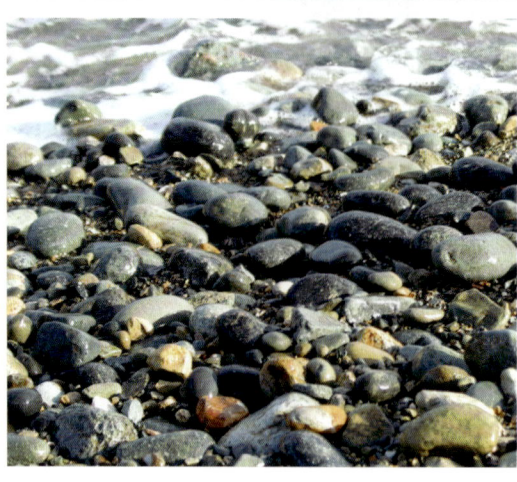

**여차몽돌해변과 몽돌**  거제도 해안 최
남단에 위치한 작은 포구인 여차마을에
는 400미터 길이로 몽돌해변이 넓게 펼
쳐져 있다.

여차마을은 거제도 해안에서 최남단에 위치한 작은 포구인데, 400미터 길이로 넓게 펼쳐진 여차몽돌해변과 동백림이 아름다운 곳이다. 여차(汝次)는 대소병대도를 바라보고 지키는 곳이라는 뜻을 가진다. 물이 맑고 깨끗한 청정해역으로 영화 「은행나무 침대」의 촬영지로 유명하고, 앞에 펼쳐진 대소병대도의 전경을 바라보는 것으로도 마음이 넉넉해진다. 천년의 사랑을 그린 「은행나무 침대」에서 궁중악사 종문과 미단 공주가 사랑의 아픔을 견디지 못하고 가야금을 물에 띄워 보낸 곳이며, 황 장군이 종문의 목을 자르는 장면을 촬영했던 곳도 이곳이다. 여차의 옛 이름은 계창개[鷄唱浦]이다. 천장산 아래에 닭바위가 있었는데, 어느 해 태풍 때 수탉바위가 부러진 후 암탉바위가 수탉을 그리워하며 슬픈 노래를 부른다고 이 이름이 붙여졌다고 한다. 남해에서 힘차게 밀려오던 파도가 갯바위에 부딪치는 소리를 닭의 울음소리에 비유한 것도 아름답지만, 「은행나무 침대」에서 목 잘린 종문을 위해 우는 미단공주가 떠오르는 것은 웬일일까?

여차에서 홍포로 가는 길은 비포장도로인데, 1981년 망산(望山)의 허리를 잘라 만들었다. 자가용 한 대만 간신히 지나갈 수 있을 만큼 좁지만 옛 길의 운치를 느낄 수 있다. 산림 사이로 난 길을 가다 보면, 절벽 부분에서 갑자기 넓게 펼쳐진 바다 위에 점점이 떠 있는 한 폭의 그림 같은 다도해를 만나게 된다. 이 섬들이 대소병대도인데, 이곳의 주인은 흑염소들이다. 대소병대도에는 새덕이, 맥문아재비, 개족도리, 백서향, 거제딸기, 황칠나무 같은 희귀 식물들이 분포하고 있다.

홍포(虹浦)는 무지개가 자주 나타나 무지개포라고도 한다. 무지개를 타고 선녀가 춤을 추었다는 홍포는 거제도에서 떨어지는 해가 바다 속에 들어갈 때 붉은 노을이 가장 아름다운 곳이다. 홍포의 뒷산이 망산인데, 예전에 왜구가 침입하는지 망을 보던 산이다. 홍포에서 망산 정상까지는 30분이 걸리는데, 망산 정상에는 기암괴석들이 병풍처럼 둘러싸고 있어 이를 홍포 만물

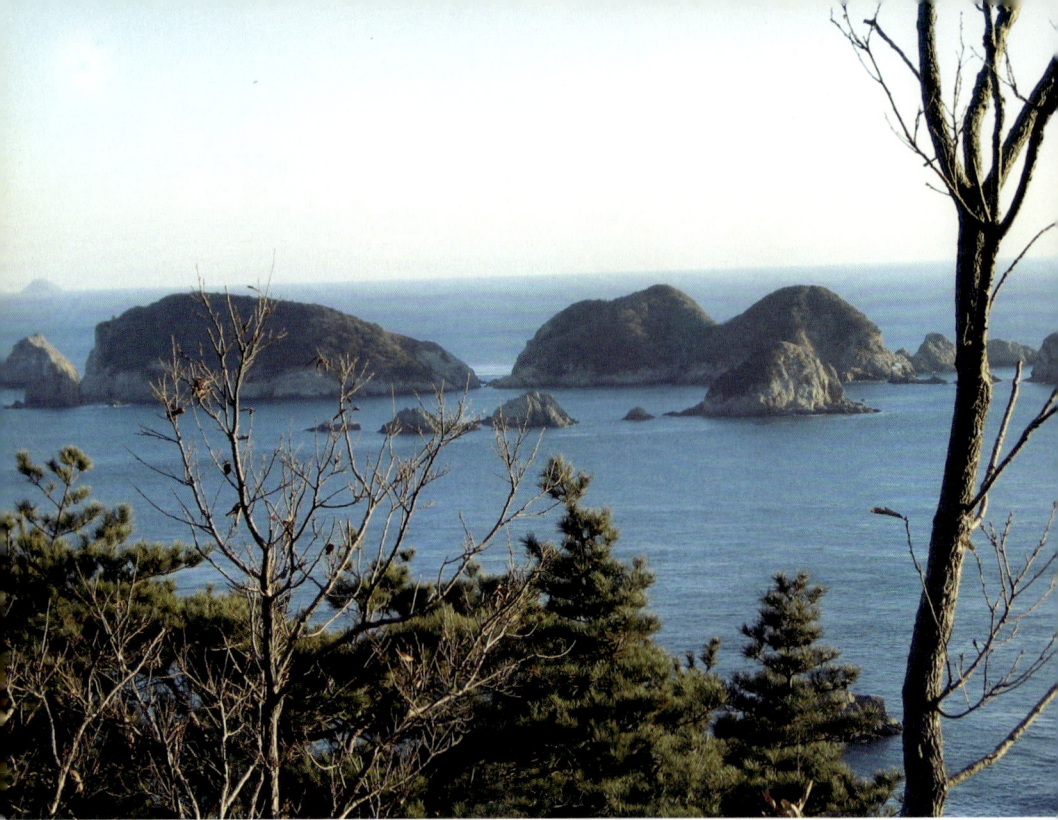

**천장산에서 본 대소병대도** 크고 작은 섬들이 모여 그림 같은 다도해를 이루고 있는데, 이곳의 주인은 흑염소들이다. 또한 새덕이, 맥문아재비, 개족도리, 백서향 같은 희귀 식물들이 분포하고 있다.

상(萬物相)이라고 한다.

홍포를 지나면 명사(明沙)해수욕장과 해 저무는 저구마을이 나타난다. 명사해수욕장은 맑은 물과 고운 모래로 이루어져 있으며, 수심이 완만하고 파도가 약하여 해수욕을 즐기기에 좋은 곳이다. 특히 이곳에는 500미터 길이의 곰솔 방풍림이 조성되어 있고, 여름과 가을에 관광객을 상대로 조개잡이 체험을 실시한다. 이곳에서 볼 수 있는 조개는 대부분 바지락이다. 일몰이 오는 저녁에 하얀 옷을 흔들며 앉아 있는 괭이갈매기의 모습이 일품인데, 다가가 쫓으면 고양이 울음소리를 내지르면서 다시 그곳에 내려앉는다.

이곳에서 거제면 방향으로 가면 탑포와 율포마을이 나온다. 율포는 밤이

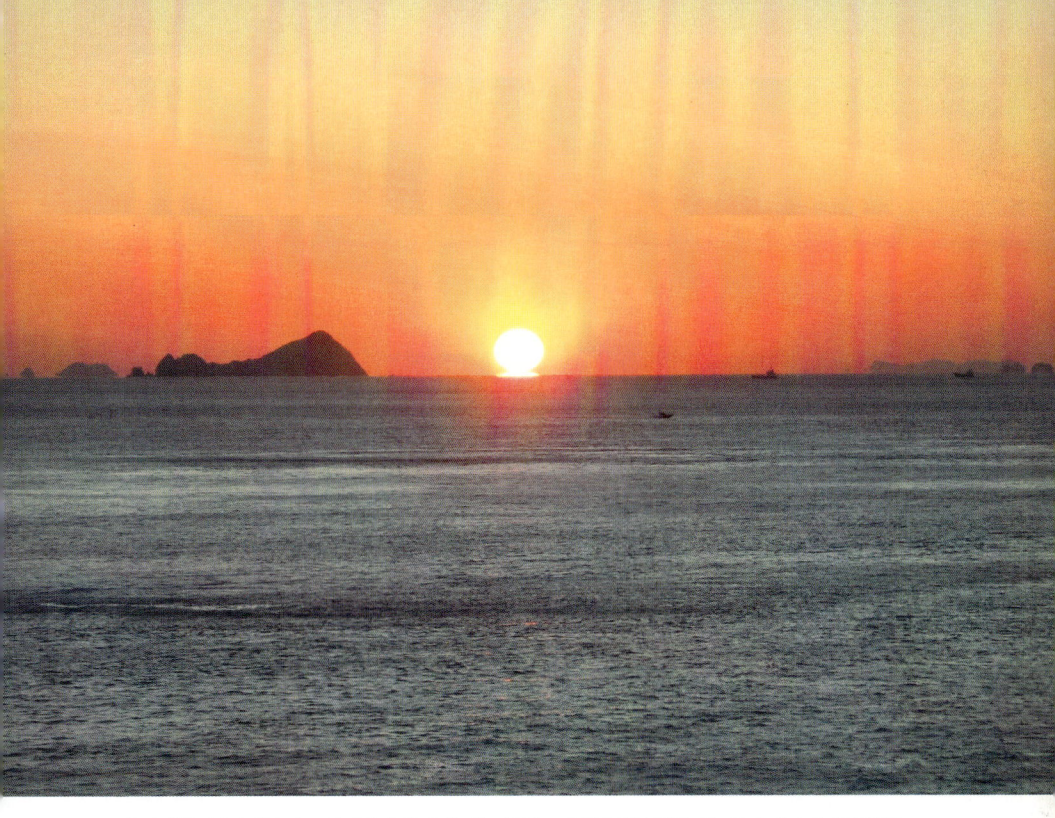

**홍포 일몰** 무지개를 타고 선녀가 춤을 추었다는 홍포는 거제도에서 떨어지는 해가 바다 속에 들어갈 때 붉은 노을이 가장 아름다운 곳이다.

많이 나는 포구란 뜻이다. 동부면 율포는 신율포라고도 하는데, 장목면 율천에 있던 율포진을 조선시대 말기에 동부면으로 옮겼기 때문이다. 지금의 율포에는 진의 흔적만 남아 있고 성은 없다. 진을 호위하던 율포산성이 남아 있는데, 길이 278미터, 높이 2.7미터인 석축성이다.

함박금과 쪽박금은 큰마을과 작은마을이라는 의미를 가지는데, 여기에서는 튀어나온 곳이 큰 것을 함박금, 작은 것을 쪽박금이라고 한다. 이곳에서 한산도와 추봉도가 보이는데, 저 푸른 바다 위에 한 점 섬들이 너무나 아름답다. 가배량은 북의 함박금과 남의 대홀개의 땅 끝이 길게 뻗어 까마귀가 날아가는 형상이라 오아포(烏兒浦)라고도 불리며, 성터가 남아 있다. 세종 2

년에 오아포에 처음으로 만호진을 두었고, 세조 11년 경상우수영을 축성하면서 가배량성을 만들었다. 가배량성에서 남쪽을 바라다보면 자그마한 해수욕장이 하나 나타나는데, 이곳이 덕원해수욕장으로 길이 400미터로 이루어진 모래해수욕장이다.

오송은 거제만을 따라 길게 형성된 마을로 멀리 산달도와 어우러진 넓은 굴과 멍게 양식장을 만나게 된다. 해질 무렵 양식장으로 쏟아지는 노을이 아름다운 곳이다.


## 동부권(옥포동, 장승포동, 일운면)

옥포는 옥녀봉과 국사봉 사이에 위치한 아늑하고 수심이 깊은 항구인데, 옥녀봉 아래의 마을 또는 옥가락지 모양의 항구라는 의미이다. 임진왜란 때에는 옥포진과 조라진이 있어 이순신 장군이 왜선 43척을 격파하고 맨 처음으로 대승리를 거둔 옥포대첩이 치러진 곳이다. 이곳에 1973년 10월 11일 대우 옥포조선소가 세워졌다. 옥포조선소에서 선박이 만들어지는 과정을 견학할 수 있는데, 3일 전에 온라인(www.dsme.co.kr)이나 팩스(055-680-2125)로 신청하여야 한다. 이곳에도 부산으로 가는 여객선이 있다.

옥포고개에서 우회전하면 거제박물관이 나온다. 박물관에서 거제의 역사와 문화를 알아볼 수 있다. 옥포대첩기념공원 가기 전의 마을이 팔랑포〔波浪浦〕이다. 잔잔한 바닷물에 흰 거품을 안고 물결이 팔랑팔랑한다고 하여 붙여진 이름이다. 또는 이 지역의 형국이 금닭이 알을 품고 있는 금계포란의 모양으로 생겨 포란이 파란, 파랑, 팔랑으로 되었다고도 한다. 이곳에는 고기를 잡으면서 불렀던 팔랑개놀이라는 민요가 있다.

팔랑포를 지나면 옥포대첩기념공원이 있는데 이곳에서 옥포대첩이 일어났던 옥포만을 굽어볼 수 있다. 또한 옥포대첩기념관과 옥포대첩기념탑이 있는데, 기념탑은 학익진, 전선, 태산 모양을 형상화하여 진취적 기상을 표현하고 있다. 1957년 6월 대우조선해양 홍보관 옆에 세운 (구)옥포대첩기념탑에는 시조시인 이은상(李殷相)이 적은 아래와 같은 「옥포대첩찬시」가 기록되어 있다.

한 바다 외로운 섬 옥포야 작은 마을
고난의 역사 위에 너 이름 빛나도다
우리 님 첫 번 승첩이 바로 여기더니라
창파 구비구비 날으는 갈매기

**옥포만 전경** 옥녀봉과 국사봉 사이에 위치한 아늑하고 수심 깊은 항구로, 임진왜란 때는 옥포대첩이 이곳에서 치러졌으며 현재는 대우조선해양 옥포조선소가 자리 잡고 있다.

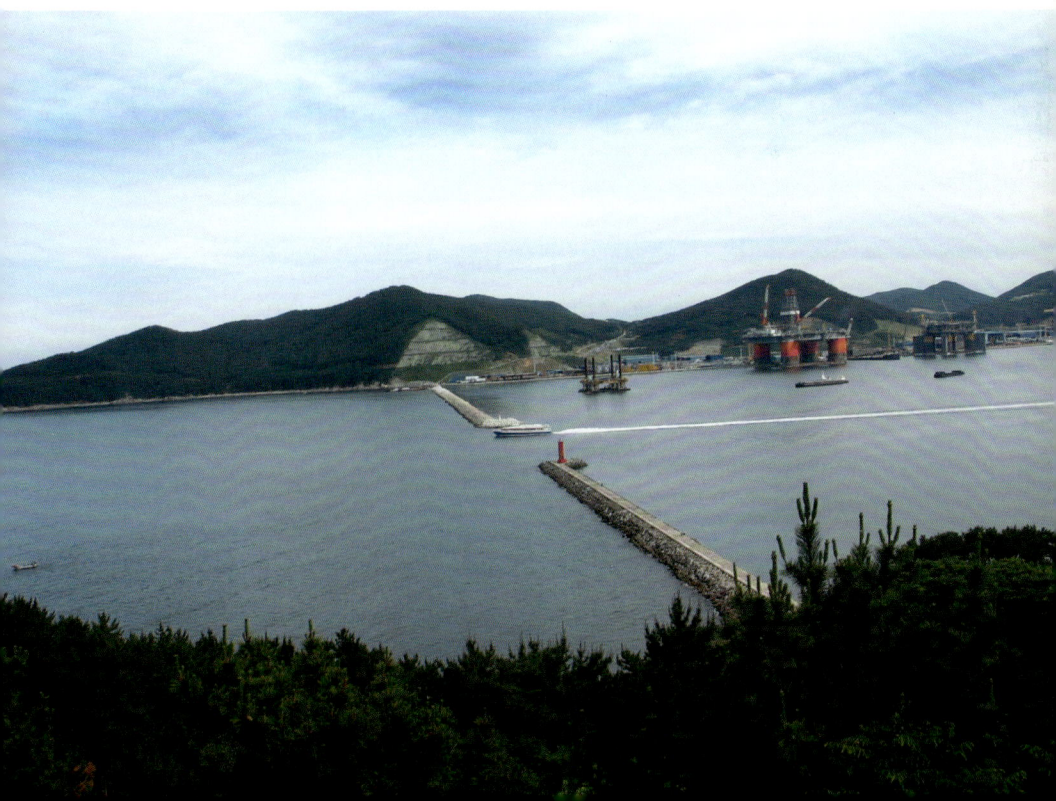

승전고 북소리에 상기도 춤을 추나

우리도 자손 만대에 님을 기리오리다

    임진왜란 하면 이순신 장군만 떠올리는 경향이 있지만, 장군을 도와 큰 공을 세운 이운룡(李雲龍, 1562~1610년) 옥포만호를 떠올리지 않을 수 없다. 이운룡 장군의 업적은 충무공 이순신 장군의 난중일기에 자주 나타나는데, 1596년에 그가 경상좌수사가 되자 왜군들이 무서워했다고 한다. 그리고 1606년에 제7대 수군통제사가 된 이운룡은 통영에 충무공을 기리는 충렬사(忠烈祠)를 건립하였다. 옥포만호비(玉浦萬戶碑)는 임진왜란 때 옥포만호 이운룡 장군의 비를 말하는데, 옥포초등학교 뒤편의 작은 공원에 있다.

    장승포(長承浦)는 거제도에서 가장 먼저 해가 떠오르는 곳으로 해마다 해맞이를 위해 많은 사람들이 장승포 일주도로와 향일암(지도명은 양지암)을 찾고 있다. 거제도에서 해가 가장 먼저 떠오르는 향일암으로 가는 길에 쭉쭉

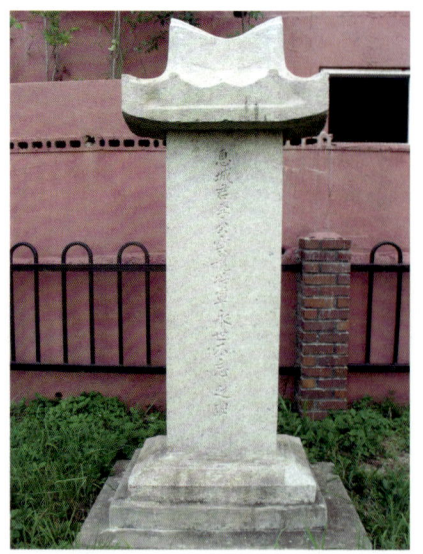

뻗은 아름드리 곰솔 군락을 만날 수 있는데, 가히 '거제미인송'이라 칭해도 부족함이 없다.

    장승포는 북쪽을 옥녀봉이 막아 주어 겨울에도 봄 날씨처럼 따뜻하다. 장승포의 거제문화예술회관 뒷산이 망산이고 지금의 해성중·고등학교 앞의 도로가 뒷산 고개였다. 뒷산 고개에는 장승이

**옥포만호비** 임진왜란 때 옥포만호 이운룡 장군은 이순신 장군을 도와 여러 해전에서 승리하였으며, 옥포만호비는 그를 기리기 위한 비로 옥포초등학교 뒤편 작은 공원에 세워져 있다.

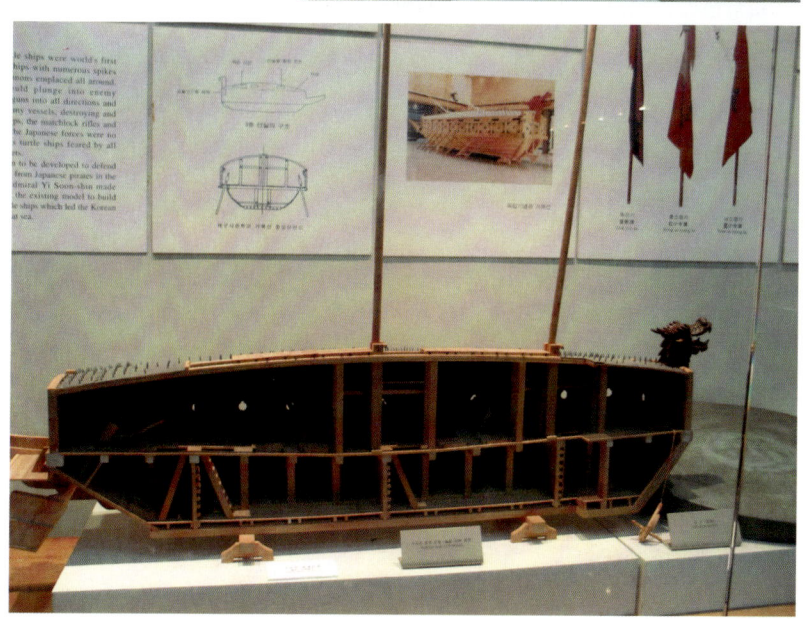

**옥포대첩기념탑** 임진왜란 당시 조선의 첫 승첩이었던 옥포대첩을 기념하기 위하여 1957년에 조성되었으나 이후 부지가 협소하여 1996년에 현재의 위치로 옮기고 30미터의 기념탑과 함께 기념관, 참배단 등을 건립하였다.(오른쪽)

**옥포대첩기념관 내 거북선 모형** (아래)

서 있어서 장승배기(장승박이)고개라고도 불리다가 장승개로 되었다가 장승포가 되었다고 한다.

장승포는 농토가 부족하여 사람들이 많이 살지 않았으나 일제 강점기에 일본인들의 이주로 규모가 커지게 된다. 본래는 일본인들이 어업을 하기 위해 지세포항에 들어왔는데, 주민들의 반대에 부딪혀 장승포항으로 옮겨 가게 되었고, 거센 파도를 막아 주는 방파제를 설치하면서 살기 좋은 항구로 변하였다. 이에 일본 사람들이 대거 몰려오면서 어업이 발달하였고, 1935년에 읍으로 승격, 1989년에는 시로 승격되었다. 1965년 장승포항이 개항지(開港地)로 지정되면서 항만청 장승포출장소가 들어섰다.

장승포에는 부산으로 가는 여객선이 있고, 유람선 선착장이 있어 매물도, 해금강, 외도, 홍도로 갈 수 있고, 지심도 선착장이 있어 동백섬 지심도로 갈 수 있다. 지심도로 들어가는 배는 하루에 5번 운항되는데, 겨울에는 3번으로 줄어든다.

특히 장승포에는 일본인 어업 이주촌인 이리사촌(入佐村)의 흔적이 다수 남아 있다. 이리사촌은 현재 장승포1구의 신부마을에 해당되는데, 이는 1876년 이리사라는 일본인에 의해 건설되었다. 1921년에는 138가구 700여 명의 일본인이 거주하였는데, 일본 군인들은 송진포와 지심도에 주둔하고 일반인들은 주로 장승포와 옥포 및 성포에 거주하였다. 많은 일본인들이 생활하면서 신부마을의 옆산에 신사를 만들고, 중앙동 뒷산에 납골당을 만들었다. 지금도 그 흔적들이 다수 남아 있고, 특히 신부마을에는 일본인이 만든 주택이 다수 남아 있다. 장승포 입구에 있는 방파제도 일제 강점기에 만들어진 것이지만 근래에 보수를 하였다.

지세포(知世浦)라는 말은 세상을 알게 되는 포구란 의미이다. 지세포에는 여러 기의 지석묘가 있어 예전부터 사람들이 살아왔음을 알 수 있고, 조선시대에는 사절단과 중국 무역선이 머물던 곳이고, 1963년에 설치되었다가

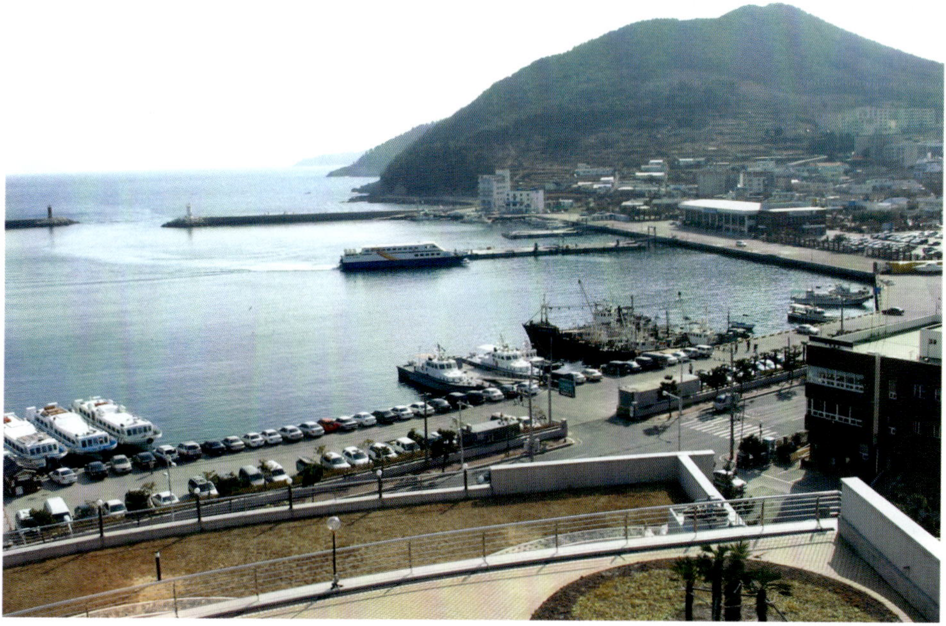

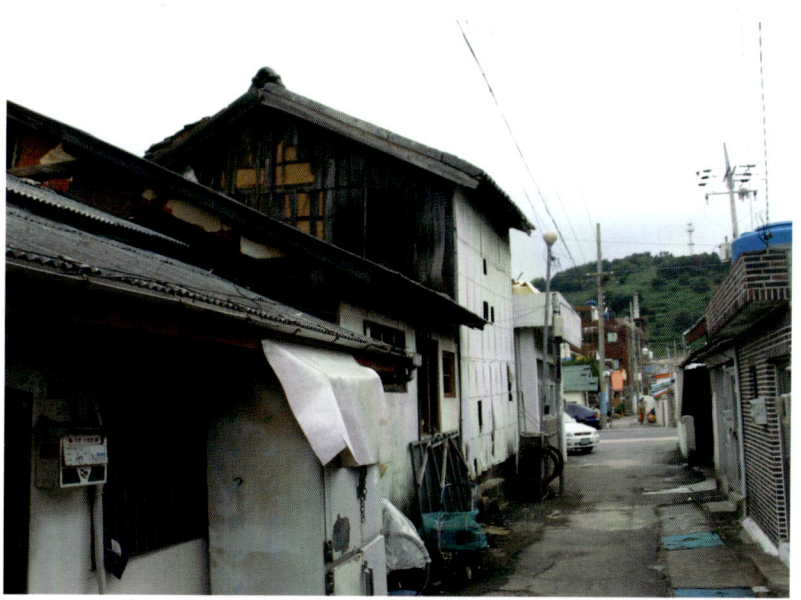

**장승포항(위)과 이리사촌(아래)** 장승포는 원래 농토가 부족하여 사람들이 많이 살지 않았으나 일제 강점기에 일본인들이 이주하면서 규모가 커지게 되었다. 그래서 장승포에는 아직도 일본인 어업 이주촌인 이리사촌의 흔적이 다수 남아 있다.

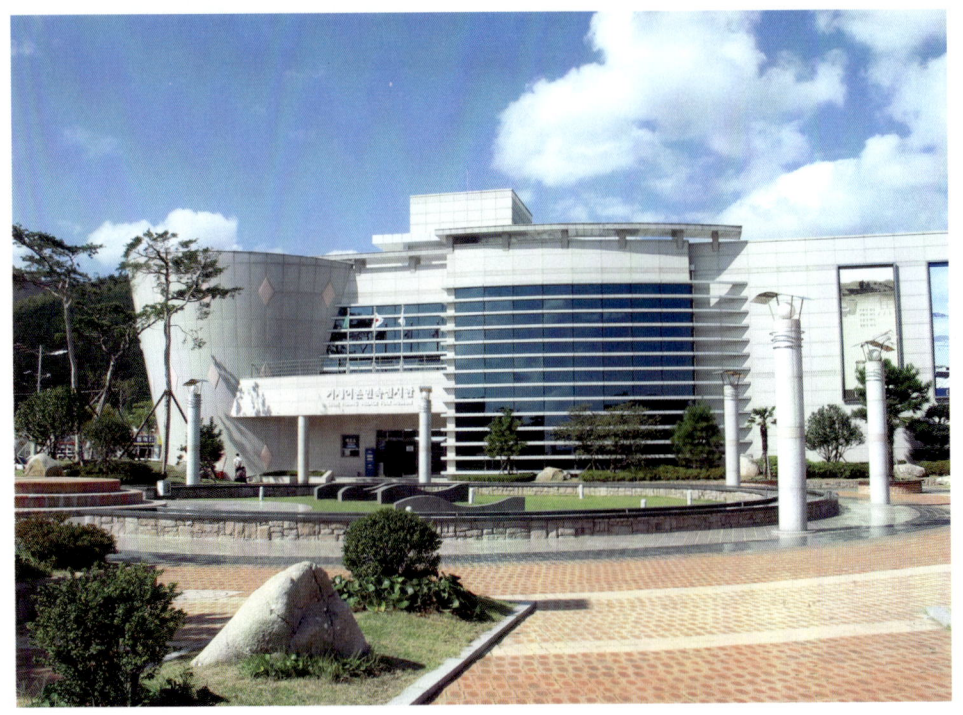

**거제어촌민속전시관** 일운면 지세포리에 있는데, 바다 생활과 관련된 전통문화 및 어업 변천사를 보전·전시하여 청소년 교육의 장과 도시민의 휴식 공간 및 관광자원으로 활용하고 있다.

1969년에 폐지될 때까지 어업전진기지가 있었다. 지세포는 입구는 좁고 안은 넓을 뿐 아니라 바깥의 지심도가 입구를 가리고 있어 거센 파도가 몰아쳐도 영향을 크게 받지 않는 좋은 어장이다. 이곳에는 거제어촌민속전시관이 있어 거제도의 문화, 민속, 특산물 및 바다 생활에 대한 것을 공부할 수 있다. 그리고 중국 정통 기예를 공연하는 해금강랜드공연장이 있다.

와현고개는 지세포와 와현을 연결하는 고개로서, 와현(臥峴)은 눕일치 또는 누우래재를 뜻하고, 지세포진이 있을 때에는 적군의 내습을 탐지하는 망대가 있었다. 와현고개에는 남북통일을 기원하는 통일비와 효자 고임규의 비가 세워져 있다.

와현고개에서 서이말로 갈 수 있는데, 서이말은 쥐이끝이라고도 한다. 이

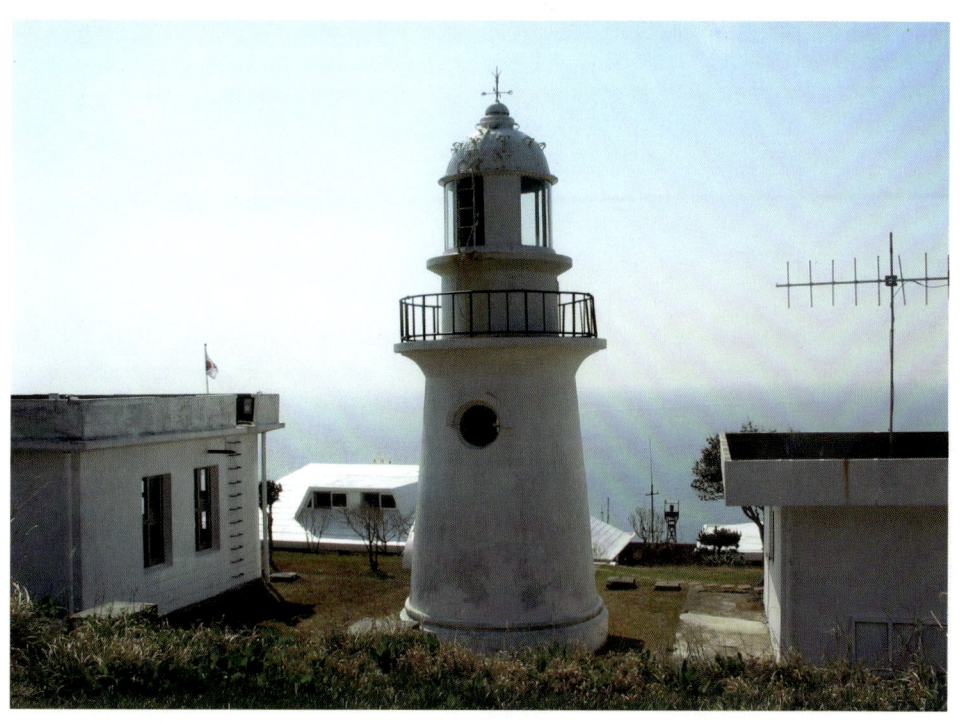

**서이말 등대** 서이말에 설치된 등대로, 이 주변은 거제도에서도 상록수림이 가장 잘 보존되어 있으며 아비 도래지로도 유명하다.

곳에는 등대가 설치되어 남해를 비추고 있고, 천연기념물 아비 도래지이다. 거제도에서 가장 상록수림이 잘 보존된 이곳에서 바라보는 외도와 내도 전경 및 남해의 모습은 절경이다.

와현해수욕장에서 예구마을로 가면 봄이면 수선화가 노랗게 피는 공고지로 갈 수 있다. 예구에서 공고지까지는 산길을 걸어서 20분이 걸린다. 공고지는 공곶이라고도 하는데, 곶은 땅이 바다로 툭 튀어나온 곳을 말한다. 거룻배 '공' 자와 궁둥이 '고' 자를 사용하는데, 지형이 궁둥이같이 툭 튀어나온 모양이라는 뜻이다. 겨울에는 따뜻하고 여름에는 시원한 곳으로 봄이면 노란 수선화, 하얀 조팝나무가 자라고, 여름이면 갯완두가 꽃을 피우며, 가을에는 거제물봉선이 꽃을 피우고, 겨울이면 동백꽃이 피어난다. 공고지

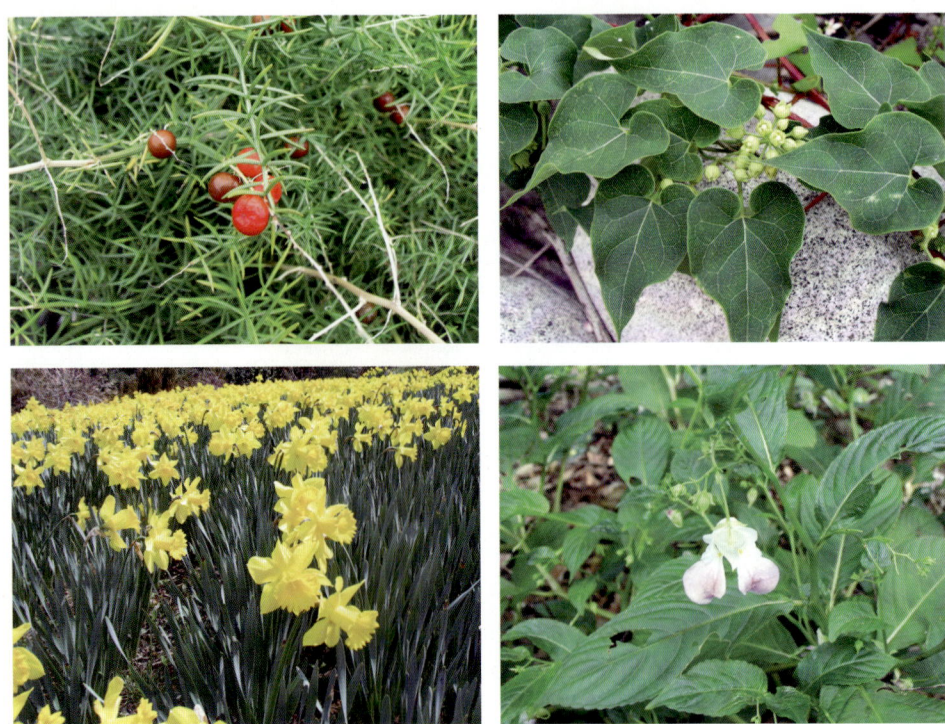

**공고지에서 볼 수 있는 토착 식물들** 지형이 궁둥이같이 툭 튀어나온 모양이라서 공고지라는 이름이 붙었다. 겨울에는 따뜻하고 여름에는 시원하여 많은 식물들이 자라는데, 천문동(위 왼쪽), 큰조롱(위 오른쪽), 노란 수선화(아래 왼쪽), 거제물봉선(아래 오른쪽) 등이 있다.

앞에는 내도가 위치하고 있다.

와현과 구조라(舊助羅)에도 해금강, 외도, 매물도로 가는 유람선이 있다. 구조라해수욕장은 길이 700미터에 수심이 얕고 물이 맑아 해수욕하기에 좋다. 모래해수욕장으로 미군들이 처음 개발하여 이용하였다. 구조라리는 구한말까지 마을 명칭이 항리였다고 하는데, 지형이 자라의 목을 닮아서 조라목, 자랏개, 조라포, 목섬, 목리, 항리라고 불렀다고도 한다. 조선시대에는 일본 가는 사절단이 이 항구에 머물면서 일기를 관측했다고 한다. 구조라에는 본래 외침을 방어하기 위한 진(鎭)이 있었는데, 선조 37년(1604)에 지금의 옥포에 있는 옥포진 옆으로 조라진을 옮겼다. 그때부터 조라가 예전에 있었던

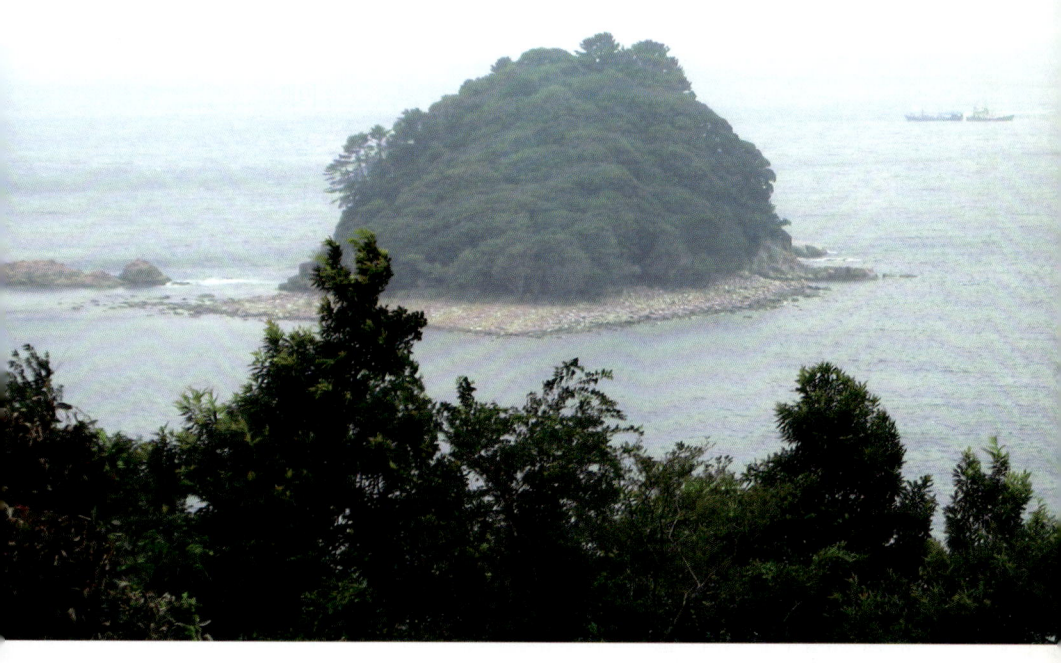

**윤돌도** 망치와 구조라 사이에 있는 섬으로 효자 윤돌이 삼형제에 관한 이야기가 전해 내려온다. 거제도의 다른 섬들과 마찬가지로 상록수림이 우거져 있으며 아침 안개로 유명하다.

자리라고 해서 구조라로 바뀌게 된다. 좁은 골목길을 돌아서 올라가면 구조라성에 이르게 되는데, 성의 형태가 잘 유지되어 있고 내도를 잘 바라볼 수 있다. 내도로 가는 배는 구조라에서 하루에 3번 왕래하고 있다.

망치와 구조라 사이에는 윤돌도(尹乭島)라는 섬이 있다. 윤돌도는 일명 효자섬이라고도 한다. 옛날에 어머니와 윤돌이 삼형제가 이 섬에 살고 있었다. 어머니는 양지마을의 망월 영감과 사랑에 빠졌는데, 바다 물길 때문에 마음대로 만날 수 없었다. 그래서 윤돌이 삼형제는 노모를 위해 섬에서 육지로 징검다리를 놓았다. 지금도 섬과 육지 사이 물속에는 돌다리 흔적이 뚜렷하게 남아 있다. 윤돌도는 구실잣밤나무, 동백, 참식나무, 센달나무 등이 자

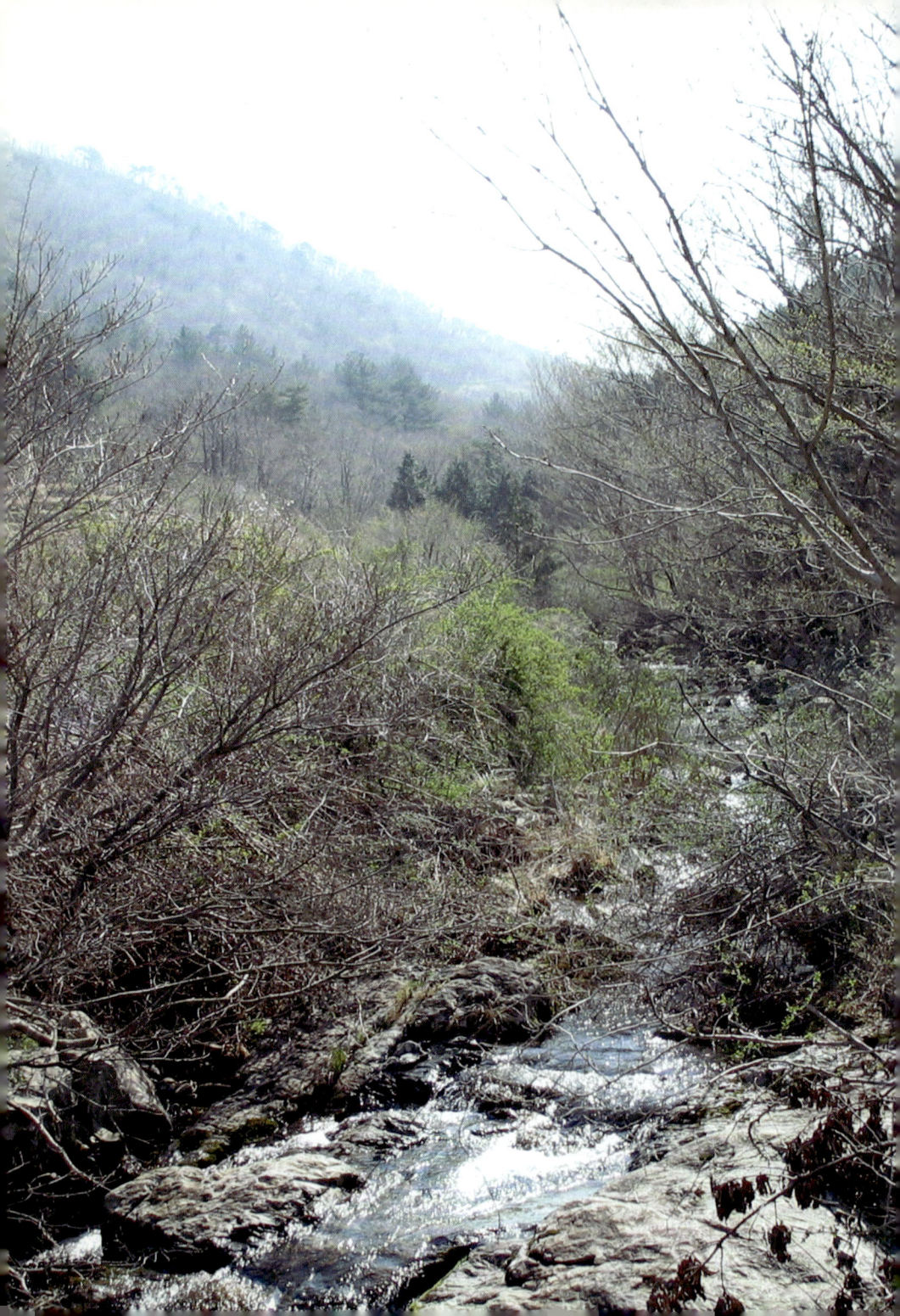

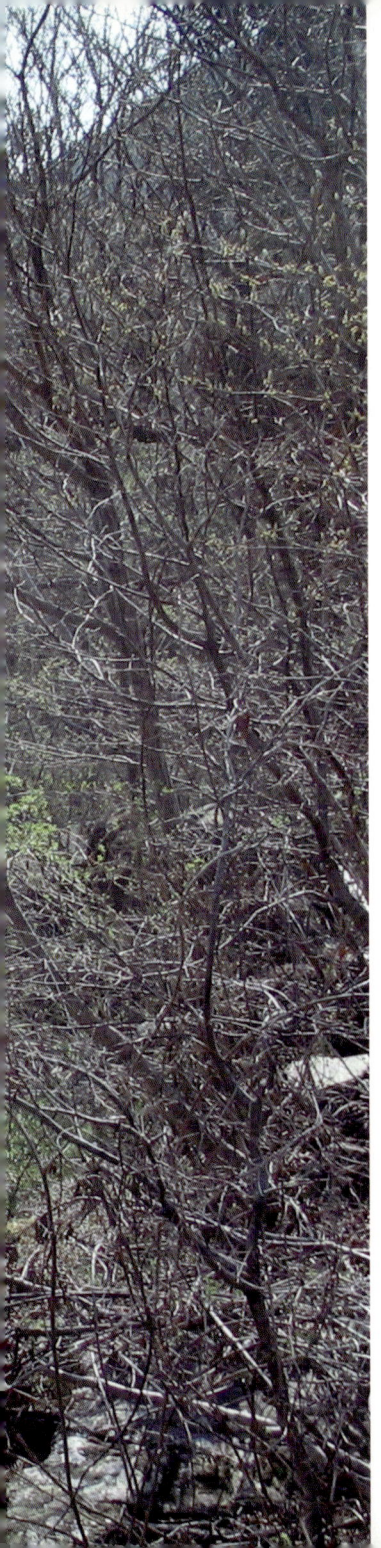

라 상록수림을 이루고 있으며 아침 안개가 많이 끼는데, 포구를 감싼 안개를 보는 것은 매우 운치 있는 일이다. 옛 문인들의 기록에 보면 거제도는 붉은 안개가 자주 끼는 곳으로 일기가 고르지 못하다고 하였는데, 이곳이 안개로 가장 유명한 곳이다. 망치해수욕장은 300미터 길이로 몽돌의 크기가 다른 해수욕장보다 훨씬 큰 것이 특징이다.

망치마을에서 계속 도로를 따라가면 학동이 되고, 망치고개를 넘어 구천계곡에 이르면 서당골을 만나게 된다. 예전에 서당이 있었던 곳인데, 서당골관광농원과 야외극장이 있다. 거제도민의 식수원인 구천댐을 굽이굽이 돌아 신현읍으로 갈 수 있다. 구천댐의 물은 북병산과 선자산의 나무들이 머물고 있다가 쏟아낸 약수물이다. 외지에서 온 사람들이 이 길을 지나가면 '이곳이 정말 바닷가인가요?'라는 질문을 하는데, 이 길은 거제도에서 바다를 만나지 않고 갈 수 있는 가장 긴 내륙관통도로이다.

**구천계곡 상류** 이곳의 물이 모여 구천댐을 이루게 된다. 구천댐의 물은 북병산과 선자산의 나무들이 머물고 있다가 쏟아낸 약수물이다.

# 북부권(장목면, 하청면, 연초면)

옥포에서 덕포로 넘어가는 고갯길을 승판치고개라고 하는데, 이 고개를 넘어가면 자갈과 모래로 이루어진 덕포(德浦)해수욕장이 나온다. 멀지 않은 곳에 있는 대계(大鷄)마을에는 김영삼(金泳三) 전 대통령의 생가가 있다.

외포(外浦)는 거제부와 거리가 가장 멀리 떨어져 있는 바깥쪽 마을이라는 뜻이다. 이곳에서는 대구, 갈치, 멸치 등의 고기가 잡히고, 한때는 전국 대구의 80퍼센트를 이곳의 연안에서 잡았다. 아직도 봄철에 외포에서는 연안에 멸치 그물을 설치하여 부둣가로 끌어 온 다음 그물을 털면서 멸치를 잡아 말리고 있으며 멸치회로 유명한 곳이다.

흥남(興南)해수욕장은 시방마을의 남쪽에 있는데, 시방에서 분리되어 크게 번성하라는 의미를 가지고 있다. 길이가 300미터로 고운 모래와 몽돌이

**김영삼 전 대통령 생가**

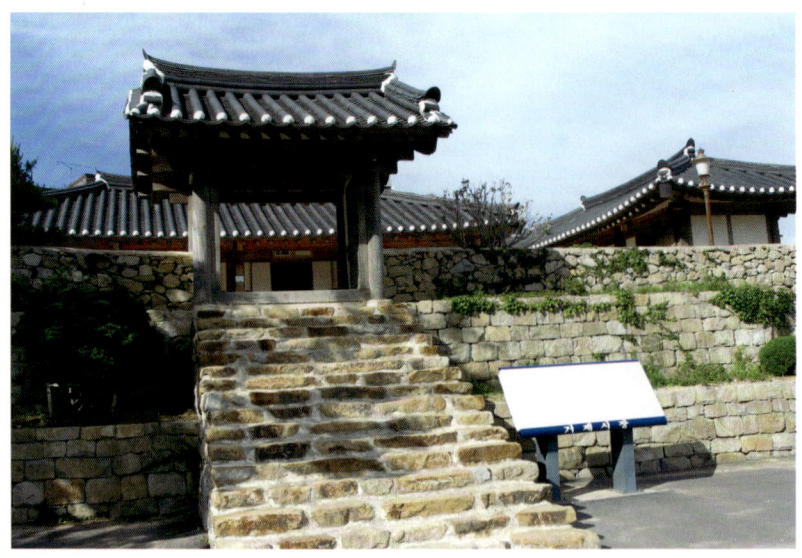

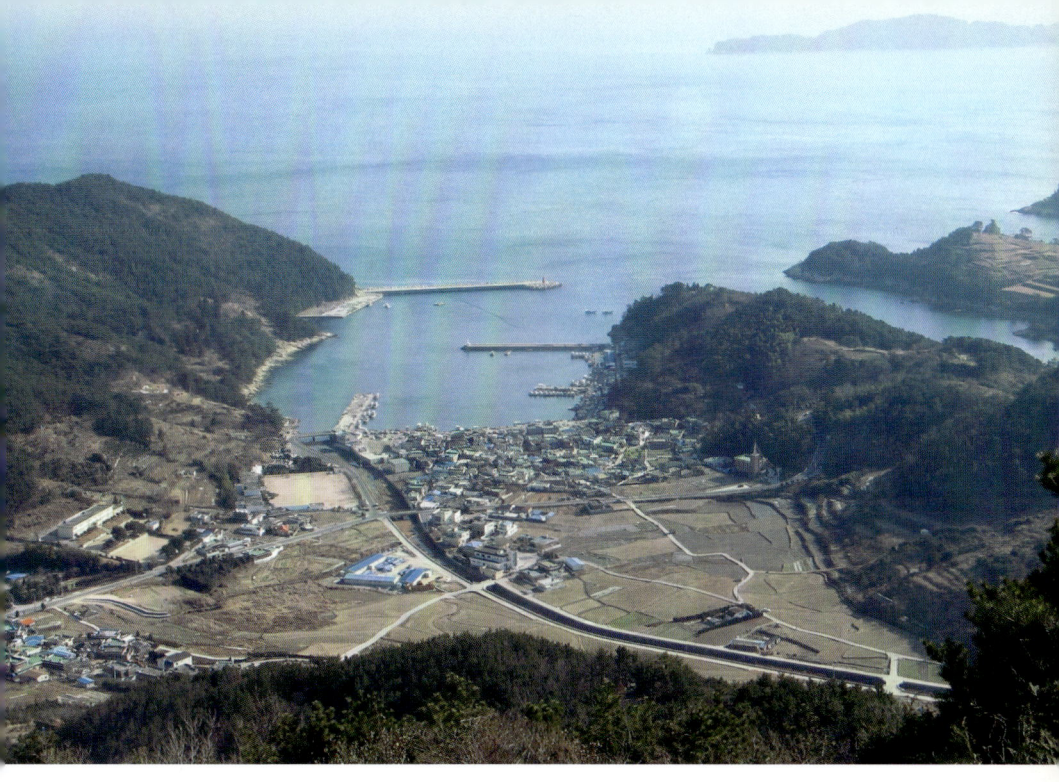

**외포항** 거제부와 거리가 가장 멀리 떨어져 있는 바깥쪽 마을이란 뜻에서 외포라 하였다. 대구, 갈치, 멸치 등의 고기가 많이 잡히는 전형적인 어촌 마을이다.

섞여 있고, 수심이 얕아 해수욕하기에 좋다. 시방에서는 이수도로 가는 배가 하루에 7번 있다.

대금을 지나면 두모몽돌해수욕장이 있다. 장목면 소재지의 뒤쪽 마을이 뒷마실이 되고 이것이 두메, 드메로 되다가 두모실로 되었다고 한다. 여기에서 바라다보이는 가덕도와 이수도의 아름다운 모습은 탄성을 자아내고 특히 떠오르는 아침 해는 더욱 장관이라 많은 사람들이 새해에 이곳을 찾는다. 율천마을은 밤개 또는 구율포라고 하는데, 이 마을 안에 있는 둘레 550미터, 높이 3미터, 폭 4미터의 성을 율천성 또는 구율포성이라고 한다. 숙종 14년 (1688)에 축성한 이 성은 조선시대에 율포진이 있었던 곳으로 임진왜란 때 큰 역할을 하였다. 그러나 전쟁 후 율포진은 지금의 동부면 율포로 옮기게

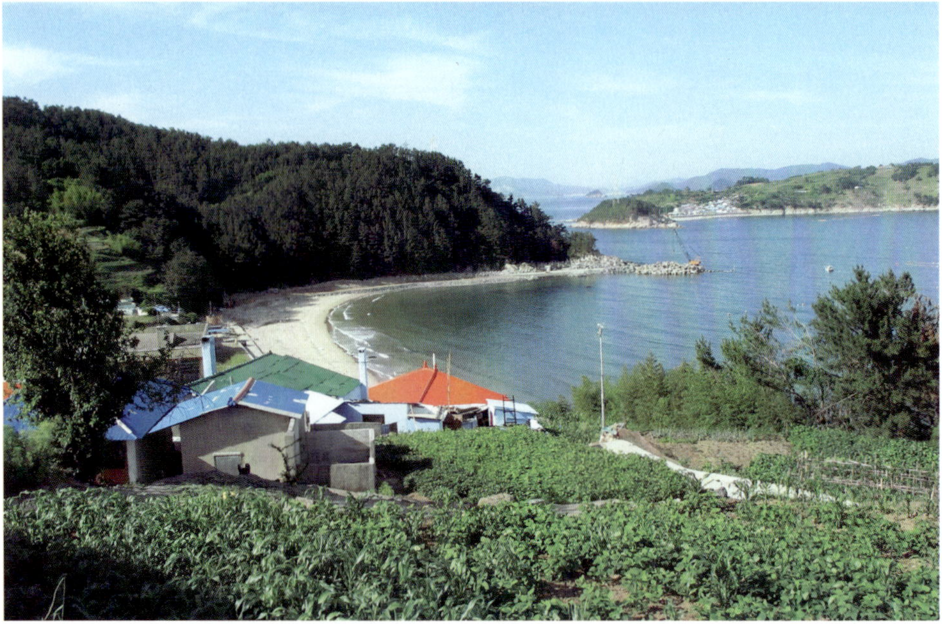

**흥남해수욕장** 시방마을 남쪽에 있는데, 길이가 300미터로 고운 모래와 몽돌이 섞여 있고 수심이 얕아 해수욕하기에 좋다.

**구율포성** 숙종 14년(1688)에 축조한 이 성은 조선시대에 율포진이 있었던 곳으로 임진왜란 때 큰 역할을 하였다.

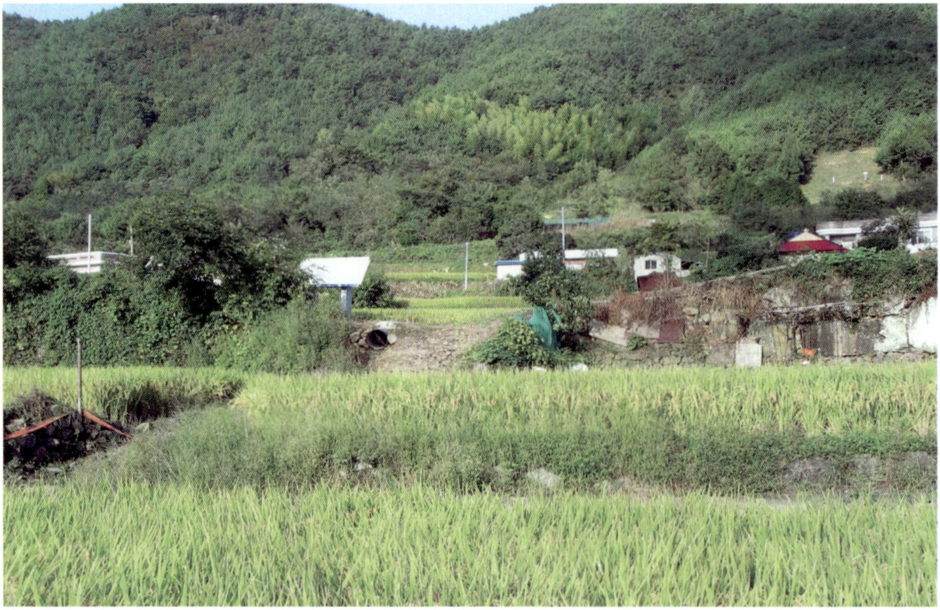

된다.

　장목면소재지에 인접한 바다를 장문포(長門浦)라고 하는데, 장문포는 항
구가 깊고 항구의 입구 부분의 산이 문처럼 생겼다고 하여 이 이름이 붙여졌
다. 장목의 의미는 장문포 항구의 목에 있는 마을이거나 가까운 송진포나 관
포에서 작은 고개를 넘어야 갈 수 있다는 뜻이다. 이곳은 거제 칠진의 하나
인 장목진이 설치된 곳으로 거제도 북쪽을 바라보면서 가까운 마산과 진해
항을 지키는 역할을 하였다. 또 이곳에는 장목진객사가 있는데, 한때 장목면
사무소로 이용되다가 1981~1982년에 해체 복원하였다. 이순신 장군의 난
중일기에도 장문포에서 전략을 세웠다는 기록이 나타나고 있어 중요한 유
물이다. 장목면소재지에서는 관포, 농소, 유호, 구영, 황포, 송진포로 일주도
로가 개설되어 있다.

　장목초등학교 삼거리에서 오른쪽으로 돌면 관포(冠浦)마을이 나온다. 관
포는 갓게라고도 하는데, 갓 모양의 갯가라는 의미이다. 관포 앞에는 관과
같이 생긴 작은 섬이 있는데, 이를 갓섬이라고 한다. 즉 갓섬이 있는 갓게라
는 의미로 갓 ‘관’ 에 ‘포’ 를 붙여 관포라고 한다. 이곳에는 당집이 있는데,
얼마 전까지만 하여도 일 년에 두 번씩 당제를 모시고 별신굿을 하였지만 지
금은 하지 않는다. 당집에는 마을사람들이 미륵불이라고 부르는 남근석 같
은 돌을 세 개 모셔 두고 왼새끼를 감아 두고 있다. 당산에 모신 미륵불에는
다음과 같은 전설이 전해진다. 옛날에 어떤 노인이 꿈을 꾸는데, 용왕이 나
타나 “지금까지 나는 가덕도에 살았는데 인심이 좋지 않아 관포로 왔다”고
하였다. 그래서 다음 날 아침 일찍 바닷가에 가니 돌 세 개가 떠내려 와 있어
서, 이 돌을 당집에 모시니 마을에 좋은 일이 생겼다고 한다. 가덕도 사람들
이 이 돌을 다시 모셔갔지만 어느 해에 다시 돌이 돌아왔다고 한다. 관포 당
집은 마을 뒷산의 양지바른 곳에 위치하는데, 아름드리 소나무로 이루어진
당숲에 싸여 있다.

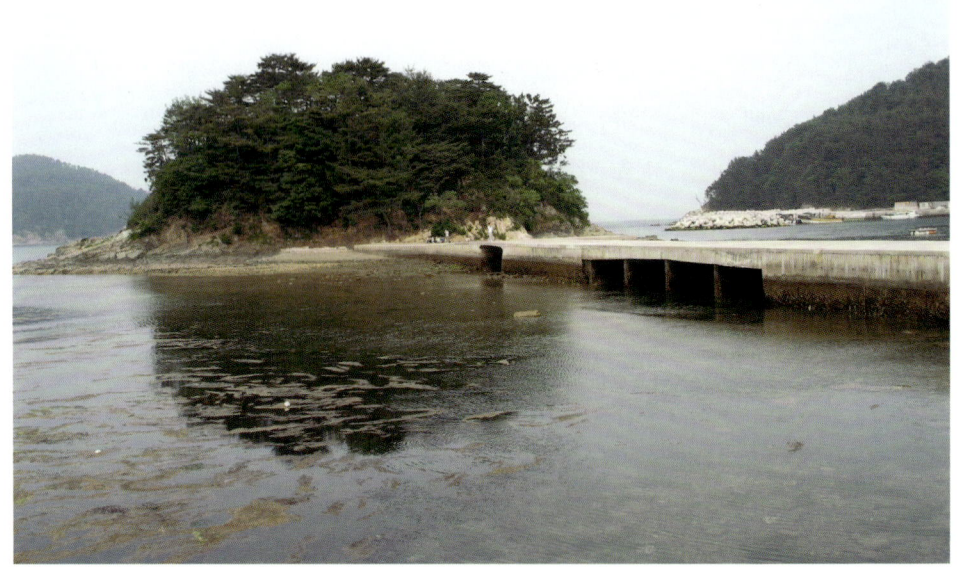

**관포 앞 갓섬(위)과 당집(아래)** 관포마을 앞에는 관과 같이 생긴 작은 섬인 갓섬이 자리 잡고 있다. 이 곳에는 아름드리 소나무로 둘러싸인 당집이 있다.

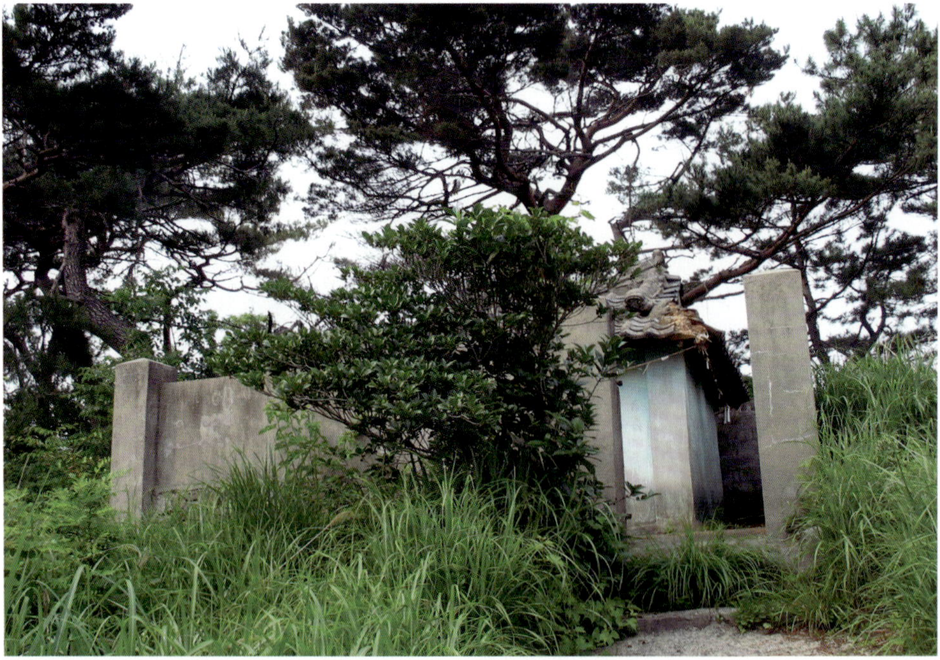

농소(農所)몽돌해수욕장은 1993년 도로를 넓히면서 알려졌고 약 2킬로미터 길이로 학동보다 훨씬 크기가 크다. 농소는 조선 세종 시절에 권농관을 파견하여 농사를 장려한 데서 붙은 이름이다. 이곳에도 부산으로 가는 카페리가 있다. 대통령 별장이 있는 저도를 마주 보는 하유해수욕장은 길이가 200미터이며 작은 몽돌로 이루어져 있다.

저도(猪島)는 유호마을의 군위봉(190미터)에서 바라다보면 학의 모습을 하고 있어 학섬이라고 하였다. 저도 주위에 여러 개의 섬이 있는데, 사근도(蛇筋島), 망와도(亡蛙島) 등이다. 옛날에 바다 쪽에서 큰 구렁이가 개구리를 잡아먹기 위해 쫓아오고 있었는데, 이를 본 학섬이 돼지로 변해 구렁이를 죽였다고 한다. 구렁이는 죽어 사근도가 되고, 개구리도 지쳐서 죽어 망와도가 되고, 학섬은 그때부터 저도(돝섬)가 되었다고 한다.

저도도 이수도처럼 물 사정이 좋고 2만 평 정도의 농경지가 있어 한때는 유호 사람들이 이곳의 쌀을 먹었다고 한다. 일제 강점기에 진해 해군기지를 보호하기 위해 대공포 진지로 이용하다가 1971년 대통령 별장을 만들었다. 1975년에 진해시에 편입되었다가 1993년 거제시로 환원되었는데, 2020년에는 이곳으로 거제도와 가덕도를 연결하는 거가대교가 지나게 된다.

구영해수욕장은 진흙이 많이 섞인 모래흙으로 되어 있고, 부산으로 가는 카페리가 있다. 해수욕장의 반은 해군 전용으로 되어 있고, 구영등진의 옛 성터가 마을 뒷산에 위치하고 있다. 황포(黃浦)해수욕장은 길이가 200미터이며 황색 모래로 이루어져 있다. 이곳의 옛 지명은 풍류골인데, 옛날 신선이 내려와 풍류를 즐긴 아름다운 곳이라는 의미를 가지고 있다. 이곳은 드라마 「로망스」의 촬영지로도 유명하다.

송진포는 장목면소재지와 가까운 곳으로 러일전쟁 당시 일본 해군기지가 설치된 곳이다. 송진포는 마을이 소나무숲에 의해 둘러싸여 있어 붙여진 이름이다. 지금도 그 당시의 흔적으로 구송진포초등학교 뒤편에 연병장으

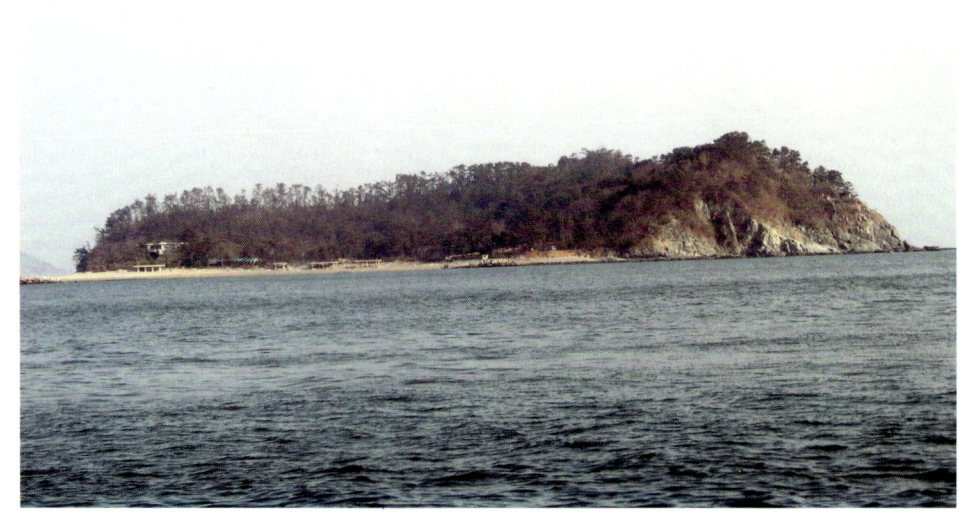

**저도** 물 사정이 좋고 2만 평 정도의 농경지가 있었다. 1971년에 이곳에 대통령 별장을 만들었으며 2020년에는 이곳에 거제도와 가덕도를 연결하는 거가대교가 지나게 된다.

로 사용하던 곳과 쓰시마해전을 기념하기 위해 세운 비석의 좌대가 남아 있다.

다시 장목면소재지를 만나 신현읍 방향으로 가면 한국해양연구소가 나온다. 이곳은 1997년, 거제도의 풍부한 어자원을 연구하기 위하여 설립되었다. 연구소에 인접한 야산의 정상에는 임진왜란 때 왜군이 만든 길이 710미터, 높이 3.5미터의 성이 있는데, 이를 장문포왜성이라고 한다. 이 산성의 반대편 마을은 군항포 또는 군항게라고 부르는데, 러일전쟁 때 일본의 군함이 주둔한 곳이라고 한다.

실전이 위치한 만의 옛 이름이 온천량인데, 임진왜란 때 조선 수군이 크게 패한 곳이다. 지금은 만의 대부분이 매립되어 버렸고, 실전에는 진해로

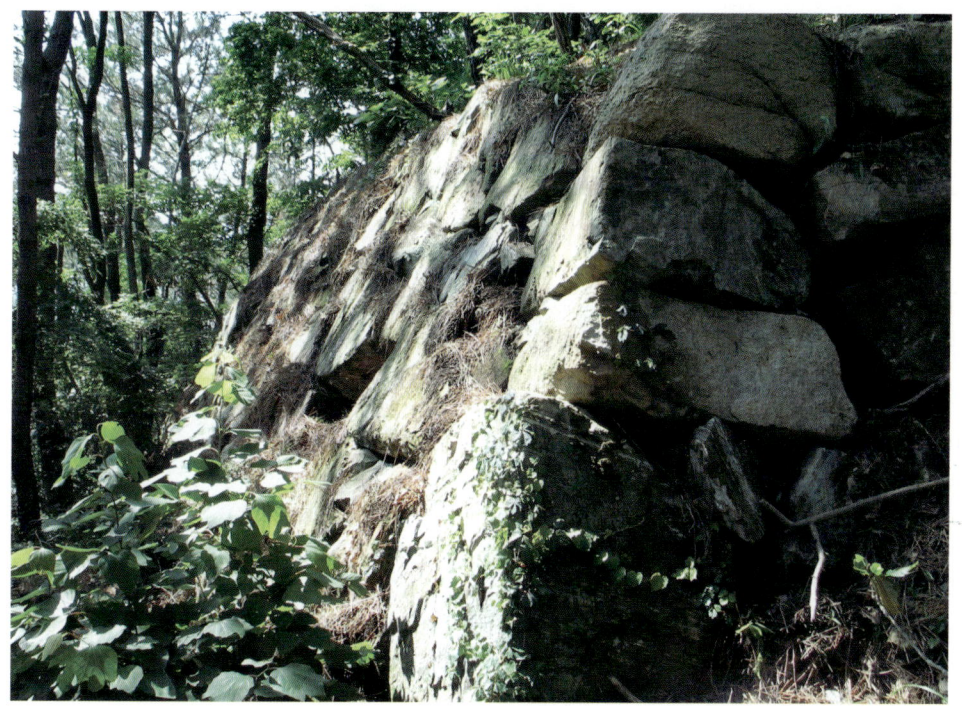

**장문포왜성** 장목면에서 신현읍 방향으로 가다 보면 한국해양연구소 인접한 야산의 정상에 위치하고 있다. 임진왜란 때 왜군이 만든 길이 710미터, 높이 3.5미터의 성이다.

가는 카페리가 있다. 그리고 실전과 칠천도 사이에는 칠천연륙교가 가설되어 있다.

　칠천도를 오른쪽으로 돌면 물안(옆개)해수욕장이 나타나는데, 이곳의 모래 해수욕장에는 많은 조개류들이 살고 있다. 여름철 이곳을 찾는 방문객들은 직접 조개를 잡는 체험을 하고 있다. 키 높이보다 낮은 물속에서 발가락의 감각으로 조개를 찾아 잡아 올린다. 이 섬에 옻나무가 많고 바다가 맑고 고요하여 칠천도(漆川島)라고 부르다가, 훗날 하천이 일곱 개가 있다고 하여 칠천도(七川島)가 되었다. 주민들의 말에 의하면 섬 밖에서 보면 그 수가 7,000개나 되는 것처럼 보인다고 하여 칠천도라고 하였다고도 한다. 칠천도에서 많이 나는 특산물은 바다장어와 개조개이다.

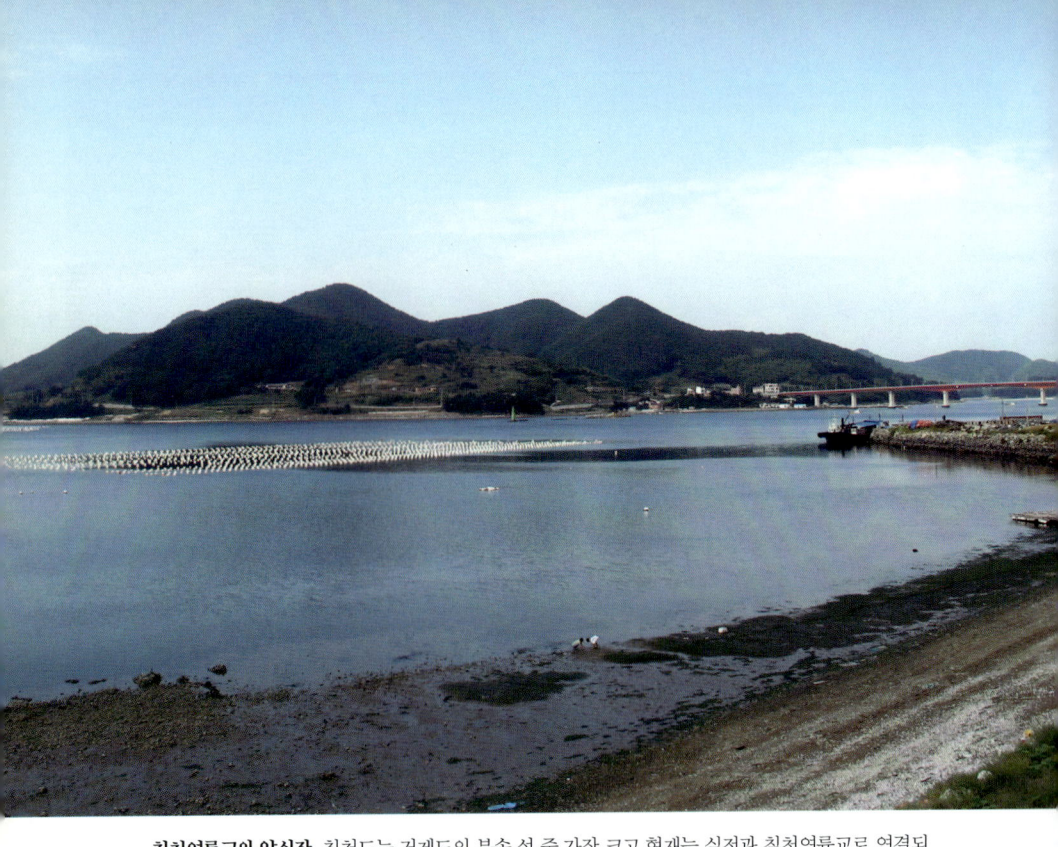

**칠천연륙교와 양식장** 칠천도는 거제도의 부속 섬 중 가장 크고 현재는 실전과 칠천연륙교로 연결되어 있다. 이곳에서 많이 나는 특산물은 바다장어와 개조개이다.

하청과 칠천도 사이의 바다를 칠천량이라고 한다. 이곳에서 임진왜란 당시 칠천량전투가 있었는데, 원균은 조선 수군을 대부분 잃게 되고, 싸움에 패한 후 도망가다 고성에서 왜군에 잡혀 죽게 된다.

하청만의 원래 이름은 붓글씨를 쓸 때 사용하는 먹처럼 검은 갯바위가 마을 주변에 있다고 하여 묵포(墨浦), 먹갯벌 또는 먹개였다. 이것이 맑은 바다라는 의미의 하청으로 바뀌었다고 한다. 하청과 장목의 야산에 자라는 대나무는 대부분이 죽순대인데, 이곳에서는 맹종죽(孟宗竹)이라고 부른다. 죽순대는 중국 원산으로 남부 지방에 많이 심고 있는데, 높이 10~20미터, 지름 20센티미터로 죽순은 4~5월에 나온다. 잎은 작은 가지 끝에 3~8개가 달린

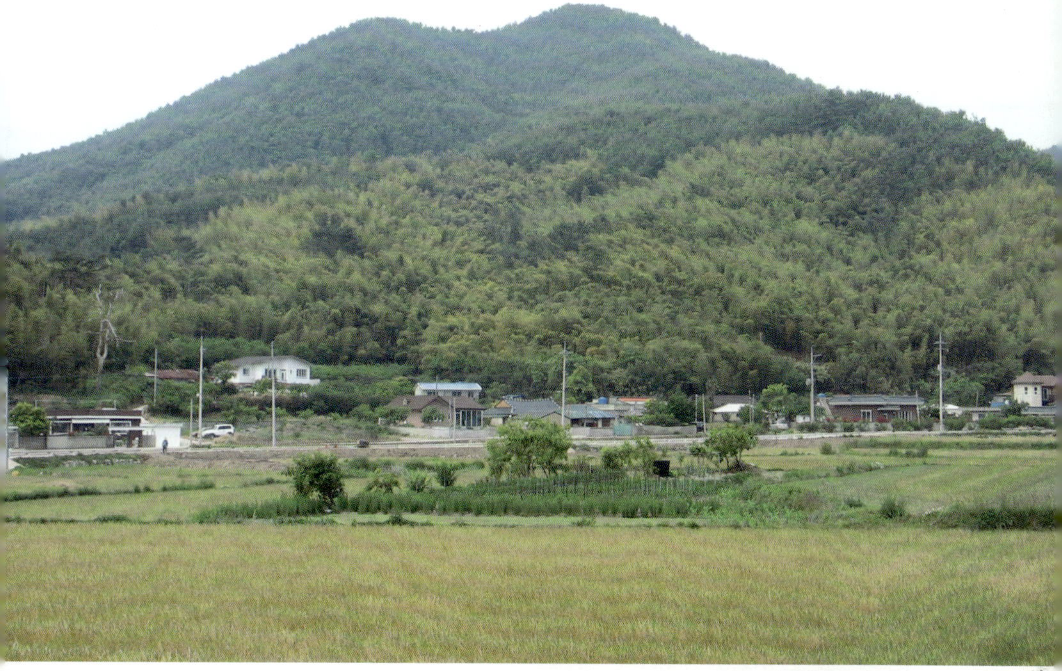

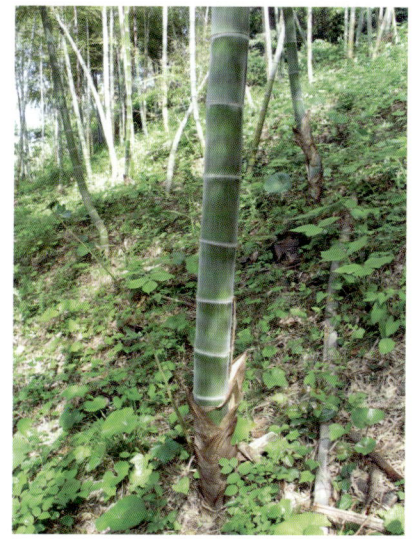

**맹종죽과 맹종죽 숲** 하청과 장목의 야산에 자라는 대나무를 이곳에서는 맹종죽이라고 부른다. 높이가 10~20미터이며 죽순은 4~5월에 나온다.

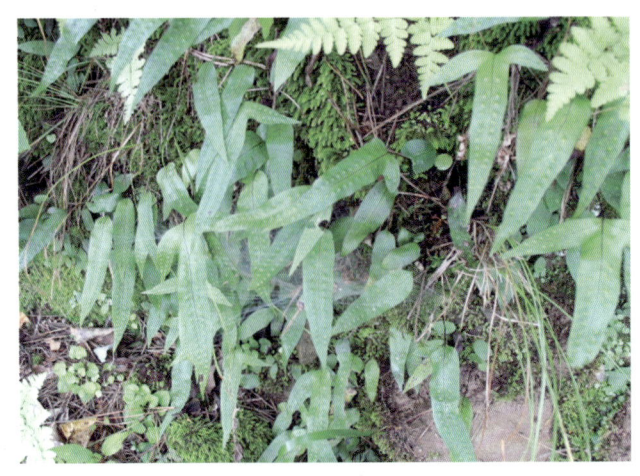

덕곡마을 고란초

다. 이를 중국에서는 설죽이라고도 하는데, 눈 속에서 죽순이 솟아난다는 뜻으로 식물의 기운이 차므로 기름기가 많은 중국 요리에 많이 사용한다. 이런 설죽은 효자 맹종이 눈 속에서 죽순을 구해 병든 어머니를 낫게 하였다는 이유로 맹종죽으로 바뀌게 된다.

거제 지역의 맹종죽은 1927년 하청 출신의 신용우 씨가 모범 영농인으로 일본 시찰 중에 가져와 파급시켰다. 특히 1937년 하청면장에 임명되어 5년 간 있으면서 온 면의 야산을 개간하여 대밭으로 조성하였고, 1946년 다시 면장이 되어 산지에 맹종죽과 밤나무, 포도를 심고, 다산 품종의 고구마를 개량하였다. 지금은 하청, 장목, 연초, 신현읍 일원에서 재배되고 있고, 전국 생산량의 74퍼센트를 차지하고 있으나 중국산에 밀려 수지가 맞지 않는다고 한다.

무원 김기호 선생의 고향인 하청면소재지에서 직진하면 연초면으로 가지만, 소재지에서 우회전하면 유계(柳溪)마을이 나온다. 이곳에는 고려시대 경남의 4대 사찰 중의 하나인 북사 터가 있다. 유계를 지나면 해안(海獒)마을이 나타난다. 해안마을의 당산숲은 높이 25미터, 둘레 2미터의 이팝나무

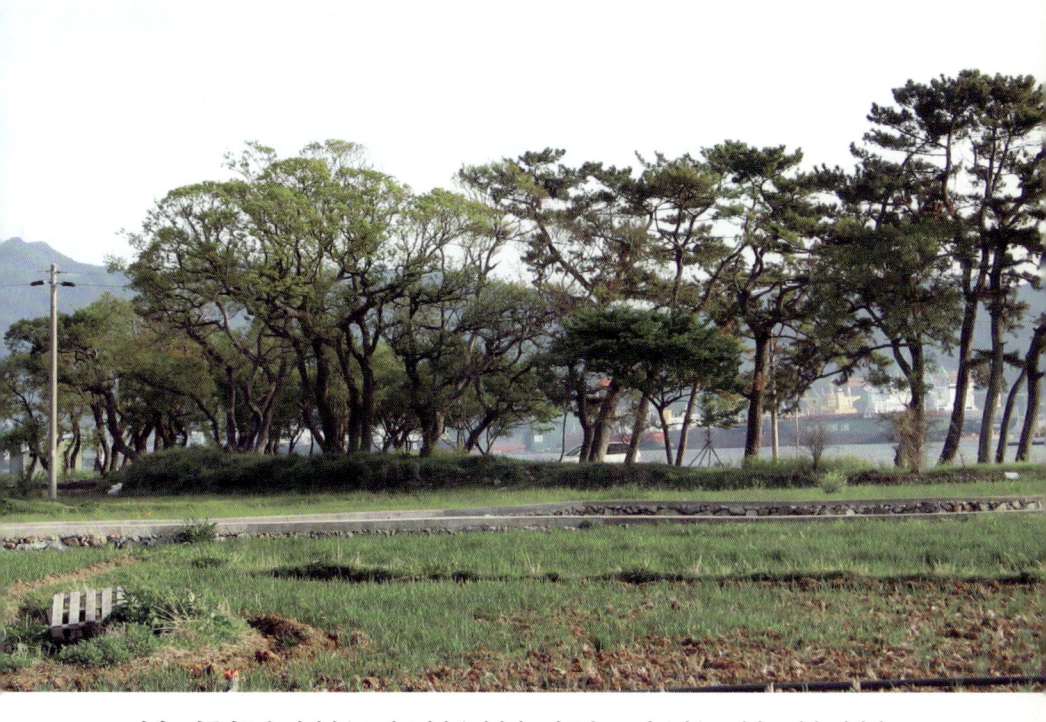

**한내 모감주나무 숲** 한내마을은 전국에서 유일하게 모감주나무로 방풍림을 조성한 곳이다. 예전에는 이 숲에서 풍어제를 지냈다고 한다.

로 이루어져 있다. 덕곡(德谷)마을에는 낙동강환경관리청에서 지정한 거제 도생태보전지역으로 고란초 보호지역이 있다. 고란초는 백제의 마지막 왕도인 부여의 고란사에 살고 있어 붙여진 이름이다.

　석포를 지나면 연초면 한내(汗內)의 모감주나무숲을 만나게 된다. 전국에서 모감주나무로 방풍림(防風林)을 조성한 곳은 이곳뿐인데, 예전에는 이 숲에서 풍어제를 지냈다고 한다. 고려시대에 하청의 북사를 찾아오던 금강산의 한 스님이 심었다고 전해지는 이 숲에서 가조도 방향으로의 일몰은 장관이다.

# 중부권(신현읍)

신현이라는 지명에는 왜구의 침입으로 거제시의 치소가 옮겨다닌 역사의 흔적이 남아 있다. 고려시대 기성현의 중심은 둔덕면 거림이었다가 고려 말 왜구의 침입으로 기성현은 거창현과 진주목으로 피난가게 된다. 조선 세종 4년에 다시 거제현이 복군되면서 거제현의 치소를 수월, 사등성으로 옮기다가 지금의 거제시청 자리에 고현읍성을 마련하게 된다. 그러나 임진왜란으로 성이 무너지자 치소는 현재의 거제면 자리로 옮겨지게 된다. 1914년 거제군과 용남군이 통합되어 통영군이 되었다가 1953년 1월 22일에 복군될 거제군 위치가 고현으로 결정되었다.

장승포읍에 임시 거제청사를 두었다가 1956년에 고현으로 옮기게 된다. 그리고 고현이 읍으로 승격되면서 신현읍의 지명을 얻게 된다. 관광객들은 고현(古縣)은 무엇이고 신현(新縣)은 무엇인지를 궁금해하는데, 동일한 장소의 지명일 뿐이다. 이곳에도 부산과 마산으로 가는 여객선이 있다.

신현읍은 거제도의 중심지로서 한국전쟁 당시에는 포로수용소가 설치되었으며, 1977년 4월에는 장평과 죽도에 삼성중공업 거제조선소가 설립되어 산업의 중심지로 변화되었다. 거제조선소를 견학하려면, 온라인(www.shi.samsung.co.kr)이나 팩스(055-630-3331)로 3일 전에 신청하여야 한다.

포로수용소는 독봉산(獨峰山)을 중심으로 고현과 수월에 위치하고 있었다. 현재는 옛 포로수용소 일부 위치에 포로수용소 유적공원이 세워져 많은 사람들이 찾고 있다. 포로수용소 유적공원은 탱크전시관, 대형 디오라마관, 북한군 남침, 국군의 사수, 6·25역사관, 대동강 철교, 포로생활관, M.P다리, 포로생포관, 전망대, 포로수송, 포로대립관, 여자포로관, 포로폭동관, 포로설득관, 포로귀환열차, 유적관, 막사, 취사장, 배식대, 노천변소, 64야전병원, 탄약고, 무기전시장, 잔존유적, 흥남철수공원 등으로 구성되어 있다.

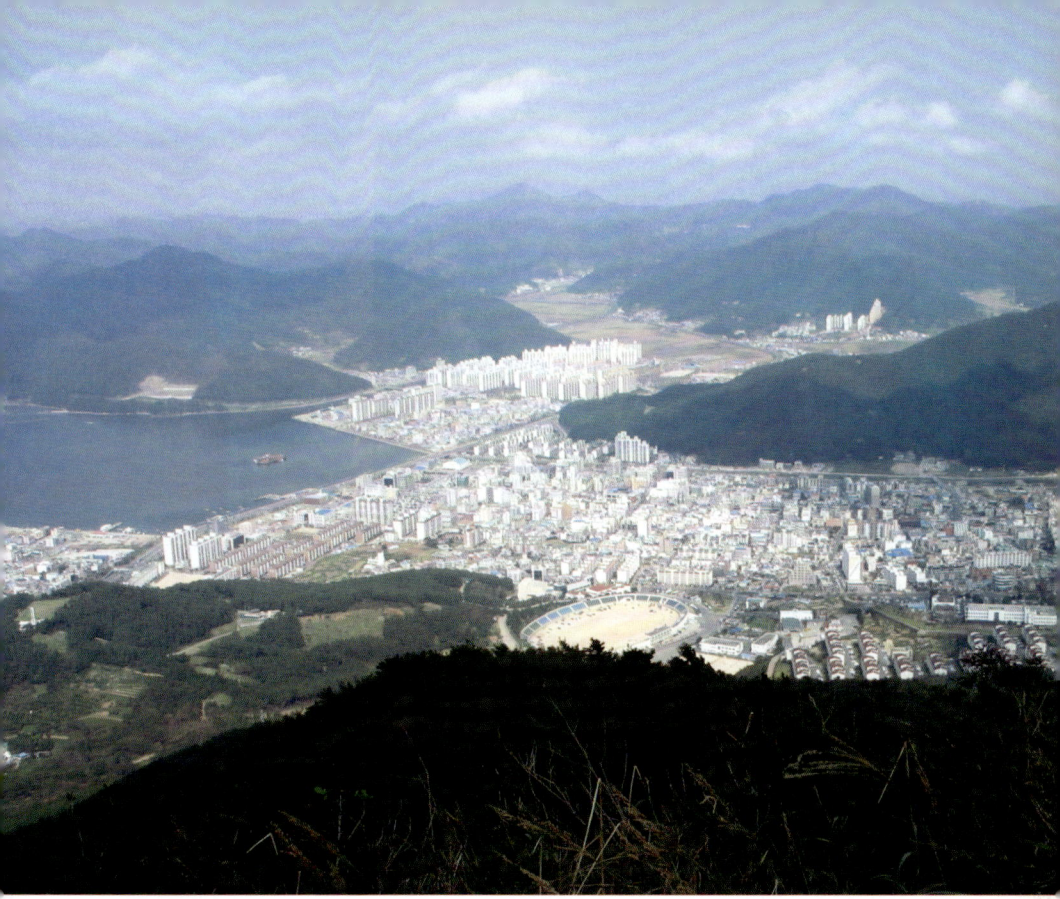

**신현읍 전경**

　흥남철수공원은 1950년 12월에 함경도 흥남에 고립된 미군과 한국군 10만 명 및 피난민 약 10만 명의 극적인 해상철수 작전을 기념하기 위해 설립되었다. 이때 수송선을 타고 온 피난민들은 거제도 장승포항에 도착하였는데, 주민들로부터 따뜻한 환대를 받았고, 그것에 보답하기 위해 2005년 포로수용소 유적공원 내에 흥남철수기념비를 만들었다.

　포로수용소에서 구천댐 가는 길로 5분 정도 차를 몰면 문동폭포(門東瀑布)로 가는 길이 나타난다. 문동폭포는 약 20미터의 높이에서 시원한 물줄기를 아래로 내려 보내고 있다. 폭포에 가는 길에는 몽돌을 깔아 두어 신발을

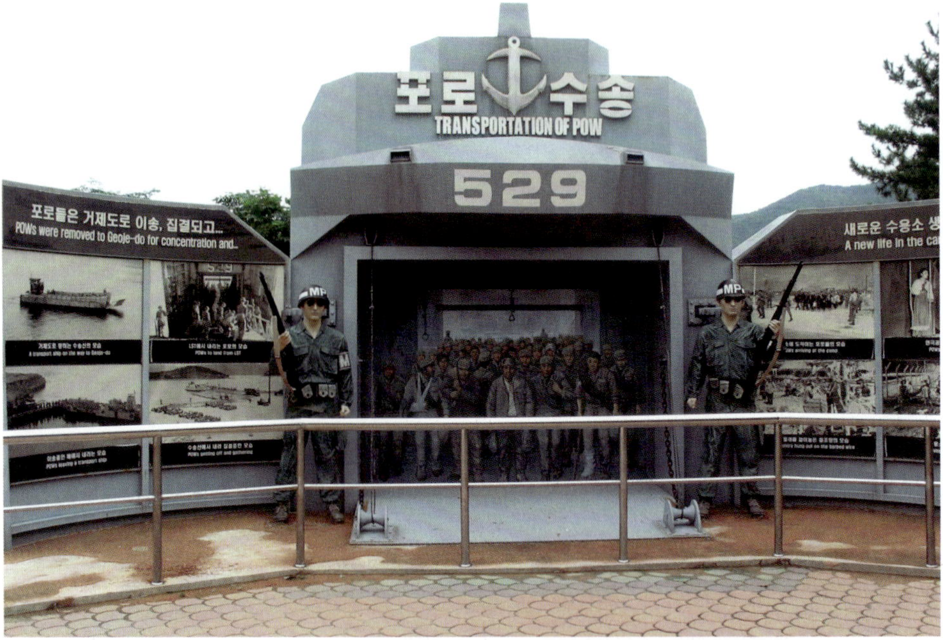

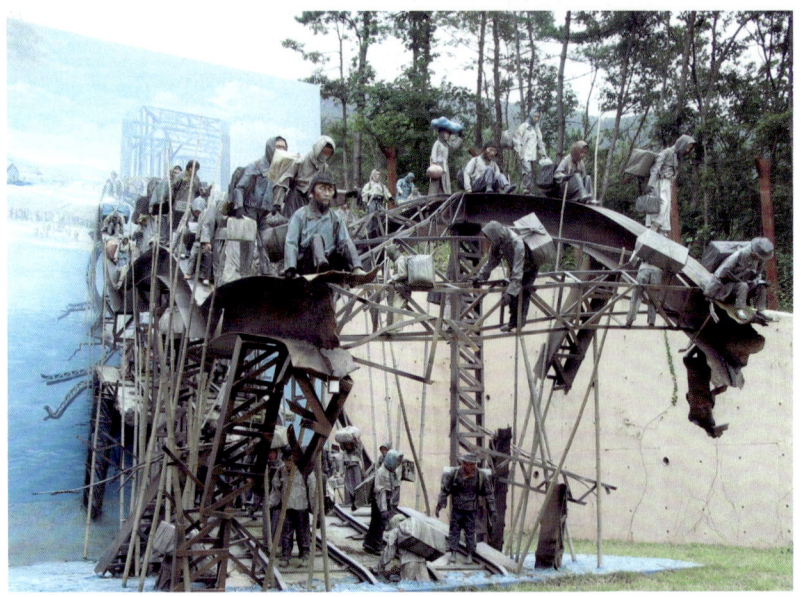

포로수용소 유적공원 내 포로수송선(위), 대동강 철교(아래) 재현

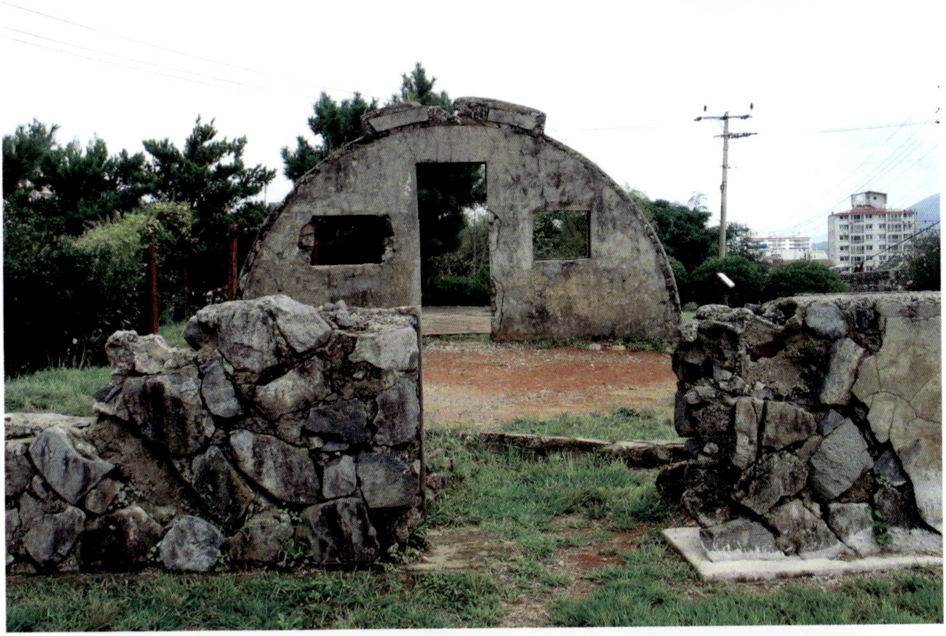

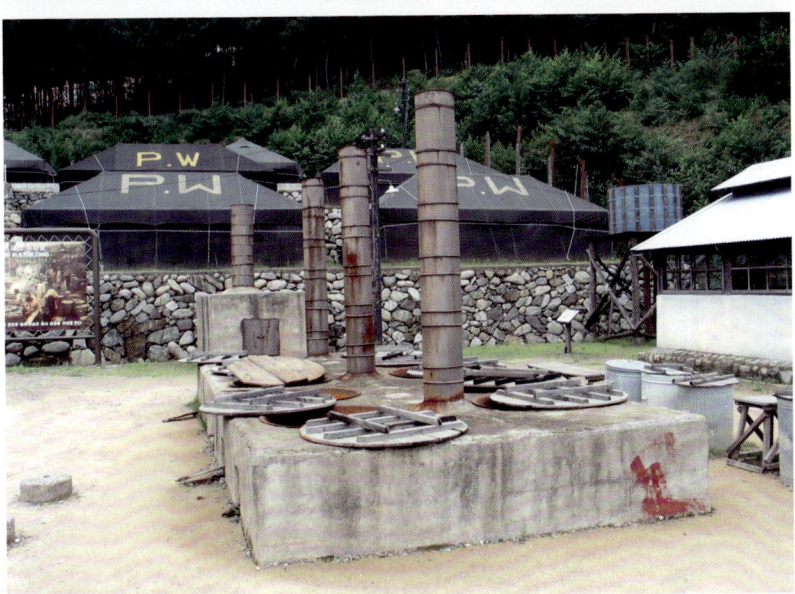

포로수용소 유적공원 내 P.X 및 무도장(위)과 취사장(아래)터

벗고 걸어가면 발을 지압하는 효과를 볼 수 있다. 발에 아픔과 시원함을 느끼면서 폭포에 도착하면 시원한 물줄기로 가슴을 적신다. 이곳에서 등산로를 100미터 정도 올라가 폭포 정상에 이르면 바닷바람이 가슴을 비울 정도로 시원하게 불어온다. 계곡을 따라 올라가다 보면, 활엽수 밑에서 자라는 그늘사초 군락에서 한 방울 한 방울의 물이 모여서 폭포를 이루는 것을 알 수 있다. 즉 거제도의 민물은 하늘에서 쏟아지는 빗물을 나무들이 땅속 깊이 빨아들이고, 그곳에서 나쁜 물질을 걸러내고 좋은 성분을 보태어 지하수로 뿜어 올린다. 이렇게 땅을 거쳐 올라오는 물은 활엽수와 그늘사초의 뿌리에 맺혔다가 솟아올라 약수가 된다.

장평고개를 넘으면 사곡요트장과 해수욕장이 나타난다. 수심이 얕고 모래로 이루어져 있으며 파도의 영향이 거의 없어 어린이들을 위한 해수욕장으로 안성맞춤인 곳이다. 앞에는 뱀의 머리 모양을 하고 육지로 들어오는 섬이 하나 있는데, 이것이 사두도(蛇頭島)이다. 사두도를 뒤로하면서 거제 일주 관광은 끝을 맺게 된다.

**문동폭포** 포로수용소에서 구천댐 가는 길로 5분 정도 차를 몰면 만날 수 있다. 약 20미터 높이에서 시원한 물줄기를 내려 보내며 폭포 가는 길에는 몽돌을 깔아 두어 발을 지압하는 효과를 볼 수 있다.

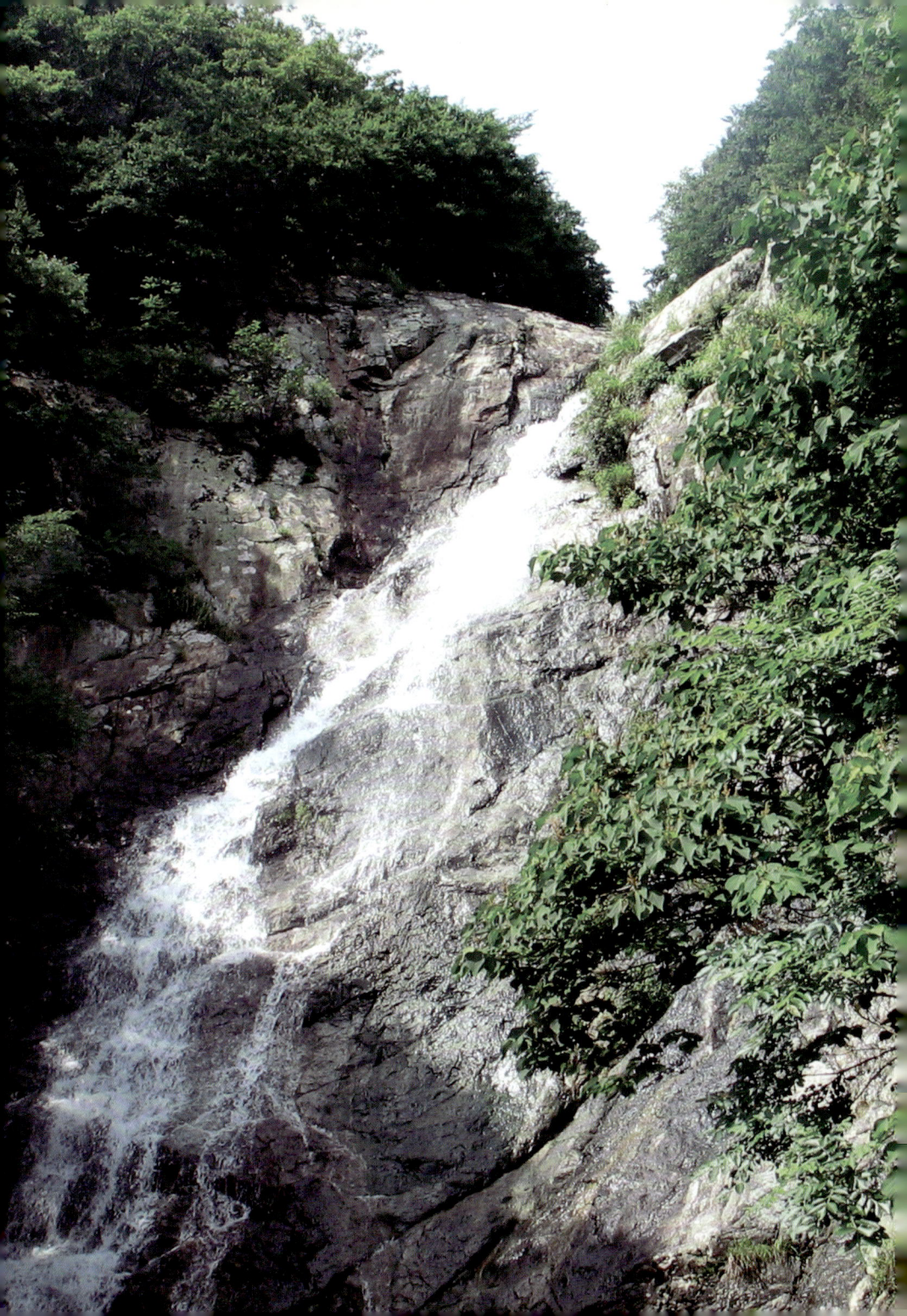

# 맺는 글

거제도는 잘 보존된 산림과 바다 환경으로 인해 많은 동물과 식물들이 살고 있고, 이에 기암괴석이 더해져서 아름다움의 극치를 보여 주고 있다. 지금도 거제도민들의 노력으로 다른 지역과 비교해서 훼손이 적은 편이다.

또한, 역사 속에서 거제도는 나라의 변방이었지만 항상 중요한 자리를 차지하고 있었다. 선사시대 선진 문화의 물결이 북쪽에서 삼한이나 왜로 전달될 때는 중간 기착지의 역할을 하였고, 가야시대에는 철과 관련하여 가야, 왜, 중국, 낙랑과 대방의 배들이 거제 연안으로 모여들었다. 가야가 대마도를 잃고 나서부터는 나라의 변방으로서 중요한 역할을 하여 왔다.

거제도가 중심이 되는 남해 바다는 삼국시대에 백제와 신라 및 가야의 왕조가 왜국으로 새로운 왕조를 만들기 위한 희망의 꿈을 안고 떠났던 바다이고, 남북국시대에 한민족의 기상을 널리 알린 해상왕 장보고가 누볐던 바다이며, 고려시대에 몽고에 항복한 조정에 반기를 든 삼별초의 의지가 숨쉬는 바다이다. 임진왜란 때에는 바다에 응집되었던 민족의 기상이 삼도수군통제사 이순신에 의해 거북선의 불기둥으로 솟아올랐고, 구국의 정신은 다시 한번 한민족의 가슴속에 새겨지게 된다.

구한말 일제 침입으로 잠시 억눌렸던 민족의 혼은 이제 조선소에서 만들어진 여러 종류의 배들에 의해 세계로 퍼져 나가고 있다. 역사를 살펴보면 바다를 잘 이용하는 나라가 역사의 중심에 있어 왔다. 백제는 해상왕국으로 동남아 지역까지 세력을 펼쳤는데, 지금 우리의 발달된 조선 기술은 그 시대에 버금갈 정도로 나라의 이름을 높이고 있다.

우리나라는 어느 지역을 막론하고 역사의 숨결이 꿈틀대고 있다. 그러나 '구슬이 세 말이라도 꿰어야 보배' 라는 말이 있듯 민족혼의 꿈틀거림에 온기를 더해 주어야 값진 우리 것이 되는 것이다. 온기를 더해 주는 것은 그냥 되는 것이 아니라 그것을 정확히 알고 이해할 때 가능하다고 생각한다. 거제도의 역사, 문화, 자연을 정확히 알아야 거제도를 더욱 사랑스럽게 여기게 될 것이다. 그렇게 될 때만이 훼손하고 즐기는 여행이 아니라 이해하고 사랑하는 여행이 되리라 생각한다.

저자는 거제도에서 태어나 자라지는 않았지만, 1983년 학동해수욕장과 구천계곡에서 처음으로 거제도의 품에 안겼다. 이후에 몇 번 더 거제도를 방문하다가, 2002년에 거제도에 새롭게 둥지를 틀게 되었다. 자연과 산이 좋아 거제도 곳곳을 쏘다니면서, 빼어난 자연물뿐만 아니라 역사적으로 중요한 유물들이 거제도 전역에 흩어져 있음을 알게 되었고 이에 대한 자료들을 모으기 시작했다. 역사에 대한 지식도 빈약하고 아름다운 글로 쓰여진 문장은 아니지만 거제도를 올바르게 이해하고자 하는 사람들에게 조금이나마 도움이 되었으면 한다.

## 1. 거제 여행 정보

거제도에 대한 자세한 정보는 거제시청 홈페이지(http://tour.geoje.go.kr)를 참고하자. 아래에 소개된 내용들은 전체에 일부분으로 여러 사람들의 생각을 모아 정리하였다.

〈여행코스〉

거제도 안에는 29개의 관광여행사가 있어 각자 개발한 코스로 관광객을 유치하여 운영하고 있다. 아래의 코스는 거제의 주요 관광지나 가까운 지역별로 임의로 나눈 것이다.

당 일

① 유람선으로 해금강/외도-포로수용소유적공원-온천-사등성

② 폐왕성-청마생가-기성관-오아포-명사해수욕장-홍포-여차해변-해금강-학동-자연예술랜드-포로수용소유적공원-사등성

③ 사등성-거제박물관-대우조선해양-장승포-지심도-거제어촌민속전시관-포로수용소유적공원

④ 사등성-거제박물관-옥포대첩기념공원-김영삼전대통령생가-외포-거제민속자료관과 곤충생태원-삼성조선소-포로수용소유적공원-온천

1박 2일

① 폐왕성-청마생가-기성관-가배량-명사해수욕장-홍포-여차해변-해금강/외도-거제자연휴양림(1박)-자연예술랜드-거제어촌민속전시관-장승포-대우조선해양-옥포대첩기념공원-김영삼전대통령생가-포로수용소유적공원

② 기성관-자연예술랜드-노자산-학동-외도-해금강-여차-홍포 일몰-문화관광농원(1박)-연담삼거리-서이말등대-거제어촌민속전시관-장승포-대우조선해

양-옥포대첩기념공원-김영삼전대통령생가-포로수용소유적공원

③ 포로수용소유적공원-삼성조선소-거제민속자료관-김영삼전대통령생가-옥포
대첩기념공원-거제박물관-장승포-지심도(1박)-거제어촌민속전시관-학동-
외도-해금강-여차-홍포-명사-기성관

2박 3일

① 폐왕성-청마생가-기성관-명사해수욕장-홍포-여차해변-해금강/외도-거제
자연휴양림(1박)-노자산과 가라산 등산-학동-자연예술랜드-거제자연휴양림
(2박)-서이말등대-거제어촌민속전시관-장승포-대우조선해양-옥포대첩기념
공원-김영삼대통령생가-포로수용소유적공원-온천

② 포로수용소유적공원-삼성조선소-거제민속자료관-김영삼전대통령생가-옥포
대첩기념공원-거제박물관-장승포-지심도(1박)-거제어촌민속전시관-서이말
등대-외도-해금강-여차-홍포-명사-가배-문화관광농원(2박)-기성관-한산
도-청마생가-산방산-폐왕성

〈거제도와 부속 섬을 왕복하는 카페리〉

| 행선지 | 차량탑재유무 | 선명 | 운항횟수 | 소요시간 |
|---|---|---|---|---|
| 거제도 어구↔한산도 | 차량 탑재 | 을지호<br>(055-633-2807) | 매시간 운항 | 15분 소요 |
| 거제도 성포↔가조도 | 차량 탑재 | 가조훼리<br>(055-633-7118) | 매시간 운항 | 5분 소요 |
| 거제도 고당↔산달도 | 차량 탑재 | 산달페리호<br>(011-865-0944) | 1일 11회 운항<br>(07:15~18:20) | 15분 소요 |
| 거제도 장승포↔지심도 | | 고려호<br>(055-682-2233,<br>681-6007) | 3~10월(8:30,12:30,14:30,16:30)<br>11~2월(08:30,12:30,14:30) | 20분 소요 |
| 거제도 시방↔이수도 | | 이수호<br>(055-681-7973,<br>011-9551-7973) | 시방발(08:00~18:00, 매2시간 간격),<br>이수도발(7:50~17:50, 매2시간 간격) | 5분 소요 |
| 거제도 구조라↔내도 | | 마을배<br>(055-681-1043~4,<br>011-593-1043) | 내도발(07:00,12:00,16:00),<br>구조라발(08:00,13:00,17:00) | 15분 소요 |

<h2 align="center">〈해금강 유람선〉</h2>

| 출발지 | 행선지 | 소요시간 |
|---|---|---|
| 장승포<br>(055-681-6565) | 외도−해금강 | 3시간 |
| | 외도−해금강−매물도 | 4시간 |
| | 외도−해금강−홍도(갈매기섬) | 4시간 10분 |
| 와현<br>(055-681-2211) | 외도−해금강 | 2시간 30분 |
| | 외도 | 1시간 50분 |
| | 해금강 | 1시간 10분 |
| | 해금강−매물도 | 2시간 30분 |
| | 외도−해금강−매물도 | 3시간 50분 |
| 구조라<br>(055-681-1188) | 외도 | 1시간 50분 |
| | 외도−해금강 | 2시간 20분 |
| | 해금강 | 50분 |
| | 외도−해금강−매물도 | 3시간 10분 |
| | 외도−해금강−홍도 | 3시간 40분 |
| 학동<br>(055-636-7755) | 외도−해금강 | 2시간 20분 |
| | 외도 | 1시간 50분 |
| | 외도−해금강(선상관광) | 1시간 |
| 도장포<br>(055-632-8787) | 외도−해금강(선상관광) | 50분 |
| | 외도−해금강−제석봉 | 2시간 10분 |
| | 해금강−매물도 | 2시간 20분 |
| | 외도−해금강−매물도 | 4시간 |
| | 외도 | 1시간 50분 |
| 해금강<br>(055-633-1352) | 외도−해금강(선상관광) | 1시간 |
| | 외도−해금강 | 2시간 10분 |
| | 해금강−매물도 | 2시간 |
| | 외도−해금강−매물도 | 4시간 |

* 어린이는 50% 할인(외도, 국립공원 입장료는 별도)

### 〈숙박 및 음식점〉

거제도에서 숙박할 곳으로는 1급 관광호텔인 삼성중공업 거제호텔과 거제관광호텔 및 애드미럴호텔이 있고, 노자산 자연휴양림을 비롯한 수련원 및 농원이 2~3개 있으며, 모텔 및 일반호텔은 200여 개에 이른다. 그 밖에 민박과 펜션도 거제시청 홈페이지에 소개된 것만 30여 개이며 거제도해수온천을 비롯하여 이름난 온천과 찜질방도 많다.

먹을거리 역시 다양하고 풍성한데, 육상 특산물에는 산에서 자연적으로 얻는 영지버섯과 맹종죽이 있고, 재배하는 것으로 표고버섯, 유자, 파인애플, 알로에, 토마토 등이 있다. 일조량이 넉넉하여 유자, 파인애플, 토마토는 당도가 높고 맛이 좋다.

해산 특산물에는 자연적으로 얻는 멸치, 갈치, 물메기, 대구, 전어, 참게, 아귀, 바다장어(붕장어와 갯장어), 도다리, 먹장어(곰장어), 감성돔, 돌돔, 개조개, 보리새우, 다양한 해조류(서실, 여차돌미역, 청각) 등이 있고, 양식하는 것으로 여러 종류의 어류(참돔, 감성돔, 농어, 우럭, 광어)와 멍게, 전복, 굴 등이 있다.

거제도의 특산 음식은 주로 바다와 관련된 것들이 많은데, 가장 알려진 것이 신선한 회다. 거제도 전역에 있는 횟집의 수는 350여 개인데, 이 중에서 자연산 물고기를 이용하여 푸짐하게 차려 내는 횟집도 많다. 대부분의 횟집에서 자연산과 양식을 취급한다. 거제시민들에게 이름이 난 횟집에는 다대횟집(다대, 055-632-5883), 일성횟집(다포, 055-633-1054), 신선횟집(지세포, 055-681-4737), 앵산횟집(하청, 055-636-7070), 외포식당횟집(외포, 055-636-7205), 은하수횟집(저구, 055-633-1438), 일만잡고삼자쎌고(옥포, 055-687-7117), 천년송횟집(해금강, 055-632-3118), 천년의미소(여차, 055-633-0967) 등이 있다.

멍게비빔밥도 유명하다. 청정해역에서 양식한 멍게와 자연산인 해삼의 내장을 섞어 비빔밥을 만드는데, 백만석횟집(고현, 055-637-0805)이 있다.

멸치는 일 년 내내 잡히는데, 주로 봄철에 잡히는 멸치를 최상으로 친다. 일 년 내내 멸치를 이용하여 회를 만드는데, 양지바위횟집(외포, 055-635-4327)이 있다.

바다장어(붕장어와 갯장어)와 곰장어(먹장어)는 주로 칠천도 연안에서 잡히는

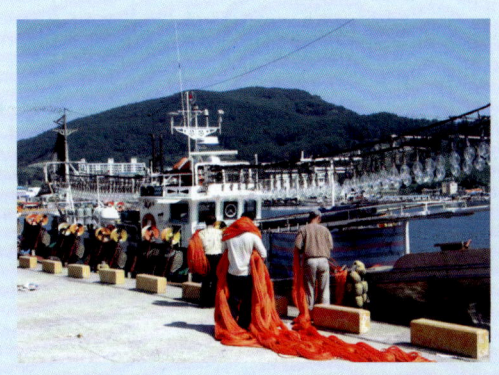

출항 준비를 하는 오징어잡이배

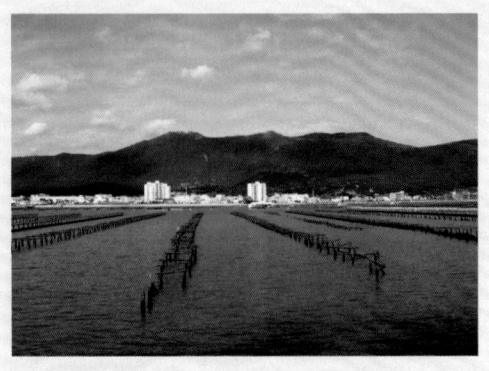

**거제만 굴 양식장**

데, 칠천도장어(고현, 055-635-2301)와 장수장어 구이(고현, 055-632-7122)가 있다.

술꾼들의 해장국으로 주로 이용되는 복국은 미나리복집(고현, 055-632-4875)에서 거제도에서 잡은 졸복으로 끓여 낸다.

참게탕에는 해오름(사곡, 055-635-6809)이, 해물파전과 막걸리에는 할매집(고현, 055-636-3336)이, 충무김밥에는 충무할매김밥(고현, 055-633-6377)이, 찜 종류에는 서울감자탕(고현, 055-637-3113)과 가마솥감자탕(고현, 055-632-0162)이 있다.

거제도 구천댐과 하천에 잡은 다슬기를 이용하여 요리를 하는 집에는 밀리네다슬기(고현, 055-638-5536)가 있다.

봄에만 먹는 음식인 사백어(뱅어)국과 무침은 각산횟집(거제, 055-633-4012)에서 취급한다. 새롭게 싹을 틔우는 쑥이 나오면 도다리와 함께 쑥국을 끓이는데, 거제도에서 도다리가 주로 잡히는 지역은 성포와 가조도이다. 도다리쑥국은 평화횟집(성포, 055-632-5124)에서 먹을 수 있다.

가을에 주로 먹는 전어회는 모든 횟집에서 취급하는데, 대표적으로 만선횟집(옥포, 055-688-3870)이 있다. 거제 연안에 분포하는 굴 양식장에서 싱싱하게 건져 올린 굴을 이용하여 구워서 파는 구이집이 많은데, 죽림포굴구이(죽림, 055-632-1210), 거제굴구이(내간, 055-632-4200), 해금강조개구이(고현, 055-638-5592) 등이 있다. 굴 구이는 10월에서 이듬해 4월까지 한다. 특히 거제도에서 많이 나는 조개는 개조개인데, 장목면소재지에는 개조개공판장이 있어 매일 경매를 하고 있다. 겨울에만 나는 물고기에는 물메기와 대구가 있다. 이들을 이용하여 어죽이나 탕을 만들고 있는데, 양지바위횟집(외포, 055-635-4327), 웅아회식당(고현, 055-632-7659)이 있다.

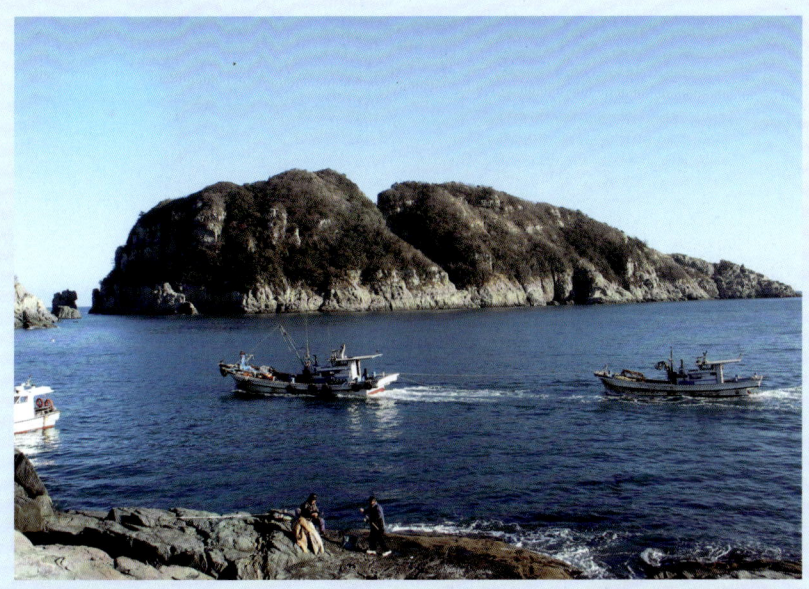

**갈곶도 선상낚시**

〈낚시〉

거제도에는 낚시 도구를 판매하는 낚시점이 100여 개 있다. 큰 도로변이나 어떤 포구에서도 낚시점을 만날 수 있고, 섬에서의 갯바위낚시나 선상낚시를 원하면 어떤 낚시점에 연락을 하여도 일정을 잡을 수 있다.

낚싯배를 이용한 선상낚시는 모든 항구에서 이용 가능한데, 특별히 규모가 큰 곳으로 거제도 북부 지역에는 성포항, 고현항, 칠천도항, 실전항, 장목항이, 동부 지역에는 외포항, 옥포항, 장승포항, 능포항이, 남부 지역에는 옥림항, 지세포항, 예수항, 구조라항, 학동항, 갈곶항, 다대항, 다포항, 여차항이, 서부 지역에는 명사항, 저구항, 가배량항, 함박항, 아지랑항, 어구항, 광리항 등이 있어 배를 타는 곳에 따라 낚시하는 장소가 달라진다.

바다 가운데에 낚시를 할 수 있는 공간을 설치한 유료 낚시터도 있는데, 이수도(055-681-7233), 저구(055-633-1438), 장승포(055-681-3325), 칠천도(055-633-9346) 등이 있다.

## 2. 문화유적 목록

### 1. 국가 지정 문화재

| 번호 | 문화재 이름 | 소재지 | 지정문화재 | 주요 내용 |
|---|---|---|---|---|
| 1 | 거제 해금강 | 남부면 갈곶리 | 명승지 2호 | 만물상의 기암괴석 |
| 2 | 거제 연안의 아비 도래지 | 거제도 연안 | 천연기념물 227호 | 3종의 아비 서식 |
| 3 | 학동 동백림과 팔색조 도래지 | 거제도 연안 | 천연기념물 233호 | 팔색조 서식 |

### 2. 고인돌(지석묘)

| 번호 | 문화재 이름 | 소재지 | 지정문화재 | 주요 내용 |
|---|---|---|---|---|
| 1 | 청곡리 지석묘 | 사등면 청곡리 | 문화재 자료 88호 | 3기 |
| 2 | 학산리 지석묘 | 둔덕면 학산리 | 도지정기념물 208호 | 4기 |
| 3 | 지세포 지석묘 | 일운면 지세포리 | 도지정기념물 207호 | 1기 |
| 4 | 중리 지석묘 | 연초면 다공리 | | |
| 5 | 소동리 지석묘 | 일운면 소동리 | | |
| 6 | 학산리 영등포 지석묘 | 둔덕면 학산리 | | |
| 7 | 술역리 지석묘 | 둔덕면 술역리 | | |
| 8 | 광리 지석묘 | 둔덕면 덕호리 | | |
| 9 | 대촌 지석묘 | 사등면 덕호리 | | |
| 10 | 하청리 지석묘 | 하청면 하청리 | | |
| 11 | 송정리 지석묘 | 연초면 송정리 | | |
| 12 | 도봉골 지석묘 | 연초면 다공리 | | |
| 13 | 덕포동 지석묘 | 덕포동 | | |
| 14 | 실전리 지석묘 | 하청면 실전리 | | |

### 3. 조개무덤(패총)

| 번호 | 문화재 이름 | 소재지 | 지정문화재 | 주요 내용 |
|---|---|---|---|---|
| 1 | 내도 패총 | 일운면 와현리 | | |
| 2 | 이수도 패총 | 장목면 시방리 | | |
| 3 | 남산 패총 | 거제면 남동리 | | |
| 4 | 산달도 패총 | 거제면 법동리 | | |

### 4. 성

| 번호 | 문화재 이름 | 소재지 | 지정문화재 | 주요 내용 |
|---|---|---|---|---|
| 1 | 사등성 | 사등면 사등리 | 도지정기념물 9호 | 평지읍성 |
| 2 | 폐왕성 | 둔덕면 거림리 | 도지정기념물 11호 | 석재산성 |
| 3 | 고현성 | 신현읍 고현리 | 도지정기념물 46호 | 평지읍성 |

| 번호 | 문화재 이름 | 소재지 | 지정문화재 | 주요 내용 |
|---|---|---|---|---|
| 4 | 옥산금성 | 거제면 동상리 | 도지정기념물 10호 | 산성 |
| 5 | 옥포성 | 옥포동 | 도지정기념물 104호 | 평지석성 |
| 6 | 오량성 | 사등면 오량리 | 도지정기념물 109호 | 평지옹성 |
| 7 | 가배량성 | 동부면 가배리 | 도지정기념물 110호 | 우수영 |
| 8 | 구조라성 | 일운면 구조라리 | 도지정기념물 204호 | 석축성 |
| 9 | 지세포성 | 일운면 지세포리 | 도지정기념물 203호 | 석축성 |
| 10 | 구 영등성 | 장목면 구영리 | 도지정기념물 205호 | 석축성 |
| 11 | 구 율포성 | 장목면 율천리 | 도지정기념물 206호 | 석축성 |
| 12 | 율포산성 | 동부면 율포리 | | 석축성 |
| 13 | 다대산성 | 남부면 다대리 | | 석축성 |
| 14 | 수월산성 | 신현읍 수월리 | | 석축성 |
| 15 | 아주현성 | 아주동 | | 석축성 |
| 16 | 장문포왜성 | 장목면 장목리 | 도지정문화재자료 273호 | 석축성 |

## 5. 봉수대

| 번호 | 문화재 이름 | 소재지 | 지정문화재 | 주요 내용 |
|---|---|---|---|---|
| 1 | 옥녀봉 봉수대 | 장승포동 | 도지정기념물 129호 | 조선시대 |
| 2 | 가라산 봉수대 | 동부면 다대리 | 도지정기념물 147호 | 조선시대 |
| 3 | 강망산 봉수대 | 덕포동 덕포해수욕장 | 도지정기념물 202호 | 조선시대 |
| 4 | 화도 봉수대 | 둔덕면 술역리 | | 조선시대 |
| 5 | 망상 봉수대 | 사등면 사등리 | | 조선시대 |
| 6 | 지세포 봉수대 | 일운면 구조라리 | 도지정기념물 242호 | 조선시대 |
| 7 | 와현 봉수대 | 일운면 와현리 | 도지정기념물 243호 | 조선시대 |

## 6. 건조물

| 번호 | 문화재 이름 | 소재지 | 지정문화재 | 주요 내용 |
|---|---|---|---|---|
| 1 | 거제 기성관 | 거제면 서상리 | 도지정유형문화재 81호 | 경남 4대 누각 중 하나 |
| 2 | 거제질청 | 거제면 동상리 | 도지정유형문화재 146호 | 목조기와(우진각) 익공집 |
| 3 | 장목진객사 | 장목면 장목리 | 도지정유형문화재 189호 | 목조기와(우진각) |
| 4 | 거제향교 | 거제면 서정리 | 도지정유형문화재 206호 | 목조기와 |
| 5 | 오량석조여래좌상 | 사등면 오량리 | 도지정유형문화재 148호 | 고려시대 |
| 6 | 거제고군현치소(기성현 터) | 둔덕면 거림리 | 도지정기념물 162호 | 신라, 고려시대의 목조건축물 터 |
| 7 | 아양리 3층 석탑 | 아양동 대우조선 내 | 도지정문화재자료 133호 | 통일신라시대 |
| 8 | 거제포로수용소 | 신현읍 고현리 | 도지정문화재자료 99호 | |
| 9 | 반곡서원 | 거제면 동상리 | | |

| 번호 | 문화재 이름 | 소재지 | 지정문화재 | 주요 내용 |
|------|-----------|--------|-----------|----------|
| 10 | 거제 송덕비군 | 거제면 서상리 | | |
| 11 | 옥포만호비 | 옥포초등학교 뒤편 공원 | | |
| 12 | 옥포대첩기념공원 | 옥포동 | | |
| 13 | 옥포정 | 옥포동 대우조선기념관 | | |
| 14 | 세진암 삼존불상 | 거제면 동상리 | 도지정문화재자료 325호 | 3기, 향나무 불상 |
| 15 | 하청 북사지 및 동종 | 하청면 유계리 | 도지정기념물 209호 | 신라시대 |

## 7. 노거수와 숲

| 번호 | 문화재 이름 | 소재지 | 지정문화재 | 주요 내용 |
|------|-----------|--------|-----------|----------|
| 1 | 덕포 이팝나무 | 옥포2동 | 도지정기념물 95호 | |
| 2 | 외간 동백나무 | 거제면 외간리 | 도지정기념물 111호 | 500년 |
| 3 | 한내 모감주나무군 | 연초면 한내리 | 도지정기념물 112호 | 41그루 |
| 4 | 명진 느티나무 | 거제면 명진리 | 도지정기념물 113호 | 300년 |
| 5 | 술역리 내평숲 | 둔덕면 술역리 | | |
| 6 | 거제 윤돌섬 상록수림 | 일운면 구조라리 | 도지정기념물 239호 | 상록수림 |
| 7 | 거제도생태계보전지역 | 하청면 덕곡리 | 보호야생동물, 고란초 집단 자생지 | 1995년 |

## 8. 기타 유적지

| 번호 | 문화재 이름 | 소재지 | 지정문화재 | 주요 내용 |
|------|-----------|--------|-----------|----------|
| 1 | 거제 외도 공룡발자국화석 | 일운면 외도 | 도지정문화재 204호 | 중생대 화석 |
| 2 | 거제 아주동 고분군 | 아주동 | 도지정기념물 161호 | 청동기와 신라시대 |
| 3 | 방하리 고분군 | 둔덕면 거림리 | | |
| 4 | 외간리 고분군 | 거제면 외간리 | | |
| 5 | 오송리 고분군 | 동부면 오송리 | | |
| 6 | 동리 고분군 | 하청면 하청리 | | |
| 7 | 죽토 삼거리 고분군 | 연초면 죽토리 | | |

## 9. 주요 민속 자료

| 번호 | 문화재 이름 | 소재지 | 지정문화재 | 주요 내용 |
|------|-----------|--------|-----------|----------|
| 1 | 거제의 칠진 농악 | | | |
| 2 | 팔랑개 어장 놀이 | | | |
| 3 | 굴까로 가세 | | | |

# 참고 문헌

『거제도 민요집』, 거제시, 1998.

『거제시지(상, 하)』, 거제시, 2002.

『거제지명총람』, 거제문화원, 1996.

『영남진지』, 부산광역시역사편집위원회, 1996.

『조선일보』 2005. 5. 30일자

『통계연보』, 거제시, 2004.

국립민속박물관, 『경남지방 장승·솟대 신앙』, 신유문화사, 1997.

국방군사연구소, 『한국전쟁의 포로』, 국방군사연구소, 1996.

김기석, 『조선 수군을 만나면 도망쳐라』, 한가람, 1994.

김봉우, 『경남의 고갯길 서낭당』, 집문당, 1998.

───, 『경남의 막돌탑과 선돌』, 집문당, 2000.

김영회, 『섬으로 흐르는 역사』, 동문선, 1999.

김태식, 『미완의 문명 7백년 가야사(3권, 왕들의 나라)』, 푸른역사, 2002.

박선식, 『한민족대외정벌기』, 청년정신, 1997.

박진욱, 『역사 속의 유배지 답사기』, 보고싶은책, 1998.

신정일, 『다시 쓰는 택리지 2』, 휴머니스트, 2004.

윤영원, 『잃어버린 땅 대마도 이야기』, 황금시대, 2003.

이승철, 『환상의 섬 거제도』, 거제향토사연구소, 1995.

이유미·서민환, 『우린 숲으로 간다』, 현암사, 2003.

이재범 외, 『한반도의 외국군 주둔사』, 도서출판 중심, 2001.

이정수, 『대해전』, 정음사, 1986.

이형구, 『강화도』, 대원사, 2003.

임세권, 『한국의 암각화』, 대원사, 2003.

전갑생, 『거제 이야기 100선』, 거제문화원, 2000.

최영주, 『돌의 나라 돌 이야기』, 도서출판 맑은소리, 1997.

홍재상, 『한국의 갯벌』, 대원사, 2003.

황루시, 『한국의 굿 : 거제도 별신굿』, 열화당, 1993.

황수원, 『사라진 왕국 두로국(瀆盧國)을 찾아서』, 거제박물관, 2004.

빛깔있는 책들 301-43

# 거제도

첫판 1쇄    2006년  2월 20일 인쇄
첫판 1쇄    2006년  2월 28일 발행

글·사 진    김철수

발 행 인    장세우
발 행 처    주식회사 대원사
           우편번호 140-901
           서울 용산구 후암동 358-17
           전화번호 (02) 757-6717~9
           팩시밀리 (02) 775-8043
           등록번호 제3-191호

http://www.daewonsa.co.kr

이 책에 실린 글과 사진은 저자와 주식회사 대원사의
동의가 없이는 아무도 이용하실 수 없습니다.

잘못 만들어진 책은 바꾸어 드립니다.

값 8,500원

ⓒ 김철수, 2006

Daewonsa Publishing Co., Ltd.
Printed in Korea 2006

ISBN  89-369-0259-8   04980

# 빛깔있는 책들